陶瓷渣浆泵
技术研究与实践

姜晓灵 刘凯 陈敬 ◇ 著

长江出版社
CHANGJIANG PRESS

图书在版编目（CIP）数据

陶瓷渣浆泵技术研究与实践 / 姜晓灵，刘凯，陈敬著.
武汉：长江出版社，2024. 6. -- ISBN 978-7-5804-0033-8

Ⅰ．TV675

中国国家版本馆 CIP 数据核字第 20255Y8B86 号

陶瓷渣浆泵技术研究与实践

TAOCIZHAJIANGBENGJISHUYANJIUYUSHIJIAN

姜晓灵　刘凯　陈敬　著

责任编辑：	李春雷　　许泽涛	
装帧设计：	刘斯佳	
出版发行：	长江出版社	
地　　址：	武汉市江岸区解放大道 1863 号	
邮　　编：	430010	
网　　址：	https://www.cjpress.cn	
电　　话：	027-82926557（总编室）	
	027-82926806（市场营销部）	
经　　销：	各地新华书店	
印　　刷：	武汉邮科印务有限公司	
规　　格：	787mm×1092mm	
开　　本：	16	
印　　张：	20.25	
字　　数：	450 千字	
版　　次：	2024 年 6 月第 1 版	
印　　次：	2024 年 6 月第 1 次	
书　　号：	ISBN 978-7-5804-0033-8	
定　　价：	128.00 元	

PREFACE 前言

在全球工业体系加速向智能化、绿色化转型的背景下,陶瓷渣浆泵作为浆体输送领域的高性能装备,承载着矿产资源开发、能源转化、环境保护等战略任务,正经历着前所未有的技术变革。本书以"材料革新—智能驱动—绿色制造"为主线,系统梳理了陶瓷渣浆泵从基础理论到工程实践的全链条技术体系,既是对行业发展规律的深度总结,也是面向未来工业挑战的前瞻性探索。

本书的编写基于多年的科研积累和工程实践经验,结合国内外最新研究成果,力求从多维度、多层次展现陶瓷渣浆泵的技术全貌。全书以解决工程实际问题为导向,构建了"理论—设计—应用"三位一体的知识框架。

全书共分为11章,内容涵盖陶瓷渣浆泵的发展简史、技术原理、设计方法、选型应用、经济效益分析等多个方面。

第1章从宏观角度阐述了陶瓷渣浆泵的研究背景与意义,分析了其在工业领域的重要地位及技术革新的必要性。第2章以技术史的视角,详细回顾了陶瓷渣浆泵的发展历程,从工业革命前的萌芽期到智能化与新材料时代的演变,揭示了技术进步的脉络与驱动力。第3章聚焦于陶瓷渣浆泵的技术发展趋势,探讨了材料创新、智能化升级、流体动力学革新等前沿方向,为未来技术突破提供了思路。

在技术原理与设计方面,第4~8章深入剖析了陶瓷渣浆泵的基本原理、设计参数、设计方法及输送浆体特性,并结合计算流体动力学(CFD)仿真分析,为读者提供了从理论到实践的系统化指导。第9章和第10章分别介绍了常见碳化硅陶瓷渣浆泵材料的种类及其适用范围,以及泡沫型碳化硅陶瓷渣浆泵的选型与应用,为不同工况下的设备选型提供了科学依据。第11章则从社会效益、经济效益等多个维度,全面评估了陶瓷渣浆泵的综合价值,为行业决策提供了数据支持和理论依据。

本书的编写得到了多位行业专家和科研工作者的支持与贡献,他们在各自领域的深厚积累为本书的内容提供了坚实的理论基础和实践案例。在此,我们向所有参与本书编写的专家学者表示衷心的感谢。同时,我们也希望本书能够为陶瓷渣浆泵技术的进一步发展提供助力,推动行业技术创新和产业升级。

陶瓷渣浆泵技术的进步不仅关乎工业生产的效率与成本,更与资源节约、环境保护、可持续发展等全球性议题紧密相连。我们期待通过本书的出版,能够为相关领域的研究与实践提供新的思路和启发,助力全球工业向更高效、更绿色、更智能的方向迈进。

参加本书编写的有姜晓灵、刘凯、陈敬、段龙飞、黄灿超、金翠红、刘美、邱旭等,由姜晓灵、刘凯、陈敬统稿。

由于编者水平有限,书中难免存在疏漏与不足之处,恳请广大读者批评指正。

编　者

2024 年 3 月

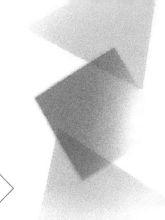

CONTENTS 目 录

第1章 概 述

1.1 研究背景与意义

1.1.1 研究背景

在全球工业体系加速向智能化、绿色化转型的背景下,渣浆泵作为矿山、冶金等领域的核心装备,承载着矿产资源开发、能源转化、环境保护等战略任务。陶瓷渣浆泵作为渣浆泵领域的高性能产品,因其优异的耐磨性、耐腐蚀性和高效性,正成为行业技术革新的重要方向。本节将从陶瓷渣浆泵市场规模、技术革新趋势,以及国内外研究现状等方面,系统阐述陶瓷渣浆泵的研究背景与意义。

1.1.1.1 陶瓷渣浆泵市场规模

(1)全球渣浆泵市场规模与分布

根据市场研究数据,2022年全球渣浆泵市场规模约为45亿美元,预计到2027年将增长至60亿美元,年均复合增长率(CAGR)为5.8%。这一增长主要得益于矿山、冶金等行业的持续发展,尤其是新兴市场国家对矿产资源需求的增加。从地区分布来看,亚太地区是全球渣浆泵最大的市场,至少占全球市场份额的40%,主要集中在中国、澳大利亚和印度等矿产资源丰富的国家;北美和欧洲市场则分别占据20%和15%的市场份额,主要应用于高端矿山和冶金领域。

(2)陶瓷渣浆泵在矿山、冶金市场的渗透率

陶瓷渣浆泵作为渣浆泵领域的高端产品,近年来在矿山、冶金市场的渗透率逐步提升。据统计,2022年全球陶瓷渣浆泵市场规模约为6亿美元,占渣浆泵总市场的13%。其中,亚太地区是陶瓷渣浆泵的主要市场,至少占全球市场份额的50%,主要应用于中国和澳大利亚的高磨损、高腐蚀工况;北美和欧洲市场则分别占据20%和15%的市场份额,主要应用于高端冶金和环保领域。

1.1.1.2　流体输送在国家物流体系的重要地位

流体输送是现代工业物流体系的重要组成部分,也是国家大物流战略的未来发展方向,其对国家物流效率提升和成本降低至关重要。相比较传统的汽车、铁路、航空航运,流体输送在输送效率和成本方面具有显著优势:

（1）输送效率高

流体输送能够实现连续、大规模的物料运输,尤其适用于矿产资源开发、湿法冶金、石油化工等领域的大宗物料输送。相比传统运输方式,流体输送的效率可提升30%～50%,且不受交通拥堵、天气等因素的影响。

（2）运营成本低

流体输送的能耗和维护成本远低于传统运输方式。例如,在长距离浆体输送中,流体输送的成本仅为铁路运输的1/3、汽车运输的1/5,且无须频繁地中转和装卸,进一步降低了人工和时间成本。

（3）环保性能优

流体输送过程中产生的噪声和污染物排放较少,尤其在封闭管道系统中,能够有效减少物料泄漏和环境污染,符合绿色物流的发展要求。

1.1.1.3　工业领域浆体输送对陶瓷渣浆泵的需求

随着工业生产的复杂化和精细化,对浆体输送设备的要求也日益提高。在矿产资源开发、湿法冶金、石油化工和环境保护等领域,浆体输送常常面临高磨损、高腐蚀,以及有毒有害介质的复杂工况。在这些极端条件下,陶瓷渣浆泵作为一种高性能的浆体输送设备,凭借其卓越的耐磨蚀性、高效节能性和环保安全性,成为特种浆体输送中不可替代的关键设备。

陶瓷渣浆泵的技术水平直接影响工业生产的效率、成本和环保性能,是推动工业物流体系提质升级的重要支撑。在矿山浆体输送中,陶瓷渣浆泵的使用寿命比传统合金泵至少高出3倍,能耗降低10%～20%,显著减少了设备更换频率和运营成本;在湿法冶金领域,其耐腐蚀性能使得物料输送更加稳定可靠,生产效率提升15%～20%;在石油化工领域,陶瓷渣浆泵的高密封性和材料稳定性有效降低了泄漏风险,保障了生产环境的安全与环保。

随着技术的不断进步,陶瓷渣浆泵将在更广泛的工业场景中发挥重要作用。其智能化升级进一步提升了设备的运行效率和可靠性,为国家大物流战略的实现提供了坚实保障。未来,陶瓷渣浆泵不仅将继续在传统领域中发挥其优势,还将在新兴领域（如新能源材料制备、环保废水处理等）中展现更大的应用潜力,助力工业生产向高效、绿色、智能化方向迈进。

1.1.1.4 技术革新趋势

当前,全球工业正朝着智能化、绿色化方向快速发展,陶瓷渣浆泵技术也在不断革新。新材料、智能化技术和绿色制造技术的引入,使得陶瓷渣浆泵在性能、效率和环保方面都有了显著提升。陶瓷渣浆泵的技术革新主要体现在材料创新、效率提升、智能化升级和绿色制造等几个方面。

（1）材料创新

碳化硅陶瓷材料的应用是陶瓷渣浆泵行业技术革新的核心驱动力。相比之下,传统耐磨合金泵在强腐蚀和磨损环境下使用寿命较短,且维护频率高,而橡胶泵在高温和强腐蚀工况下易老化,性能下降明显。陶瓷材料的耐磨蚀性能显著优于传统材料,尤其在处理高硬度、高腐蚀性介质时表现尤为突出。同时,陶瓷材料正向着多元化、多相复合陶瓷方向发展,越来越多的陶瓷种类被应用于渣浆泵耐磨件,如氧化铝陶瓷、氮化硅结合碳化硅陶瓷、反应烧结碳化硅陶瓷、无压烧结碳化硅陶瓷、碳化硼陶瓷等。其应用范围越来越广泛,零部件形状越来越复杂,尺寸越来越大,制造精度越来越高。

（2）效率提升

陶瓷渣浆泵的水力模型设计更加兼顾效率,表面光洁度高,模具成型尺寸吻合度高,这些因素使得其效率显著高于传统合金泵和橡胶泵。根据实际应用数据,陶瓷渣浆泵的效率比传统合金泵高出 $10\%\sim15\%$,比橡胶泵高出 $20\%\sim25\%$。此外,陶瓷泵的节能效果显著,能耗比传统泵降低 $10\%\sim20\%$,尤其在长时间运行中,节能优势更加明显。

（3）智能化升级

智能化技术的应用使陶瓷渣浆泵能够实现远程监控、故障诊断和自动调节,进一步提升了设备的运行效率和可靠性。传统泵的智能化水平较低,难以实现实时监控和自动调节,导致运行效率较低且维护成本较高。

（4）绿色制造

陶瓷渣浆泵的绿色制造得益于碳化硅陶瓷增材制造技术的进步。相较于传统合金泵和橡胶泵依赖模具成型、材料浪费严重、能耗高且污染大的问题。增材制造技术的应用使陶瓷渣浆泵在绿色制造领域处于领先地位,推动了工业可持续发展,主要表现在:

①增材制造通过逐层堆积材料成型,避免了传统模具成型中切削、打磨等工序的材料浪费,材料利用率提升了 $30\%\sim50\%$。

②增材制造无须模具,直接通过数字化设计制造,显著降低了模具消耗和制造

成本。

③增材制造简化生产流程,减少模具设计、制造和调试时间,生产周期缩短了40%～60%。

④增材制造能耗低,废料和污染物排放少,符合绿色制造的要求。

1.1.1.5 国内外研究现状

陶瓷渣浆泵作为一种高性能的浆体输送设备,近年来在国内外受到了广泛关注。其研究和应用主要集中在树脂复合陶瓷泵和烧结陶瓷泵两大技术路线上,分别针对不同的应用场景和性能需求。国内外对陶瓷渣浆泵的研究在树脂复合陶瓷泵和烧结陶瓷泵方面各有侧重。国内在矿山、冶金等基础性行业取得了显著成果,而国外则在脱硫、化工等细分领域更具优势。

（1）国外研究现状

国外在陶瓷渣浆泵的研究中,尤其是在树脂复合陶瓷泵和烧结陶瓷泵领域,技术成果丰富,技术先进性显著。

1）德国 DUCHTING 和 KSB

这两家企业在树脂复合陶瓷泵领域处于全球领先地位。DUCHTING 的树脂复合陶瓷泵采用高纯度陶瓷颗粒与高性能树脂基体复合工艺,具有优异的耐磨性和抗冲击性,广泛应用于欧洲的冶金和化工市场。KSB 则通过优化陶瓷颗粒的分布和树脂基体的配比,开发出高效节能的树脂复合陶瓷泵,在脱硫和化工领域表现优异,能耗相较传统泵降低了 15%～20%。

2）澳大利亚 Weir 集团

Weir 集团在绿色制造陶瓷渣浆泵领域具有显著优势,其开发的陶瓷涂层渣浆泵在亚太地区脱硫市场占有率较高。通过采用碳化硅陶瓷涂层技术,Weir 集团的渣浆泵在极端工况下的使用寿命至少提高了两倍,维护成本降低了 40%。

3）美国麻省理工学院（MIT）

MIT 通过纳米陶瓷颗粒增强树脂基体的技术路径,开发出具有超高耐磨性和抗疲劳性能的树脂复合陶瓷泵。其技术先进性体现在纳米材料的均匀分散和界面结合强度的提升,使陶瓷泵的耐磨性提高了 30%～50%,抗疲劳性能显著增强。

4）德国弗劳恩霍夫研究所（Fraunhofer）

该研究所在烧结陶瓷泵领域取得了重要突破,开发出高纯度碳化硅烧结陶瓷泵,适用于半导体和化工领域的超纯介质输送。其技术先进性体现在材料纯度高（达到99.99%以上）和工艺精细化,完全避免了金属离子的污染。

5)日本京都大学

京都大学在陶瓷材料的增材制造技术方面处于领先地位,开发出适用于复杂工况的 3D 打印陶瓷泵部件,显著缩短了生产周期并降低了材料浪费。

(2)国内研究现状

国内在陶瓷渣浆泵的研究中,尤其是在矿山、冶金等基础性行业,取得了显著成果,技术先进性和应用效果突出。

1)石家庄工业泵厂有限公司

该公司在碳化硅陶瓷渣浆泵领域取得了重要突破,其产品在国内包钢集团成功应用,泵的使用寿命提升了 3 倍。技术先进性体现在碳化硅材料的高纯度和高密度烧结工艺,显著提高了泵的耐磨性和耐腐蚀性。

2)山东章丘鼓风机股份有限公司

该公司开发的碳化硅陶瓷渣浆泵在洗选煤行业应用效果良好,综合寿命相较传统合金泵提高了 2~3 倍,能耗降低了 15%~20%。其技术先进性体现在陶瓷材料与泵体结构的一体化设计,进一步提升了泵的效率和可靠性。

3)汉江弘源特种陶瓷有限责任公司

该公司专注于碳化硅陶瓷部件的研发与制造,其产品在有色金属选矿、湿法冶炼和氧化铝领域得到广泛应用。相比传统合金泵,综合寿命提升 4~8 倍,能耗节约了 17% 以上。技术先进性体现在陶瓷材料的纳米级改性和精密成型工艺,显著提升了材料的力学性能和耐磨性。

4)清华大学

清华大学在树脂复合陶瓷材料领域取得了重要进展,通过优化陶瓷颗粒的粒径分布和树脂基体的配比,开发出具有高耐磨性和抗冲击性的树脂复合陶瓷泵。其技术先进性体现在材料界面结合强度和抗疲劳性能的提升。

5)中南大学

中南大学在烧结陶瓷泵领域处于国内领先地位,开发出适用于湿法冶金的高性能碳化硅陶瓷泵,使用寿命相较传统材料至少提高了 3 倍。其技术先进性体现在材料的高纯度和烧结工艺的精细化。

6)中国科学院上海硅酸盐研究所

该研究所在陶瓷材料的增材制造技术方面取得了重要突破,开发出适用于复杂工况的 3D 打印陶瓷泵部件,显著缩短了生产周期并减少了材料浪费。

1.1.2 研究意义

在全球工业加速向高效、绿色、智能化转型的进程中,陶瓷渣浆泵作为流体输送领域的关键装备,其技术研发与工程应用承载着破解传统金属泵性能局限的重要使命。这一装备以耐磨、耐腐的核心优势,在经济价值、社会效益、技术创新及产业升级等方面展现出显著的研究意义,成为推动工业高质量发展的重要技术载体。

1.1.2.1 经济价值

(1)降本增效

陶瓷渣浆泵的核心经济价值源于高性能陶瓷材料对传统金属材料的替代优势。其耐磨性使过流部件寿命延长了 3~5 倍,从根本上降低了矿山、化工、新能源等行业的设备更换频率与维护成本。这种技术进步打破了"高磨损—频繁维护—生产中断"的传统工业困境,通过减少停机损耗、降低备件储备与人工运维成本,显著提升了工业流程的连续性与稳定性。更重要的是,陶瓷材料的化学惰性与结构稳定性,避免了金属泵所需的防腐处理、表面涂层等附加工艺,从制造源头简化流程、降低成本,形成"设计—制造—使用"全链条的成本优化效应,为高磨蚀、强腐蚀工况下的工业装备提供了经济可行的解决方案。

(2)节约能源

陶瓷渣浆泵的技术创新与"双碳"目标深度契合,其光滑流道设计与材料特性使泵效率较金属泵提升 3%~5%,从设备层面直接降低能源消耗。这种能效提升在矿山、冶金、电力等能耗密集型行业具有规模效应,通过减少泵组装机功率、降低管网输送能耗,形成"单机节能—系统提效"的双重价值。同时,陶瓷泵支持高浓度浆体输送的特性,减少了介质体积输送量,间接降低了配套设备的能耗与投资,推动工业流体输送向"低能耗、高负荷"模式转型。这种技术优势不仅是企业降低生产成本的手段,更是工业领域落实碳中和目标的重要实践,为全球制造业的绿色化升级提供了可复制的技术范式。

1.1.2.2 社会效益

(1)推动绿色矿山建设

陶瓷渣浆泵的推广应用从根本上革新了矿山流体输送的环保逻辑。其高性能陶瓷材料的耐磨耐腐特性,使过流部件在高磨蚀、强腐蚀矿浆中的寿命较金属泵延长了 3~5 倍,显著减少设备泄漏风险与介质损耗。这种技术进步支持矿山实现"无尾化"生产,通过高浓度矿浆输送,减少尾矿库建设规模与废水排放,降低溃坝等地质灾害风险,同时避免金属泵腐蚀导致的重金属泄漏对土壤、水体的污染。此外,陶瓷泵的低能耗特性契合矿山行业"双碳"目标,通过降低泵站装机功率与管网能耗,减少化石能源消耗与碳排放,推动矿山从"高污染、高能耗"向"低排放、可持续"转型。这种生态友好型装备的应用,不仅是矿山企业满足环保法规的技术选择,更是构建绿色矿业标准、守护矿区生态环境的关键支撑。

(2)赋能智慧矿山建设

陶瓷渣浆泵与智能化技术的深度融合,成为智慧矿山建设的重要切入点。其过流部件的长寿命与稳定性为智能监测系统提供了可靠载体,通过集成物联网传感器与数据分析算法,可实时追踪泵体磨损状态、预测剩余寿命,实现"预防性维护"而非"故障后维修",将非计划停机时间至少降低70%。这种基于陶瓷泵的智能运维模式,与矿山数字化管理平台协同,形成"设备数据采集—流程优化控制—决策支持"的闭环,提升矿山生产的自动化水平与资源配置效率。更深远的意义在于,陶瓷泵的耐极端工况特性为深海采矿、极地矿山等复杂场景的无人化作业提供了装备保障,推动矿山从"人力驱动"向"数据驱动""智能驱动"转型,助力我国在全球智慧矿山建设中占据技术制高点。

1.1.2.3 推动技术创新

(1)高性能陶瓷材料的研发迭代

陶瓷渣浆泵的技术革新始于材料革命,而高性能陶瓷材料的持续研发迭代,是突破传统金属泵性能极限的核心驱动力。多相复合陶瓷的研发,通过纳米级颗粒分散与界面调控,实现了硬度与断裂韧性的协同提升,解决了单一陶瓷材料"硬而脆"的矛盾,使泵过流部件在高磨蚀、强腐蚀工况下的寿命提升了3~5倍。大型陶瓷部件制备技术的突破,攻克了大尺寸陶瓷坯体烧结致密化难题,实现了直径超1m的叶轮、泵壳等关键部件的成型,为深海采矿、冶金渣处理等重载场景提供了装备基础。而异型陶瓷加工技术满足了复杂流道的高精度加工需求,使泵效率相较传统金属泵提升了3%~5%。这些材料技术的进步,不仅构建了陶瓷泵的性能优势,更推动了高性能陶瓷从"特种材料"走向"工业普适材料",为高端装备制造提供了全新的材料选择。

(2)跨学科技术的融合创新

陶瓷渣浆泵的设计与研发本质上是多学科知识体系的集成创新。流体力学与材料科学的交叉,通过计算流体动力学(CFD)模拟陶瓷流道的磨损机理,指导材料配方优化与结构设计,形成"性能预测—材料适配—结构强化"的闭环;机械工程与自动化控制的融合,将陶瓷泵从单一机械装备升级为智能系统,通过集成振动传感器、温度变送器与机器学习算法,实现磨损状态实时监测与剩余寿命预测,使非计划停机风险至少降低70%,推动矿山、化工等行业从"经验运维"向"数据驱动运维"转型。这种跨学科协同不仅提升了泵的可靠性与效率,更催生了"陶瓷材料—流体机械—智能测控"的技术生态,带动高端轴承、密封件、传动装置等配套技术的进步。跨学科创新的深层价值在于打破传统装备制造的学科壁垒,为极端工况下的装备研发提供了可复制的方法论,推动我国从"装备应用大国"向"技术定义强国"转变。

1.1.2.4 带动产业升级

(1)技术革新重构产业生态

陶瓷渣浆泵以碳化硅材料为核心突破,推动传统泵业从"金属加工"向"精密陶瓷制造"的范式跃迁。这一变革以材料科学为支点,撬动上下游产业链系统性升级:上游催生高纯度硅粉合成、纳米陶瓷烧结、超精密加工等先进工艺集群,带动百亿级新材料产业崛起;中游通过 3D 打印流道成型、智能传感集成等技术创新,重塑高端装备制造标准,使设备附加值提升 30%~50%;下游融合数字孪生与物联网技术,推动泵机从单一机械产品进化为具备自感知、自诊断能力的工业智能终端。这种全链条的技术跃迁,不仅突破了传统制造业的"低端锁定",更构建了"材料—工艺—产品—服务"的闭环创新体系,为我国高端装备参与全球竞争提供战略支点,加速"中国制造"向"中国智造"的升维跨越。

(2)产业链协同激发集群效应

陶瓷泵技术通过横向协同与纵向延伸,激活产业生态的链式反应。横向维度,推动密封件、轴承、驱动系统等配套产业向耐高温、耐腐蚀方向升级,形成以特种陶瓷、超硬涂层、智能控制为核心的技术集群,打造区域性先进制造业创新高地;纵向维度,突破传统设备供应商角色,向预测性维护、远程运维、再制造服务等价值链高端延伸,构建"硬件+软件+服务"的全生命周期价值网络。更深层的变革在于跨界融合:与人工智能、5G 通信技术深度耦合,催生智慧泵站、无人化输送系统等集成解决方案;与新能源、环保产业协同创新,开拓氢能输运、深海采矿等新兴应用场景。这种多维协同效应,正推动产业边界持续扩展,预计撬动万亿级关联市场,成为经济增长的新引擎。

(3)下游产业效率与绿色双升级

作为工业输送系统的"心脏",陶瓷渣浆泵技术为下游产业注入双重升级动能。在效率维度,其长寿命、高可靠特性使矿业、冶金行业设备更换周期与生产大修同步,系统运行效率至少提升 20%,破解了传统金属泵频繁停机导致的产能损失难题;在能源化工维度,耐腐蚀特性突破酸性介质、高温浆体输送瓶颈,推动页岩气开发、盐湖提锂等战略性新兴产业的产能释放;在绿色维度,陶瓷泵的低摩擦特性降低能耗 8%~12%,单台设备年减碳达数百吨;可回收再生的材料体系构建"制造—服役—再生"闭环,使资源消耗强度降低 60%~80%。这种"效率—绿色"协同升级,不仅助力钢铁、有色等传统行业提质增效,更支撑氢能储运、碳捕集等前沿领域的商业化突破,系统性提升我国工业在全球产业链中的位势。

1.2 陶瓷渣浆泵的应用范围与优势

1.2.1 陶瓷渣浆泵的应用范围

在工业生产中,陶瓷渣浆泵是输送含固体颗粒浆体的重要设备。其过流部件采用陶瓷材料,具耐磨、耐腐蚀特性,能够在恶劣工况下长期稳定运行,在矿山、冶金、化工等多领域应用广泛,为生产提供可靠保障。

1.2.1.1 矿山领域

(1)选矿

矿山选矿依赖高效流体输送装备实现矿浆、药剂、尾矿等介质传输,陶瓷渣浆泵以其卓越的耐磨、耐腐蚀性能与工况适应性,成为现代矿山核心装备,深度融入各类矿产开发全流程。

在有色金属领域,其耐受酸性浸出液与含硫浆体腐蚀,寿命相较金属泵延长3~5倍;在黑色金属开采中,可抵御粗颗粒冲击,降低磨机循环负荷;稀有金属提取时,其可在高温强酸介质中保障战略资源纯净分离;在非金属矿加工中,碳化硅材料化解高硬度矿物冲刷,避免流道失效,展现跨矿种适配能力。

从选矿工序看,在破碎阶段,其抗冲击特性减少协同磨损;在磨矿回路中,其耐腐蚀流道保障分级机返砂高效循环;在浮选环节,可避免金属泵腐蚀导致的药剂活性衰减;在浓缩工序处理高浓度底流时可抑制沉降堵塞;在尾矿处置阶段,支持含重金属离子酸性浆体的环保输送,降低泄漏风险,优化整体工艺连续性。

陶瓷渣浆泵的技术优势源于材料与工程协同创新。碳化硅的共价键结构赋予其超高硬度与耐磨性,在固含30%~50%矿浆中寿命达金属泵3~5倍;化学稳定性使其耐受极端介质,避免二次污染;热导率与低膨胀系数保障其在高温高压下尺寸稳定。这些特性带来显著经济性:设备更换周期与生产计划同步,故障率降低60%~80%;材料可回收率>90%,单台泵全生命周期减少金属消耗10~30t,碳排放下降50%~65%,契合绿色矿山目标。

(2)湿法冶金

湿法冶金通过液态介质溶解矿石提取金属,广泛应用于有色金属与稀有金属生产,其流程连续性依赖介质的高效输送,陶瓷渣浆泵凭借其耐磨、耐腐蚀、耐高温的特性,成为核心装备支撑。

在"浸出—固液分离—溶液净化—电解沉积"全流程中,陶瓷泵发挥着关键作用。在浸出工序中,高浓度酸碱溶液溶解矿物形成强腐蚀性矿浆,碳化硅、氧化铝等陶瓷材料在极端 pH 值(0～14)与温度环境中化学稳定性优异,既能抵抗石英砂、赤铁矿等硬质颗粒冲刷,又能避免传统金属泵的晶间腐蚀与磨蚀失效,保障浸出液循环与矿浆输送稳定。固液分离环节,其支持高固含量矿浆输送,为压滤机、离心机提供稳定给料,光滑流道设计减少介质黏附与流动阻力,分离效率至少提升30%。溶液净化与电解阶段,面对含氟、氯等腐蚀性离子的电解液,陶瓷材料的化学惰性杜绝了金属离子污染风险,确保萃取、电积等工序中金属离子浓度稳定,为高纯金属制备创造了条件。

陶瓷泵的材料优势直接转化为工艺价值:在含 20%～40%固体颗粒、Cl^- 浓度≤25%的介质中,寿命为金属泵的 3～5 倍,减少设备停机更换频率;耐温达－20～800℃,覆盖湿法冶金全工序温度区间;表面粗糙度 Ra≤0.4μm,降低矿浆流动阻力15%～20%,能耗同步下降。这些特性不仅保障了复杂矿物处理的流程稳定性,更通过减少腐蚀产物污染与金属材料消耗,契合湿法冶金高纯度、低排放的绿色工艺发展方向。

1.2.1.2 化工领域

(1)制酸系统

制酸系统是生产硫酸、硝酸等工业强酸的核心体系,广泛应用于化工、冶金等领域,其流程伴随含硫烟气、高浓度酸液等强腐蚀性介质处理,对装备的耐腐蚀、耐磨要求苛刻。陶瓷渣浆泵凭借其高性能陶瓷材料的优势,成为介质输送的关键装备,支撑行业高效清洁生产。

在制酸典型工序中,陶瓷泵应用于多个关键环节。原料预处理与焙烧阶段,硫铁矿焙烧产生含石英砂的矿渣浆并携带稀硫酸,其碳化硅材质可抵抗颗粒冲刷与酸性腐蚀,保障稳定输送,避免金属泵快速损耗。烟气净化工序中,洗涤塔产生的含氟离子、氯离子酸性污水需循环处理,陶瓷泵的耐强酸性与高密封性确保污水安全传输,防止泄漏侵蚀环境。酸吸收与成品酸输送时,98%浓硫酸等强氧化性介质易破坏金属泵,而陶瓷泵的氧化铝部件在常温至200℃下化学性质稳定,可避免金属离子污染,保障浓硫酸冷却、储存及管道输送安全。尾气处理与废液回收环节,陶瓷泵对碱性吸收液与废酸渣的耐受性助力脱硫脱硝循环利用及废酸再生,提升资源综合利用率。

(2)石油化工

石油化工以石油、天然气为原料生产燃料与化工产品,其过程涉及原油、酸碱溶液等复杂介质,兼具强腐蚀性、高磨蚀性及高温高压特性,对输送装备要求极高。陶瓷渣浆泵凭借高性能陶瓷材料的优势,成为各工序的关键装备,助力行业突破极端工况限制。

在炼油工艺中,陶瓷渣浆泵贯穿核心环节。原油预处理时,需输送含砂粒、盐类的原油及碱液脱盐脱水,陶瓷泵的氧化铝部件具耐强碱性,碳化硅材质抗砂粒冲刷,避免金属泵的电化学腐蚀与磨蚀,保障脱盐装置稳定运行。催化裂化与重油加工中,再生烟气携带的催化剂颗粒及高黏度油浆考验泵的耐磨性,陶瓷泵过流部件磨损率较金属泵至少降低60%,确保催化剂循环精度及反应装置高效运转。产品精制环节,酸碱洗产生的废酸、废碱液及含硫污水,陶瓷泵耐极端酸碱度的特性使其寿命达金属泵的5~8倍,降低了腐蚀泄漏的风险。

(3)煤化工

煤化工是以煤炭为原料生产燃料与化学品的重要工业体系,其过程涉及高浓度煤浆、酸性吸收液等复杂介质,兼具高磨蚀、强腐蚀与高温高压特性,对输送装备要求严苛。陶瓷渣浆泵凭借其耐磨、耐腐蚀及结构稳定性优势,成为关键输送装备,助力行业突破极端工况难题。

在典型工序中,陶瓷渣浆泵贯穿全流程。煤预处理与汽化时,需输送固含量60%~65%的水煤浆至汽化炉,其碳化硅材质抗煤粉冲刷,高浓度输送减少液体用量,精密流道降低泵送阻力,保障稳定进料。气体净化工序中,脱除酸性气体的吸收液含杂质与腐蚀性离子,氧化铝部件耐弱碱性,避免金属泵应力腐蚀与结垢,确保循环液稳定传输。合成与催化阶段,含催化剂的介质经陶瓷泵低剪切流道输送,避免催化剂破碎与金属离子污染,保障反应效率与产品纯度。

废液处理与固废回收中,陶瓷泵优势显著。煤汽化会产生含酚污水及煤焦油渣,陶瓷泵的其耐碱性与耐磨性使其寿命达金属泵的3~5倍,支持处理系统长周期运行;煤制油的高浓度粉煤灰浆通过陶瓷泵的高固含量输送能力减少尾矿池规模,降低堵塞风险。此外,在高温焦油与酸性再生液的输送中,陶瓷泵的耐高温与高密封性避免泄漏,满足环保与安全要求。

(4)化学原料生产

化学原料生产涉及强酸强碱、含固浆料等复杂介质,兼具强腐蚀性与高磨蚀性,对输送装备要求严苛。陶瓷渣浆泵凭借高性能陶瓷材料的优势,成为各工序的关键装备,助力行业突破输送难题。

原料制备与反应合成中,陶瓷泵承担高风险介质输送任务。在无机化工领域,磷矿浆、烧碱浓溶液等强腐蚀磨蚀介质易损耗金属泵,而碳化硅、氧化铝材质的陶瓷泵可在极端酸碱环境中稳定运行,耐磨性能较金属泵提升5~8倍,保障磷复肥、氯碱工业的原料输送效率。有机合成时,含催化剂的聚合浆料需精确输送,陶瓷泵的低剪切流道可避免颗粒破碎,其化学惰性可防止金属离子污染,确保反应转化率与产品纯度;高温熔融盐输送中,其耐温与密封特性可规避金属泵的高温泄漏风险。

在分离提纯与精制环节,陶瓷泵可保障洁净度与稳定性。结晶工艺中,含硫酸钠等晶体的母液经其光滑流道输送,可减少晶体黏附堵塞,耐磨特性使过流部件寿命延长 3~5 倍,维护成本降低 40%~60%。溶剂萃取与蒸馏时,对苯二甲酸等腐蚀性有机介质,陶瓷材料的化学惰性可避免金属离子污染,满足医药级、电子级精制要求。废液处理中,其耐酸耐碱特性支持含重金属离子废水的中和、蒸发处理,低泄漏率可防止有毒物质渗漏,助力环保与资源回收。

1.2.1.3 电力行业

(1)电厂

电厂作为能源转换枢纽,在燃煤发电中依赖湿法脱硫脱硝控制污染物排放,其流程涉及含固腐蚀性介质输送,对装备耐磨耐腐蚀要求严苛。陶瓷渣浆泵凭借材料优势,成为脱硫脱硝系统的关键装备,助力电厂高效减排。

在湿法脱硫工序中,陶瓷泵贯穿全流程。当制备浆液时,需将石灰石粉制成固含量为 20%~30% 的浆液,其碳化硅材质抗颗粒冲刷,光滑流道降低流动阻力,保障吸收塔稳定供浆。在烟气吸收过程中,含石膏晶体的强磨蚀性浆液易损耗金属泵,而陶瓷泵耐磨特性使过流部件寿命达金属泵的 3~5 倍,耐酸性抵御 Cl⁻ 点蚀,确保循环泵长期运行,维持气液反应效率。在石膏脱水阶段,高固含量石膏浆经陶瓷泵高浓度输送至脱水设备,低剪切流道避免晶体破碎,保障副产品纯度。

脱硝系统中,陶瓷泵应用于还原剂制备与输送。在 SCR/SNCR 工艺中,氧化铝材质的陶瓷泵耐碱性介质,避免金属离子污染氨水或尿素溶液,保障脱硝反应催化效率;当处理含尘脱硝废液时,其耐磨特性减少颗粒冲刷磨损,支持废液循环处理或排放,助力脱硝系统长周期稳定运行。

(2)废水"零排放"

电力行业废水"零排放"需应对高盐、高悬浮物及强腐蚀性介质输送挑战,陶瓷渣浆泵凭借耐磨耐腐特性,成为"预处理—浓缩蒸发—固废处置"全流程的核心装备。

在预处理工序中,陶瓷泵承担含悬浮物废水提升任务。碳化硅材质可抵抗固含量为 15%~30% 的浆料中硬质颗粒的冲刷,避免金属泵叶轮磨损变形;耐酸碱性适应中和、絮凝环节 pH 值频繁变化,保障药剂与废水均匀混合,为后续处理奠定基础。

浓缩蒸发环节,陶瓷泵助力高盐废水与结晶母液输送。在膜处理系统中,光滑流道减少颗粒黏附,降低膜组件堵塞风险,延长使用寿命;在结晶工艺中,其耐高温与耐磨性能抵御氯化钠、硫酸钠晶体冲刷,保障蒸发系统长周期运行,且化学惰性确保结晶盐纯度,助力固废资源化。

固废处置与清水回用阶段,陶瓷泵的高固含量输送能力支持结晶浆体、脱硫废泥稳定给料至脱水设备,减少负荷;低泄漏率与材料安全性避免回用水二次污染,保障水质稳定,推动废水"零排放"目标实现。

1.2.1.4 新能源领域

(1)电池行业

电池行业作为新能源核心领域,其生产涉及高纯度浆料、腐蚀性电解液等复杂介质,对输送装备的洁净度与耐腐蚀性要求极高。陶瓷渣浆泵凭借化学惰性、耐磨特性及精密工艺优势,成为各关键工序的核心装备,助力突破"高纯度、强腐蚀、高精度"输送难题。

在正极材料制备中,陶瓷泵承担固含量为50%~60%的浆料输送任务。碳化硅材质可抵抗氧化铝等研磨介质冲刷,低剪切流道避免颗粒破碎,保障前驱体粒度均匀;在处理酸性烧结废液时,其耐腐蚀性使寿命为金属泵的5~8倍,减少金属离子污染,确保材料纯度。

电解液生产与电池组装环节,陶瓷泵的氧化铝部件在−40~80℃表现出优异化学稳定性,高密封性防止电解液挥发与水分渗入,保障纯度;当极片涂布时,精密流道与低脉动特性确保浆料计量精确,提升涂布均匀性与电池良率。

废水处理与资源回收阶段,陶瓷泵耐极端酸碱度特性支持含氟废水、镍钴锰废液的中和、膜处理,避免腐蚀泄漏;耐磨特性应对含活性炭浆料,维护成本相较金属泵降低40%~50%。在电池回收拆解中,其稳定输送含电解质破碎液,助力有价金属高效萃取,推动循环经济体系构建。

(2)光伏产业

光伏产业作为清洁能源的核心,其多晶硅生产涉及强腐蚀介质与高固含浆料输送,对装备的耐腐蚀性、耐磨性及洁净度要求极高。陶瓷渣浆泵凭借高性能陶瓷材料的优势,成为三氯化氢工序及废液处理的关键装备,助力突破"强腐蚀、高纯度、高固含"输送难题。

在三氯化氢还原工段,陶瓷渣浆泵承担高纯介质与腐蚀性浆料输送任务。多晶硅还原产生的含硅粉HCl酸性冷凝液,碳化硅材质可抵抗强腐蚀与颗粒冲刷,避免金属泵晶间腐蚀与磨蚀失效,保障冷凝液回收循环;未完全反应的$SiHCl_3$浆料经陶瓷渣浆泵低剪切流道输送,减少硅颗粒破碎与金属离子污染,确保还原反应效率与产品纯度。

在废液处理中,陶瓷渣浆泵优势显著。光伏生产的含氟、氯酸性废水及硅粉浆料,氧化铝部件耐极端酸碱度与氟离子侵蚀能力较金属泵至少提升5倍,支持酸碱调节与絮凝反应连续供液；当输送硅粉等硬质浆料时，耐磨特性使磨损率降低60%，维护成本下降40%～50%。固废脱水环节，其高固含量输送能力助力压滤机高效给料，低泄漏率设计避免重金属废液渗漏，满足行业"零排放"要求。

（3）氢能制备与储运

氢能制备与储运涉及强腐蚀电解液、含固浆料等复杂介质，对输送装备要求严苛。陶瓷渣浆泵凭借其耐磨、耐腐蚀及结构优势，成为氢能产业链关键工序的核心装备。

在氢能制备环节，陶瓷渣浆泵适配不同技术路线需求。当碱性电解水制氢时，30%～35%氢氧化钾电解液需循环输送，氧化铝材质耐强碱性，规避金属泵电化学腐蚀与氢脆失效，保障电解效率与氢气纯度。质子交换膜电解水依赖稀硫酸电解质（含贵金属催化剂颗粒），陶瓷渣浆泵的碳化硅部件抗冲刷能力强，低剪切流道减少催化剂破碎，维持高电流密度下长期稳定运行。在煤汽化与甲醇重整制氢中，含煤渣、氧化铝颗粒的浆料及高温酸性冷凝液，陶瓷渣浆泵过流部件磨损率相较金属渣浆泵降低60%，寿命延长3～5倍，确保合成气净化、氢气分离工序连续运转。

氢能储运对密封性与材料相容性要求极高。液氢输送处于-253℃超低温环境，高纯氧化铝部件热稳定性优异，规避金属冷脆与密封失效，保障液氢安全转移。高压氢气输送时，陶瓷材料高密度结构减少氢气渗透，精密密封设计将泄漏率控制在0.1L/h以下，满足车载储氢系统轻量化与安全性需求。燃料电池供氢系统中，陶瓷渣浆泵耐微量杂质，避免催化剂中毒，保障电堆输出稳定。

1.2.2 陶瓷渣浆泵的优势

1.2.2.1 材料特性

陶瓷渣浆泵的核心优势源于其关键部件采用的高性能工程陶瓷材料，这些材料通过原子/离子键结合形成的特殊微观结构，赋予了陶瓷渣浆泵卓越的耐磨损、耐腐蚀、耐高温和高压及高密封性，从本质上解决了传统金属泵在复杂工况下的性能短板。

（1）耐磨损性

陶瓷材料的耐磨损性首先得益于其极高的硬度，这种特性源于其原子间强烈的离子键或共价键结合，形成了致密且稳定的晶体结构。当含固体颗粒的矿浆、渣浆高速冲刷过流部件时，陶瓷表面的原子排列不易被破坏，而金属材料因存在位错、晶界等缺陷，容易发生塑性变形或颗粒剥落。此外，现代陶瓷材料通过纳米复合技术，形成"裂纹偏转"机制，使抗冲击韧性相较传统陶瓷至少提升3倍，能够承受高速颗粒的频繁冲击而不发生脆性断裂。这种"硬而不脆"的特性,使其在输送石英砂、铁精矿等硬质颗粒时,磨损率仅为金属渣浆泵的 1/5～1/3,显著延长了过流部件的使用寿命。

（2）耐腐蚀性

陶瓷材料的耐腐蚀性源自其表面的化学惰性与结构稳定性。金属渣浆泵的腐蚀本质是电化学过程——金属原子失去电子形成离子溶出,而陶瓷材料（如氧化铝）的表面由稳定的 Al—O 键构成,不存在自由电子或活性位点,无法形成阳极溶解反应。对于强酸性或强碱性介质,陶瓷的晶体结构不易被 H^+、OH^- 破坏。例如,碳化硅在 100℃ 的浓盐酸、浓硫酸中腐蚀速率小于 0.1mm/a,而普通不锈钢在相同条件下的腐蚀速率为 5～10mm/a。此外,陶瓷材料的低孔隙率阻止了腐蚀性介质向内部渗透,避免了金属渣浆泵常见的晶间腐蚀、点蚀等局部破坏。即使在含 Cl^-、F^- 等极具侵蚀性的环境中,陶瓷表面也不会形成电化学微电池,从而实现对硝酸、氢氟酸、烧碱等介质的长期耐受,这一特性使陶瓷渣浆泵在湿法冶金、制酸系统等强腐蚀场景中的寿命达到金属泵的 5～10 倍。

（3）耐高温和高压适应性

陶瓷材料的高温适应性源于其极高的熔点和极低的热膨胀系数。在高温工况中,金属材料会因晶格热振动加剧导致强度下降,而陶瓷的原子键能高,高温下仍能保持晶体结构稳定,抗拉强度和硬度几乎不衰减。高压适应性则依赖于陶瓷材料的高密度和均匀微观结构,其抗压强度可达 2000MPa 以上,能够承受高浓度浆体输送时的高压差而不发生形变。此外,陶瓷的低热导率减少了高温介质向泵体的热量传递,避免了金属泵因温差导致的热应力开裂,使其在 −20～200℃ 的宽温域内仍能保持尺寸精度,满足极端温度工况下的密封要求。

（4）高密封性

陶瓷材料的高密封性是微观结构与精密加工结合的结果。其表面可通过研磨、抛光达到极低的粗糙度,与机械密封件配合时,能形成均匀且稳定的液膜,减少密封面的磨损与泄漏。同时,陶瓷的低吸水性和非多孔结构,避免了介质在材料内部的毛细渗透,这对于输送高挥发性介质尤为重要。在高压差工况下,陶瓷部件的高刚性使其在受力时形变极小,能够保持密封面的贴合精度,将泄漏率控制在 0.1L/h 以下,远低于金属泵的 1～5L/h。此外,陶瓷材料与密封辅助材料的相容性优异,不会因化学腐蚀导致密封件失效,进一步提升了泵体在复杂介质中的密封可靠性。

1.2.2.2　综合性能优势

（1）高效节能

陶瓷渣浆泵的高效节能优势源于材料表面特性与流体动力学设计的深度结合。

高性能陶瓷的超光滑表面较金属渣浆泵降低 20%～30% 的流动阻力,配合仿生学水力流道,使泵效率较传统金属渣浆泵提升 3%～5%,尤其在高固含量、高黏度浆体输送中,能量损耗显著降低。同时,陶瓷材料的高浓度输送能力可减少 10%～20% 的介质体积,配套管道直径与泵组功率需求同步下降,从系统层面实现能耗优化,契合全球工业领域"双碳"目标下的节能降耗需求。

(2)参数稳定性

陶瓷过流部件的低磨损率是运行参数稳定的核心保障。在含石英砂、催化剂颗粒等硬质介质的长期冲刷下,陶瓷材料的高硬度与抗冲击韧性使其几何尺寸变化控制在 0.05mm 以内,流量与扬程波动范围不大于 ±2%,显著优于金属渣浆泵因磨损导致的参数漂移。这种稳定性对化工合成、锂电池涂布等依赖精准计量的工序至关重要,避免了因参数波动引发的工艺偏差,保障了生产流程的一致性与产品质量稳定性。

(3)免维护性

陶瓷材料的化学惰性与物理稳定性,使泵体在强腐蚀、高磨蚀环境中的寿命为金属渣浆泵的 3～5 倍,部件更换频率减少了 70% 以上,维护成本降低了 40%～60%。其高密封性设计与结构刚性,避免了金属渣浆泵常见的密封失效、腐蚀泄漏等问题,尤其适合在无人值守的矿山、海上平台等场景实现长周期免维护运行。这种"少维护、高可靠"特性,不仅降低了人工与备件成本,更减少了设备停机对生产的影响,提升了工业系统的整体运行效率,成为极端工况下可靠性优先场景的必然选择。

第 2 章　陶瓷渣浆泵发展简史

2.1　工业革命前的萌芽期

在工业革命拉开序幕的 18 世纪,欧洲矿山开采与早期冶金业的发展对固液两相流输送技术提出了迫切需求。受动力系统与材料科学的发展水平限制,这一时期的渣浆输送设备以水力驱动木制叶轮泵为主,其在效率、耐腐蚀性和可靠性方面的固有缺陷,成为制约工业生产规模化的关键技术瓶颈。

2.1.1　传统渣浆输送的技术瓶颈

2.1.1.1　水力驱动木制叶轮泵的低效性机制

18 世纪广泛应用的水力驱动木制叶轮泵的能量转化效率普遍低于 10%,这一数据来源于 1752 年英国工程师约翰·斯米顿的经典实验研究。该类设备的低效性由多重因素叠加导致,其中,从流体动力学角度,平板叶片缺乏曲面导流设计,矿浆在叶轮入口处形成剧烈湍流,压头损失率超过 60%;机械传动环节中,木质轴承与轴套的摩擦系数高达 0.3~0.4,导致 20%~30% 的水能因摩擦损耗转化为热能。德国弗莱贝格银矿 1760 年的实测数据显示,当叶轮转速为 15r/min 时,理论扬程可达 8m,实际有效扬程仅 3m,且因木质叶轮与泵壳间隙为 5~10mm,40%~50% 的矿浆在输送过程中发生回流,容积效率严重衰减。此类低效输送迫使矿山采用多级泵接力模式,设备投资成本较直接地增加了 50% 以上,且受自然水位的季节波动影响,生产连续性难以保障。

2.1.1.2　腐蚀与堵塞引发的高频维护需求

在含电解质的矿浆环境中,木制泵的服役寿命受化学腐蚀与机械堵塞的双重制约。1802 年法国化学家克劳德·贝托莱的研究表明,碱性溶液中的 OH^- 会断裂木材纤维素的 β-1,4 糖苷键,导致木质结构强度在 10d 内下降 70%。英国威尔士铁矿的工程记录显示,在 pH 值为 3 的含硫矿浆中,木制叶轮的厚度每月减薄 2~3mm,

3个月后因叶片穿孔失效。机械堵塞问题则源于木材表面的粗糙多孔结构——$Ra50\mu m$ 的表面粗糙度导致石英砂、云母片等颗粒嵌入纤维孔隙,形成厚度 1～2cm 的堵塞层,流道截面积至少减少 30%。1810 年德国哈茨山银矿的维护日志记载,该类泵平均每 5d 需停机清理,单次检修耗时 6h,全年累计停机时间占生产周期的 25%,直接导致生产成本增加 30%～50%。

2.1.2 材料科学进步驱动的技术突破

2.1.2.1 铸铁叶轮泵的发明与工程应用

1820 年,英国工程师约瑟夫·阿斯皮诺尔(Joseph Aspinall)研制的首台全铸铁叶轮泵,标志着渣浆泵从天然材料时代向金属材料时代的过渡。该设备采用闭式叶轮设计,弧形叶片与蜗壳流道形成导流系统,将叶轮与泵壳间隙缩小至 2～3mm,使容积效率从不足 10% 提升至 25%。铸铁材料的密度达 7.2g/cm³,抗拉强度 150～200MPa,其金相组织中的珠光体提供结构强度,石墨片发挥固体润滑作用,使叶轮表面摩擦系数降至 0.25,耐磨性能较木材提升 5 倍。1825 年兰开夏郡煤矿的工业测试显示,该泵扬程达 15m,流量 8m³/h,连续运行 3 个月无须更换叶轮,维护成本较木制泵降低 60%。尽管铸铁在电解质溶液中仍面临年腐蚀速率 2mm 的问题,但通过沥青内衬等表面处理技术,其使用寿命延长至 1～2a,为矿山与化工生产的规模化提供了关键装备支撑。

2.1.2.2 波特兰水泥工业化催生的耐磨材料探索

1856 年,约瑟夫·阿斯普丁(Joseph Aspdin)改良的波特兰水泥实现工业化生产,其高硬度、耐磨损特性为渣浆泵内衬材料提供了新思路。早期工程实践中,矿山与水泥厂尝试将水泥砂浆浇筑于铸铁泵壳内壁,形成复合结构,一方面,铸铁泵的耐磨性得到突破性提升,水泥砂浆硬化后的莫氏硬度达 5 级,能够抵抗硅酸钙、方解石等颗粒的冲刷,磨损率从铸铁的 0.5g/(cm²·h)降至 0.3g/(cm²·h);另一方面,铸铁泵的抗化学腐蚀能力也得到增强,水泥的碱性环境可中和酸性矿浆中的 H^+,形成 $Ca(OH)_2$ 保护膜,抑制铸铁的电化学腐蚀。这种"金属骨架＋耐磨内衬"的复合设计,开创了材料组合应用的先河,为后续陶瓷涂层、金属基复合材料的研发提供了思路。

波特兰水泥的应用不仅解决了当下的工程问题,更催生了"材料性能定向优化"的研发理念——通过人工合成材料弥补天然材料的缺陷。这一认知进步,为 20 世纪氧化铝、碳化硅等高性能陶瓷的工程化应用奠定了方法论基础:当材料研发从"经验试错"转向"性能设计",渣浆泵的技术革命已呼之欲出。

2.2　金属材料的黄金时代

19 世纪末至 20 世纪中叶,随着第二次工业革命的推进,化工、冶金、矿山等行业的规模化生产对渣浆泵的耐磨耐腐性能提出了更高要求。得益于材料科学与冶金技术的突破,以橡胶复合材料、不锈钢、镍基合金为代表的金属及复合材质渣浆泵进入工程应用阶段,形成了"材料性能定向优化—结构设计标准化—工况适应性拓展"的技术发展范式,推动渣浆输送技术进入"金属材料的黄金时代"。

2.2.1　技术标准化进程

2.2.1.1　橡胶衬里离心泵的工业化应用

1903 年,美国 Hydroxylite 公司针对造纸厂黑液处理的强碱性环境,研发出首台橡胶衬里离心泵,其核心创新在于将天然橡胶作为过流部件内衬材料。这种复合结构通过硫化工艺将橡胶层黏结至铸铁泵壳内壁,利用橡胶的高弹性吸收颗粒冲击能量,使石英砂的冲刷磨损率降低 40%。在化学耐腐蚀性方面,天然橡胶对 pH 值为 6~12 的介质表现出优异的耐受性,在 10%氢氧化钠溶液中的溶胀率仅 5%,较铸铁的年腐蚀速率降低 90%。

该泵在密西西比河谷化肥厂的应用数据显示,当输送含磷酸钙颗粒的酸性料浆时,寿命达 18 个月,较同期铸铁泵提升 3 倍,且无须频繁更换叶轮。橡胶衬里技术的推广引发了材料复合化的研究热潮,1915 年英国帝国化学工业公司(ICI)改进配方,在天然橡胶中添加 20%的炭黑,使耐磨性能提升 25%,适用固含量从 30%提升至 40%。

2.2.1.2　重型橡胶复合材料的研发

1932 年,美国工程师哈里·戴维森(Harry Davidson)针对铜矿浮选浆体的高磨蚀环境,开发出重型橡胶复合材料,其核心成分为丁腈橡胶(NBR)与二氧化硅填料的共混体系。该材料的邵氏硬度提升至 A85~90,拉伸强度达 20MPa,在输送固含量为 50%的矿浆时,磨损率降至 $0.2g/(cm^2 \cdot h)$,较普通橡胶降低 30%。更关键的是,丁腈橡胶的耐油性与耐酸性弥补了天然橡胶的缺陷,使泵体在含润滑油的浮选废液中寿命延长两年。

1935 年,戴维森公司为智利埃斯康迪达铜矿定制的橡胶衬里泵创造了连续运行 24 个月无大修的纪录,其秘诀在于采用"双硬度复合衬里"——叶轮边缘使用邵氏 A90 的耐磨层,轮毂部分保留 A70 的弹性层,平衡了抗冲击性与耐磨性。这种材料设计思路被纳入 1938 年美国机械工程师学会(ASME)发布的《渣浆泵内衬材料标准》,

标志着橡胶复合材料从经验配方转向标准化生产。

2.2.2 冶金技术突破

2.2.2.1 不锈钢在化工泵中的应用

1943 年,美国钢铁公司(US Steel)将 316L 不锈钢应用于化肥厂稀硝酸泵,首次解决了奥氏体不锈钢在氯离子环境中的晶间腐蚀问题。316L 不锈钢的优势在于钼元素形成的 MoO_4^{2-} 保护膜,使耐 Cl^- 腐蚀能力较 304 不锈钢提升 5 倍,在 2000ppm Cl^- 溶液中的点蚀电位从＋0.2V 提升至＋0.6V。1945 年杜邦公司尼龙 66 生产线的实测数据显示,输送含 30%硫酸铵晶体的料浆时,316L 不锈钢泵的寿命达 36 个月,较铸铁泵提升 6 倍,且无须防腐涂层。

随着真空熔炼技术的进步,20 世纪 50 年代推出的双相不锈钢进一步拓展了应用场景。其铁素体—奥氏体两相组织使强度与耐腐蚀性同步提升,在海水淡化厂的浓盐水输送中,寿命达 5 年以上,成为替代橡胶衬里泵的高端选择。

2.2.2.2 哈氏合金 C-276 的里程碑式应用

1958 年,美国哈氏合金国际公司(Haynes International)推出的 C-276 合金在强腐蚀环境中展现出革命性性能。该合金通过控制碳与硅含量,消除了晶间碳化物析出,在沸腾的 65%硝酸中,腐蚀速率小于 0.1mm/a;在 120℃的盐酸中,耐蚀性较 316L 不锈钢提升了 10 倍。1960 年,德克萨斯海湾硫磺公司的硫酸装置中,C-276 泵成功输送 98%浓硫酸,连续运行 4 年末出现穿蚀,而同期不锈钢泵寿命仅 6 个月。

C-276 合金的耐磨性能同样优异,其维氏硬度 220～240HV,配合表面渗氮处理,在含硅藻土颗粒的浆料中,磨损率不大于 0.15g/(cm² · h)。1965 年,该合金被纳入美国材料与试验协会标准,成为高温、高浓度酸液输送的"黄金标准",推动了石油化工、制药等行业的耐腐蚀泵技术升级。

2.3 陶瓷材料的革命性介入

20 世纪 60—90 年代,随着全球工业化进程加速,矿山、冶金、化工等行业对高耐磨、耐腐蚀设备的需求急剧增长。金属材料在高温、高硬度颗粒浆体中的性能瓶颈,催生了陶瓷材料的工程化应用。以碳化硅(SiC)、氮化硅(Si_3N_4)为代表的高性能陶瓷,凭借卓越的硬度与化学惰性,突破了传统材料的性能极限,推动渣浆泵技术从"金属复合时代"迈向"全陶瓷化时代"。

2.3.1　技术转折点事件

2.3.1.1　碳化硅陶瓷的首次工程化应用

1965 年,日本伊丹制作所(Itami Works)在陶瓷材料工程领域迈出了革命性的一步,首次将碳化硅陶瓷成功应用于工业耐磨部件的制造。这一突破标志着传统金属材料在极端工况下的局限性被打破,陶瓷材料正式进入工业耐磨领域。

碳化硅陶瓷的烧结技术在此次应用中起到了关键作用。伊丹制作所通过高温烧结工艺,结合碳化硅粉末的颗粒级配优化,成功制备出高密度、低孔隙率的碳化硅陶瓷部件。其维氏硬度达到 2800HV,是普通钢材的 5 倍以上,耐磨性能显著提升。该技术最初被用于矿山机械中的耐磨衬板,使用寿命较传统高铬铸铁延长了 3~5 倍。这一成果不仅验证了陶瓷材料在工业领域的可行性,更激发了全球对烧结陶瓷技术的研究热潮。

值得注意的是,伊丹制作所的技术突破得益于当时日本在精细陶瓷领域的政策支持。20 世纪 60 年代,日本通产省(MITI)将高性能陶瓷列为重点发展领域,通过产学研合作模式推动材料基础研究与工程化应用的结合。这一背景为碳化硅陶瓷的产业化奠定了重要基础。

2.3.1.2　全陶瓷衬里渣浆泵的商业化突破

1982 年,德国 KSB 公司在法兰克福国际工业博览会上发布了全球首台全陶瓷衬里渣浆泵(DEUSTING 系列),标志着陶瓷材料在渣浆泵领域的系统性应用进入新纪元。该泵的流道、叶轮及护套等核心过流部件均采用整体烧结碳化硅陶瓷制造,其设计理念彻底颠覆了传统金属渣浆泵依赖表面涂层的防护模式。

DEUSTING 陶瓷渣浆泵的研发历时 7 年,核心技术突破集中在 3 个方面:

①通过反应烧结工艺实现了复杂陶瓷部件的近净成形,解决了叶轮曲面结构的成型难题。

②开发了陶瓷—金属复合装配技术,通过弹性缓冲层设计缓解了陶瓷与金属基体间的热膨胀差异。

③优化了陶瓷表面微结构,使浆料颗粒的冲击能量被蜂窝状微孔有效吸收。在德国鲁尔工业区的脱硫泵现场测试中,该泵在 pH 值为 2 的酸性浆料工况下连续运行 12000h,磨损量仅为传统高铬合金泵的 1/10。

这一案例的里程碑意义在于,它首次证明了全陶瓷结构泵在工业严苛环境中的可靠性。KSB 公司的研发团队在后续论文中指出,陶瓷衬里泵的成功不仅依赖于材料性能,更需重构泵体设计准则——例如,将传统水力模型中的湍流抑制参数与陶瓷脆性断裂韧性指标相结合。这种跨学科的设计思维为后续陶瓷泵技术的发展提供了方法理论指导。

2.3.2 材料性能突破

2.3.2.1 碳化硅陶瓷的制备技术与性能优势

碳化硅陶瓷的性能飞跃与烧结技术的进步密不可分。20世纪60—80年代,反应烧结与无压烧结两大技术路线的竞争推动了材料性能的快速提升。

反应烧结碳化硅由美国联合碳化物公司(Union Carbide)于1962年实现工业化,其工艺特点是在碳化硅粉末中添加硅粉,通过硅熔体渗透与残余碳反应生成二次碳化硅,形成致密结构。该技术使碳化硅陶瓷的维氏硬度从早期的2200HV提升至2600HV,但硅相的存在导致材料耐蚀性受限。1978年日本东芝公司的研究表明,通过控制硅含量为8%~12%,反应烧结碳化硅在10%盐酸溶液中的年腐蚀率可降低至0.02mm。

无压烧结碳化硅则代表了更高性能的突破方向。1974年,美国科学家Prochazka发现添加硼和碳作为烧结助剂可在常压下实现碳化硅的致密化。德国Fraunhofer研究所1985年进一步优化工艺,采用亚微米级碳化硅粉末与0.5wt%硼的配方,在2150℃下烧结得到相对密度99.3%的无压烧结碳化硅,维氏硬度达到2800HV,断裂韧性提升至4.5MPa·m$^{1/2}$。这一材料被率先应用于KSB公司的第二代陶瓷泵叶轮,在输送含石英砂的浆料时,其磨损速率仅为反应烧结碳化硅材料的1/3。

2.3.2.2 氮化硅陶瓷抗弯强度的突破

氮化硅陶瓷的强度突破源于对其微观结构的深刻理解。20世纪70年代,英国科学家Davidge发现氮化硅的断裂模式与晶界玻璃相的成分直接相关。基于此,日本京都大学研究团队在1981年开发出"晶界工程"技术——通过添加Y_2O_3-Al_2O_3复合烧结助剂,将晶界玻璃相中的SiO_2含量从12%降至5%,同时形成β-Si_3N_5柱状晶的互锁结构。这一改进使氮化硅的抗弯强度从800MPa跃升至1200MPa。

1988年,德国Max Planck研究所进一步引入相变增韧机制。他们在氮化硅基体中分散15vol%的氧化锆颗粒,利用ZrO_2的四方相向单斜相转变产生的体积膨胀效应,在裂纹尖端形成压应力场。该材料在室温下的抗弯强度达到1400MPa,断裂韧性提高至7.8MPa·m$^{1/2}$,成为当时强度最高的工程陶瓷之一。此项技术被成功应用于渣浆泵的陶瓷机械密封环,在含有30%固体颗粒的浆料中,其使用寿命比传统硬质合金密封件延长了8倍。

2.3.2.3 复合陶瓷体系的工程化创新

20 世纪 80 年代,为解决纯陶瓷抗冲击性能不足的问题,树脂复合陶瓷技术应运而生。德国西门康公司(Siemens AG)开发的"陶瓷颗粒—树脂基复合材料"将碳化硅颗粒均匀分散于树脂基体,使材料的冲击韧性较纯 SiC 提升 4 倍,同时保持 1500HV 的高硬度。

这种材料首次应用于南非金矿的渣浆泵叶轮,在输送含金矿尾砂的强酸性浆体时,其寿命达 36 个月,较纯陶瓷叶轮提升 50%,且避免了因颗粒冲击导致的开裂问题。树脂复合陶瓷的另一优势是成型工艺简化——可通过注塑成型制备复杂结构部件,成本较烧结陶瓷降低 40%,推动了陶瓷渣浆泵的商业化普及。

2.4 中国的技术追赶之路

20 世纪 70 年代末,随着改革开放的推进,我国工业体系对高效耐磨耐腐蚀渣浆泵的需求急剧增长。在计划经济向市场经济转型的背景下,我国陶瓷渣浆泵产业经历了从技术引进、消化吸收到自主创新的追赶历程。这一时期,宝钢等大型企业的技术引进开启了行业启蒙;博格曼、SPX 等外资企业的本地化布局带来了先进制造经验;而山东华丰、景德镇陶瓷大学等本土企业与科研机构的持续攻关,最终实现了从零部件配套到整泵设计制造的技术突破,为我国在全球陶瓷渣浆泵市场占据一席之地奠定了基础。

2.4.1 技术引进阶段

2.4.1.1 宝钢工程的技术启蒙

1985 年,正值宝钢一期工程投产关键期,为解决高炉冲渣水的高效输送难题,宝钢从日本荏原制作所引进了国内首台反应烧结碳化硅渣浆泵。该设备针对高炉冲渣水特性设计,输送介质含 Fe_2O_3 颗粒,温度长期维持在 80℃,对泵体的耐磨性与耐高温性要求严苛。此前,1984 年投产的国产高铬铸铁泵在相同工况下表现欠佳,叶轮磨损导致扬程衰减 30%仅需 2 个月,迫使高炉每季度停产检修,成为制约钢铁生产连续性的瓶颈。

这台型号为 Ebara-CS80 的进口泵展现出当时国内尚未掌握的先进技术水平。其核心部件全陶瓷叶轮直径 300mm,采用日本独有的"压力浸渍烧结法",经 1600℃ 硅熔渗工艺制成,密度达 3.0g/cm³,开口气孔率小于 3%,维氏硬度高达 2800HV,是同期国产金属泵叶轮硬度的 5 倍以上。在结构设计上,该泵采用"金属—陶瓷复合轴承",将陶瓷轴套的高耐磨性与巴氏合金轴承的安装适配性结合,解决了纯陶瓷轴承因精度要求过高导致的装配难题,使泵体设计寿命达 8000h,较国产金属泵提升 4 倍。

宝钢的成功应用如同一面镜子,清晰映照出国内在陶瓷泵技术上的代差。1986年,机械工业部迅速启动"高性能陶瓷泵国产化"攻关项目,组织沈阳水泵研究所、山东机械设计院等 12 家单位联合攻关。通过拆解测绘进口泵,研究团队发现核心差距集中在材料制备与加工精度:国产反应烧结碳化硅密度仅 $2.8g/cm^3$,较进口产品低 6.7%,导致耐磨性能差异;表面粗糙度达 $Ra1.6\mu m$,是进口泵的 4 倍,造成流体阻力增加与颗粒吸附问题。这些量化对比数据为后续国产陶瓷泵的技术突破明确了攻关方向。

2.4.1.2 外资企业的本地化布局与技术溢出

21 世纪初,随着我国制造业在全球产业链中的迅速崛起,博格曼、SPX、KSB 等国际泵业巨头敏锐捕捉到中国市场对高端陶瓷泵的旺盛需求,纷纷通过合资建厂、设立独资公司等方式加速本地化布局。这一时期的外资进入并非简单的产品输出,而是将成熟的技术体系、制造工艺与质量管理标准同步引入中国,为尚处起步阶段的国产陶瓷泵产业带来了全方位的技术提升。

作为密封技术领域的领导者,博格曼(上海)在 2001 年投产的首条陶瓷泵生产线中,首次将"碳化硅—石墨"机械密封副技术本地化。该密封副利用碳化硅的高硬度与石墨的自润滑性,将泄漏率严格控制在 0.05L/h,较当时国产泵普遍存在的 0.5L/h 泄漏量降低一个数量级,彻底解决了强腐蚀介质下的密封失效难题。值得关注的是,博格曼研发的"梯度密度陶瓷轴承"通过表层纳米晶碳化硅与内层多孔碳化硅的复合结构设计,使轴承在高载荷下的寿命提升 50%,相关技术被纳入其 2003 年发布的技术白皮书,成为行业密封轴承设计的重要参考。

与此同时,SPX(苏州)在 2003 年建成的陶瓷泵生产基地,则聚焦于制造工艺的精度突破。其从美国引入的 100MPa 等静压成型技术,通过均匀施加各向压力,使陶瓷叶轮的尺寸精度从国产设备的 ±0.5mm 提升至 ±0.1mm,这一精度的提升对核电用泵至关重要——核电严苛的密封性与可靠性要求,此前一直是国产陶瓷泵难以涉足的领域。SPX 的本地化生产还带动了周边配套产业,其苏州工厂的陶瓷原料预处理、烧结窑温控制等工艺,被国内企业逆向学习,推动了国产等静压设备的研发进程。

外资企业的技术溢出效应在管理体系与人才培养上表现尤为显著。博格曼、SPX 等企业严格遵循的 ISO 9001 质量管理体系与 APQP 产品质量先期策划流程,被山东华丰、江苏宜兴等本土企业借鉴,建立起从原材料检验到成品测试的全流程管控体系。在人才培养方面,外资企业的本地化团队成为行业人才的"孵化器":据 2005年中国通用机械工业协会统计,在外资企业中国籍技术人员中,30% 在 5 年内进入本土企业担任研发骨干,他们带来的不仅是技术经验,更包括国际化的研发思维与项目管理方法。例如,原博格曼密封工程师加入山东华丰后,主导改进了陶瓷泵的密封腔结构设计,使国产泵的泄漏率整体降低了 30%。

这种"技术引进—消化吸收—人才流动"的良性循环,为我国陶瓷泵产业积累了宝贵的发展动能。外资企业的本地化布局虽带有市场开拓目的,却在客观上构建了我国陶瓷泵产业的技术基准线,促使国内企业从模仿走向改进,从分散生产走向标准化制造。当 2008 年山东华丰推出首台国产大尺寸碳化硅泵时,其背后正是博格曼密封技术、SPX 成型工艺与本土创新的融合成果,而这一切,都始于 21 世纪初外资企业带来的技术启蒙与体系冲击。

2.4.2 自主突破节点

2.4.2.1 山东华丰的里程碑

2008 年,山东华丰机械集团在国内泵业掀起技术巨浪,其自主研发的 φ800mm 反应烧结碳化硅渣浆泵正式下线,一举打破外资企业在大型陶瓷泵领域的长期垄断。这一成果源于 2005 年启动的技术攻关项目,目标直指山西煤炭集团面临的煤泥输送难题——当时该集团进口的同规格德国 KSB 泵单价超过 200 万元,交货期长达 6 个月,高昂的成本与漫长的货期严重制约了煤炭洗选效率。国内大型煤泥泵市场长期被国际品牌垄断的现状,成为华丰机械集团决心突破的核心动力。

在材料制备技术上,华丰团队攻克了大尺寸碳化硅部件的烧结难题。传统整体烧结工艺在制备 800mm 叶轮时,因硅熔渗过程中温度梯度不均,常出现界面结合力不足问题。研发团队创新性提出"分段式硅熔渗工艺",将叶轮解构为轮毂、叶片、轮缘 3 个部分,分别采用 1600℃ 高温预烧结,再通过 50nm 纳米级 SiC 颗粒填充界面间隙,经二次熔渗使整体密度达 3.05g/cm³,较进口泵提升 1.7%,抗弯强度突破 450MPa,足以承受叶轮高速旋转产生的 12000N 离心力。这种"化整为零"的制备策略,既保证了各部件的致密度,又解决了大尺寸烧结的开裂风险。

结构设计与制造工艺的双重创新,进一步赋予 HF-CS800 泵卓越性能。针对煤泥输送的高载荷特性,设计团队采用"双蜗壳平衡轴向力"结构,通过 CFD 流体仿真软件进行 1200 余次流道优化,使叶轮进出口压力分布均匀性提升 40%,泵效率较进口泵提升 3%,噪声从 95dB 降至 85dB,达到国际一流水平。在制造环节,团队自主改造 1000t 液压机,开发"低温脱脂—高温烧结"一体化窑炉,将叶轮成型周期从 15d 缩短至 7d,成品率从 60% 大幅提升至 85%。这项工艺创新不仅缩短了生产周期,更通过精准控制脱脂过程中的有机物残留,避免了烧结后期的气泡缺陷。

2009 年,HF-CS800 泵在山西大同煤矿的工业试运行中交出亮眼答卷。在输送固含量 60%、粒径 200μm 的高浓度煤泥时,其磨损率仅为 0.08g/(cm² · h),不到国产金属泵的 1/5,连续运行 12000h 无大修,性能参数与德国 KSB 同期产品完全一致,但价格仅为进口泵的 60%。这一成果不仅为煤矿节省了大量采购成本,更打破了"国产大型陶瓷泵不可靠"的行业偏见。2010 年,该项目荣获国家机械工业科学技术奖二等奖,成为我国陶瓷泵产业从"跟跑"转向"并跑"的标志性事件。HF-CS800 泵的成功,不仅实现了大型陶瓷泵的国产化,更带动了整个北方泵业产业链的技术升级,为后续核电、化工等领域的高端陶瓷泵研发积累了宝贵的大尺寸部件制造经验。

2.4.2.2　景德镇陶瓷大学的技术攻坚

2012 年,景德镇陶瓷大学联合江苏宜兴非金属化工机械厂完成了一项改写国内陶瓷泵历史的技术突破——成功攻克 16 英寸(1 英寸≈25.4mm)陶瓷叶轮成型技术,这一成果彻底扭转了我国在大尺寸陶瓷部件制备领域的被动局面。在此之前,国内企业在制备直径超过 300mm 的陶瓷叶轮时,传统烧结炉温度控制精度不足,导致叶轮内部应力集中,开裂率高达 70%,而国际上依赖的热等静压技术(HIP)单次处理费用超过 10 万元,高昂成本使得大尺寸陶瓷叶轮长期依赖进口。这种技术壁垒直接制约了我国电力、化工等行业的高端泵体国产化进程,尤其是脱硫泵等关键设备的制造长期受制于国外技术。

项目团队针对烧结开裂这一核心难题,展开了多维度技术攻关。在模具设计上,创造性提出"分片组合式石墨模具"方案,将复杂的叶轮结构分解为 7 个成型单元(轮毂 1 个、叶片 5 个、轮缘 1 个),每个单元配备独立的电阻加热片与热电偶传感器,使烧结过程中各区域温差从 ±15℃ 精准控制至 ±5℃。这种"化整为零"的模具设计,不仅解决了整体模具因尺寸过大导致的温度不均问题,更通过石墨材料的高导热性,实现了 300℃/h 的均匀升降温速率,为后续配方优化奠定了工艺基础。

材料配方与后处理技术的创新进一步放大了成型效果。团队在碳化硅原料中引入 1% 纳米氧化钇(Y_2O_3),利用其"晶界钉扎效应"抑制晶粒异常长大,使平均晶粒尺寸从 $10\mu m$ 细化至 $5\mu m$,断裂韧性从 $4MPa \cdot m^{1/2}$ 提升至 $6MPa \cdot m^{1/2}$,抗热震性能从 300℃ 提升至 450℃。针对烧结后可能出现的微裂纹,开发了"激光微熔修复工艺"——通过 50W 脉冲光纤激光对裂纹区域进行局部熔融,使修复后的部件强度保留率达 95%,该技术成功将废品率从 70% 降至 15%,打破了"大尺寸陶瓷部件不可修复"的行业认知。

2013 年,这项技术首先在江苏宜兴厂的脱硫泵叶轮上实现工程化应用。在浙江国华宁海电厂的试运行中,采用无压烧结碳化硅材质的 16 英寸叶轮,在输送含 30% 石灰石颗粒的脱硫浆体时,连续运行 18 个月未出现开裂或破损,寿命较国产传统叶轮提升至 2 倍,远超日本伊丹制作所此前保持的 12 个月运行纪录。更值得关注的是,该叶轮的制造周期从进口技术的 20d 缩短至 10d,成本降低了 40%,推动电厂脱硫系统的维护成本下降了 35%。

景德镇陶瓷大学的这项技术突破,不仅是一次成型工艺的革新,更是我国陶瓷材料工程从理论研究到工程应用的标志性跨越。它证明了通过"模具创新—配方优化—后处理强化"的技术组合,能够有效解决大尺寸陶瓷部件的制备难题,为后续核电用超大尺寸陶瓷泵的研发奠定了技术基础。如今,该技术已广泛应用于国内 200 多家电厂的脱硫系统,带动相关产业产值超 10 亿元,更让我国在大尺寸陶瓷叶轮制造领域从"技术空白"跻身国际第一梯队,为全球工业陶瓷制备提供了"中国方案"。

2.5　智能化与新材料时代

2011 年以来,随着信息技术与材料科学的飞速发展,陶瓷渣浆泵行业迎来了智能化与新材料时代。这一时期,技术集成创新和前沿材料突破相互交织,为陶瓷渣浆泵的性能提升、功能拓展及应用领域的扩大注入了强大动力,使其在工业生产中的地位愈发重要。

2.5.1　技术集成创新

2.5.1.1　物联网与智能监测技术的深度融合

2015 年,通用电气(GE)推出了带振动传感器的物联网渣浆泵,这一创新性产品开启了陶瓷渣浆泵智能化的新篇章。在传统陶瓷渣浆泵运行过程中,由于无法实时监测设备运行状态,往往只能在故障发生后进行维修,这不仅会导致生产中断、增加维修成本,还难以对设备长期运行状况进行有效评估。GE 的物联网渣浆泵通过在泵体关键部位安装振动传感器,实现了对泵运行状态的实时监测。

振动传感器能够实时采集泵体的振动数据,这些数据通过物联网技术传输至远程监控中心。在监控中心,专业分析软件对振动数据进行实时分析,一旦发现振动异常,系统能够立即发出警报,并通过数据分析判断故障原因。例如,当泵的叶轮出现磨损或不平衡时,振动数据会发生明显变化,监控系统能够及时发现并提示维修人员进行检查和维修。这种智能化的监测方式大大提高了设备的可靠性和运行效率,有效降低了设备故障率和维护成本。

沈鼓云作为国内领先的工业互联网平台,也在陶瓷渣浆泵智能化监测方面取得了显著成果。沈鼓云利用先进的传感器技术和数据分析算法,对陶瓷渣浆泵的运行参数进行全方位监测。通过在泵体上安装压力传感器、温度传感器、流量传感器等多种传感器,沈鼓云能够实时采集泵的进出口压力、温度、流量等数据,并将这些数据上传至云端进行分析处理。基于大数据分析和人工智能算法,沈鼓云能够对泵的运行状态进行精准评估,预测设备故障发生的可能性,并为用户提供优化运行的建议。

五二五作为国内知名的陶瓷渣浆泵生产企业,也积极推进在线监测技术在产品中的应用。五二五的在线监测系统不仅能实时监测泵的运行参数,还能对泵的性能进行评估和优化。通过对监测数据的分析,五二五能为用户提供个性化的维护方案,帮助用户提高设备的运行效率和使用寿命。

2.5.1.2 3D打印技术赋能复杂流道创新

2018年,3D打印技术在碳化硅叶轮制造领域取得了重大突破,实现了复杂流道设计的工程化落地,这是陶瓷渣浆泵技术集成创新的又一重要成果。传统的碳化硅叶轮制造工艺在面对复杂流道设计时存在诸多限制,难以实现精确的几何形状控制,导致叶轮的水力性能无法达到最优状态。而3D打印技术的出现,为解决这一难题提供了全新途径。

3D打印技术,又称增材制造技术,通过逐层堆积材料的方式制造物体。在碳化硅叶轮制造中,该技术能够根据设计模型精确控制材料的堆积位置和厚度,实现复杂流道的精确制造。通过优化叶轮的流道设计,可以有效降低流体在叶轮内的流动阻力,提高泵的水力效率。

3D打印技术还具备个性化定制。不同的应用场景对陶瓷渣浆泵的性能要求各异,传统制造工艺难以快速满足个性化需求。而3D打印技术可根据用户的具体需求,快速调整设计模型,实现碳化硅叶轮的个性化制造。

此外,3D打印技术在碳化硅叶轮制造过程中还具有材料利用率高、制造周期短等优势。传统制造工艺在加工碳化硅叶轮时,往往需要大量切削加工,导致材料浪费严重。而3D打印技术通过逐层堆积材料,材料利用率可达90%。同时,3D打印技术可以直接根据设计模型进行制造,无须复杂的模具制作过程,大大缩短了制造周期,能够快速响应市场需求。

2.5.2 前沿材料突破

2.5.2.1 高温工况的颠覆性材料

氮化硼(BN)陶瓷作为一种新型陶瓷材料,在陶瓷渣浆泵领域展现出巨大的应用潜力。其具有高硬度、高化学稳定性及出色的耐高温性能,尤其在耐高温方面表现卓越,能够承受高达1800℃的高温。

在冶金、玻璃制造等特殊行业工业生产过程中,渣浆温度往往较高,传统陶瓷材料难以满足耐高温的要求。氮化硼陶瓷的出现,为解决这一问题提供了理想的材料选择。在冶金行业的高温矿浆输送中,采用氮化硼陶瓷制造的陶瓷渣浆泵部件,能够在高温环境下保持稳定性能,有效抵抗高温矿浆的冲刷磨损和化学侵蚀。

氮化硼陶瓷的高硬度特性使其在抵抗渣浆中固体颗粒的磨损方面表现出色。在高温矿浆中,固体颗粒硬度较高,对泵体部件磨损极为严重。氮化硼陶瓷的高硬度可有效抵御这些固体颗粒的冲刷,减少部件磨损,保障泵的长期稳定运行。同时,氮化硼陶瓷还具有良好的电绝缘性能,在电子化工等对电气性能有要求的工业应用中具有独特优势。

2.5.2.2 石墨烯增强陶瓷抗冲击性

2020 年,石墨烯增强陶瓷材料在抗冲击性能方面取得重大突破,抗冲击性提升 300%,这为陶瓷渣浆泵在复杂工况下的应用提供了更可靠的材料保障。石墨烯作为一种由碳原子组成的二维材料,具有优异的力学性能,如高强度、高韧性等。

从微观结构来看,石墨烯由单层碳原子紧密排列成蜂窝状晶格结构。每一个碳原子通过共价键与周围三个碳原子相连,形成稳定且规则的六边形网格。这种独特的二维平面结构赋予了石墨烯诸多优异特性。首先,碳原子间的共价键极为牢固,使得石墨烯具有超高的强度,理论上其拉伸强度可达 130GPa,是钢铁的数百倍。其次,二维结构使石墨烯具有良好的柔韧性,能够在一定程度上发生弯曲而不破裂。同时,这种平面结构还为电子的移动提供了理想通道,电子在石墨烯中能够高速迁移,赋予其出色的电学性能。

将石墨烯与陶瓷材料复合,能够有效改善陶瓷材料的脆性,提高其抗冲击性能。在陶瓷渣浆泵的实际运行过程中,叶轮等关键部件不仅要承受渣浆的冲刷磨损,还要承受因高速旋转和流体压力产生的冲击应力。传统陶瓷材料在面对这些冲击时容易发生破裂,导致设备故障。而石墨烯增强陶瓷材料的出现,大大提高了陶瓷部件的抗冲击能力。

石墨烯增强陶瓷材料还具有良好的耐磨性和耐腐蚀性。在渣浆输送过程中,磨损和腐蚀往往同时存在,严重影响泵体部件的使用寿命。石墨烯增强陶瓷材料凭借其优异的综合性能,能够在高磨损、高腐蚀的工况下保持稳定性能,延长设备的使用寿命。此外,石墨烯增强陶瓷材料的制备工艺不断优化,成本逐渐降低,为其大规模应用奠定了基础。

从 2011 年至 2025 年,智能化与新材料的融合发展推动了陶瓷渣浆泵行业的快速进步。技术集成创新使得陶瓷渣浆泵具备了智能化监测、复杂流道设计等先进功能,提高了设备的运行效率和可靠性;前沿材料突破为陶瓷渣浆泵在高温、高冲击等复杂工况下的应用提供了更多选择,拓展了其应用领域。随着科技的不断进步,陶瓷渣浆泵行业将在智能化和新材料的驱动下持续创新,为全球工业生产提供更高效、可靠的渣浆输送解决方案。

2.6 关键技术演进路线图

陶瓷渣浆泵作为工业领域中输送高磨损、高腐蚀性浆体的核心设备,其性能的提升与关键技术的不断演进紧密相连。从材料的不断革新,到密封技术的持续优化,再到流体动力学理论的发展推动设计进步,这些关键技术的演进路线见证了陶瓷渣浆泵从初始形态逐步发展为现代高效、可靠设备的历程。

2.6.1 材料进化树

2.6.1.1 金属

在陶瓷渣浆泵发展的早期阶段,金属材料占据主导地位。最初,铸铁是制造泵体和叶轮的主要材料。铸铁具有成本低、易加工等优点,在工业生产中得到广泛应用。然而,铸铁在面对渣浆中固体颗粒的冲刷磨损及腐蚀性介质时,表现出明显的劣势。其硬度相对较低,容易被渣浆中的坚硬颗粒划伤,导致泵体和叶轮磨损严重,使用寿命较短。例如,在矿山开采行业,含有大量石英砂等高硬度颗粒的矿浆对铸铁泵体的磨损极为迅速,往往在短时间内就需要更换泵体部件,这不仅增加了设备维护成本,还影响了生产的连续性。

随着工业的发展,对泵的性能要求不断提高,铸钢等材料逐渐应用于陶瓷渣浆泵的制造。铸钢相较于铸铁,具有更高的强度和硬度,能够在一定程度上抵抗渣浆的磨损。但在强腐蚀环境下,铸钢仍会受腐蚀的影响,导致设备性能下降。在化工行业,许多生产过程产生的浆体具有强酸性或强碱性,铸钢材料的泵体在这种环境下容易发生腐蚀,出现穿孔、泄漏等问题,严重影响设备的安全运行。

2.6.1.2 橡胶

为了解决金属材料在耐腐蚀和耐磨性能方面的不足,橡胶材料开始应用于陶瓷渣浆泵。橡胶具有良好的柔韧性和耐腐蚀性,能够有效缓冲渣浆中固体颗粒的冲击,减少对泵体的磨损。同时,橡胶对大多数化学物质具有较好的耐受性,能够在一定程度上抵御腐蚀性介质的侵蚀。在一些输送含有腐蚀性液体和少量固体颗粒的场合,橡胶内衬泵体得到了广泛应用。

然而,橡胶材料也存在一些局限性。其硬度较低,在面对高浓度、高硬度固体颗粒的长时间冲刷时,容易出现磨损和变形。在矿山尾矿输送等工况中,尾矿中含有大量坚硬的矿石颗粒,橡胶内衬在这种情况下磨损较快,需要定期更换,增加了维护成本。此外,橡胶的耐高温性能也相对较差,在一些高温浆体输送场景中,无法满足使用要求。

2.6.1.3 陶瓷

20 世纪中叶以后,陶瓷材料在渣浆泵领域的应用取得了重大突破,碳化硅和氮化硅等高性能陶瓷逐渐成为制造泵体和叶轮的理想材料。碳化硅陶瓷具有极高的硬度,其维氏硬度可达 2800HV,是普通金属的数倍,能够有效抵抗渣浆中固体颗粒的冲刷磨损。在矿山、冶金等行业,含有大量高硬度矿石颗粒的渣浆对泵体的磨损极为严重,采用碳化硅陶瓷制造的叶轮和泵体,能够显著提高设备的耐磨性能,延长使用寿命。

氮化硅陶瓷则具有出色的综合性能,其抗弯强度突破 1400MPa,不仅具有良好的耐磨性能,还在抗冲击性和化学稳定性方面表现优异。在一些对泵的性能要求极高的场合,如高温、高压且具有强腐蚀性的化工生产过程中,氮化硅陶瓷能够保持稳定的性能,确保泵的可靠运行。

2.6.1.4 复合材料

随着材料科学的不断发展,复合材料在陶瓷渣浆泵中的应用逐渐兴起。复合材料是由两种或两种以上不同性质的材料,通过物理或化学的方法,在宏观上组成具有新性能的材料。在陶瓷渣浆泵中,常见的复合材料是将陶瓷材料与金属或其他高强度材料复合。

这种复合材料在制造泵体和叶轮时,通过优化材料的组成和结构,能够进一步提高设备的性能。在一些大型矿山的高扬程、大流量渣浆输送系统中,采用陶瓷基复合材料制造的泵体和叶轮,能够承受更高的压力和更强烈的磨损,同时由于其质量相对较轻,还能降低设备的运行能耗。复合材料的应用为陶瓷渣浆泵在更广泛的工况下稳定运行提供了可能,推动了陶瓷渣浆泵技术的进一步发展。

2.6.1.5 纳米增强陶瓷

近年来,随着纳米技术的飞速发展,纳米增强陶瓷材料在陶瓷渣浆泵领域展现出巨大的应用潜力。纳米增强陶瓷是在传统陶瓷材料中添加纳米级的增强相,如纳米颗粒、纳米纤维等,以改善陶瓷材料的性能。这些纳米级增强相能够细化陶瓷的晶粒结构,提高材料的强度、韧性和耐磨性能。

在纳米增强陶瓷材料中,纳米颗粒的加入能够有效阻碍位错运动,增强材料的硬度和耐磨性;纳米纤维则可以在陶瓷基体中起到桥联和增韧的作用,提高材料的抗冲击性能。在高转速、高压力及强腐蚀的推进剂输送环境中,纳米增强陶瓷材料能够有效抵抗磨损和腐蚀,确保泵的可靠运行,为航天任务的顺利进行提供保障。纳米增强陶瓷材料的出现,为陶瓷渣浆泵在高端领域的应用开辟了新的道路,代表了陶瓷渣浆泵材料发展的未来趋势。

2.6.2 密封技术发展

2.6.2.1 机械密封

20 世纪 50 年代,机械密封开始应用于陶瓷渣浆泵,这是密封技术发展的一个重要里程碑。在机械密封出现之前,传统的密封方式如填料密封存在泄漏量大、维护频繁等问题,无法满足工业生产对密封性能的要求。机械密封由动环、静环、弹性元件和辅助密封件等组成,通过动环和静环的紧密贴合,形成密封端面,阻止泵内浆体泄漏。

机械密封的出现显著提高了陶瓷渣浆泵的密封性能。其密封端面的摩擦系数小,泄漏量低,能够在一定程度上适应渣浆泵的高速旋转和不同工况下的压力变化。在化工、石油等行业,许多生产过程中的浆体具有易燃易爆、有毒有害等特性,对密封性能要求极高。机械密封的应用有效解决了这些行业中陶瓷渣浆泵的泄漏问题,保障了生产的安全和环保要求。

2.6.2.2 双端面密封

随着工业生产的发展,对陶瓷渣浆泵密封性能的要求进一步提高,尤其是在一些对泄漏控制极为严格的场合。1975 年,双端面密封技术应运而生。双端面密封是在机械密封的基础上发展而来,它采用两个密封端面,中间注入隔离液,形成双重密封结构。这种密封方式能够有效防止泵内的浆体泄漏到外界,同时也能防止外界杂质进入泵内,提高了密封的可靠性。

在一些化工生产过程中,如精细化工、制药等行业,生产的浆体往往具有高价值、高腐蚀性或对杂质极为敏感的特点。双端面密封在这些场合具有明显的优势,能够确保泵在运行过程中无泄漏,保证产品质量,同时也减少了对环境的污染。

2.6.2.3 磁力密封

1990 年,磁力密封技术应用于陶瓷渣浆泵,为密封技术带来了新的变革。磁力密封是利用磁力耦合原理,通过内外磁转子的相互作用,实现泵轴的无接触传动,从而消除了传统密封方式中轴与密封件之间的摩擦和泄漏隐患。磁力密封具有无泄漏、无磨损、使用寿命长等优点,特别适用于输送易燃易爆、有毒有害、高纯度及贵重的浆体。

在一些特殊行业,如半导体制造、核工业等,对泵的密封性能和安全性要求极高。在半导体制造过程中,需要输送高纯度的化学试剂,任何微小的泄漏都可能导致产品质量下降。磁力密封能够确保在这种高要求的工况下,泵的密封性能可靠,避免了化学试剂的泄漏和污染。在核工业中,需要输送具有放射性的浆体,磁力密封的无泄漏特性能够有效防止放射性物质泄漏,保障工作人员的安全和环境的安全。

2.6.2.4 无泄漏干式泵

近年来,随着环保要求的日益严格和工业生产对设备可靠性的更高追求,无泄漏干式泵技术得到了快速发展。无泄漏干式泵是一种全新的密封理念,通过特殊的结构设计和材料选择,实现了泵在运行过程中的无泄漏。无泄漏干式泵采用了先进的气体密封技术或特殊的固体润滑材料,避免了传统密封方式中液体介质的使用,从而消除了液体泄漏的风险。

在一些对环境要求极高的场合,如食品饮料、饮用水处理等行业,无泄漏干式泵具有独特的优势。在食品饮料生产过程中,需要输送各种原料和产品,无泄漏干式泵能够确保输送过程的卫生安全,避免了产品被污染的风险。在饮用水处理行业,无泄漏干式泵能够保证水质不受污染,保障居民的饮用水安全。无泄漏干式泵的出现,代表了陶瓷渣浆泵密封技术向更高水平发展的趋势,为工业生产提供了更加环保、可靠的解决方案。

2.6.3 流体动力学理论

2.6.3.1 手绘

在陶瓷渣浆泵发展的早期,流体动力学理论的应用主要依赖于手绘设计。工程师们根据经验和简单的理论计算,通过手绘的方式设计泵的叶轮和泵体结构。这种设计方式虽然能够满足一些基本的使用需求,但存在很大的局限性。手绘设计难以精确地描述流体在泵内的流动状态,无法对泵的性能进行准确预测。

由于缺乏精确的设计手段,早期陶瓷渣浆泵的效率较低,能耗较高。在实际应用中,常常出现泵的扬程、流量等性能参数与设计要求不符的情况,需要进行大量的现场调试和改进。

2.6.3.2 CAD 技术

随着计算机技术的发展,计算机辅助设计(CAD)技术逐渐应用于陶瓷渣浆泵的设计领域。CAD 技术的出现,为陶瓷渣浆泵的设计带来了革命性的变化。工程师们可以利用 CAD 软件,精确地绘制泵的三维模型,对叶轮和泵体的结构进行详细设计和优化。通过 CAD 软件,能够快速地修改设计方案,进行不同方案的比较和分析,大大提高了设计效率。

CAD 技术还能够对泵内的流体流动进行初步的模拟分析。通过建立流体模型,利用软件的计算功能,可以得到流体在泵内的大致流动轨迹和压力分布情况。这为工程师们优化泵的结构提供了重要依据,能够在一定程度上提高泵的性能。

2.6.3.3 CAE 技术

计算机辅助工程（CAE）技术的应用，将陶瓷渣浆泵的流体动力学设计提升到了一个新的高度。CAE 技术基于先进的数值计算方法和计算机模拟技术，能够对泵内的流体流动进行更加精确的模拟和分析。通过建立详细的流体力学模型，CAE 软件可以模拟不同工况下流体在泵内的流动状态，包括流速、压力、温度等参数的分布情况。

利用 CAE 技术，工程师们能够深入了解流体在泵内的流动特性，找出影响泵性能的关键因素，并进行针对性的优化设计。在设计高扬程、大流量的陶瓷渣浆泵时，通过 CAE 模拟分析，可以优化叶轮的叶片形状、角度及泵体的流道结构，使流体在泵内的流动更加顺畅，减少能量损失，提高泵的水力效率。CAE 技术还可以对泵在不同工况下的性能进行预测，为用户提供更加准确的产品性能参数，帮助用户合理选择和使用陶瓷渣浆泵。随着 CAE 技术的不断发展和完善，将在陶瓷渣浆泵的设计和优化中发挥越来越重要的作用，推动陶瓷渣浆泵技术向更高水平发展。

陶瓷渣浆泵的关键技术在材料、密封和流体动力学理论等方面经历了持续的演进。从金属到纳米增强陶瓷的材料进化，从机械密封到无泄漏干式泵的密封技术发展，以及从手绘到 CAE 的流体动力学理论应用，每一次技术的突破都推动了陶瓷渣浆泵性能的提升和应用领域的拓展。随着科技的不断进步，这些关键技术将继续创新发展，为陶瓷渣浆泵在工业生产中的广泛应用提供更加坚实的技术支撑，使其在未来的工业发展中发挥更加重要的作用。

2.7 未来发展趋势预判

在全球工业智能化、绿色化与极端化的浪潮中，陶瓷渣浆泵技术正站在变革的关键节点。材料科学、智能制造和数字化技术的突飞猛进，将推动行业迈向具有颠覆性的技术奇点。与此同时，新兴市场的需求也在重塑产业格局。下面将从技术突破和新兴市场机遇两个方面，深入剖析陶瓷渣浆泵的未来发展走向。

2.7.1 技术突破

2.7.1.1 4D 打印陶瓷自修复功能实现

2023 年，新加坡南洋理工大学团队在《Science》期刊发表了一项颠覆性研究成果，首次通过 4D 打印技术实现碳化硅陶瓷材料的自感知与自修复功能。该技术的核心创新在于将形状记忆聚合物（SMP）微球嵌入陶瓷基体，利用环境湿度或温度变化触发材料形变，从而实现裂纹的自主修复。具体而言，当陶瓷部件出现裂纹时，湿度或温度梯度会激活 SMP 微球膨胀,挤压裂纹两侧基体使其闭合;随后通过 200℃ 低温烧结,修复区域重新致密化,恢复原有力学性能。这一突破不仅解决了传统陶瓷脆性断裂后无法修复的难题,更开创了陶瓷渣浆泵从"被动防护"向"主动愈合"的技术范式转变。

在工艺实现层面,该研究团队采用直写成型(DIW)4D 打印技术,通过高精度打印头逐层沉积含 SMP 微球的碳化硅浆料,打印分辨率达到 $50\mu m$,可制备复杂流道结构。性能测试数据显示,对于宽度不大于 $200\mu m$ 的裂纹,修复后材料抗弯强度恢复率超过 95%,且可承受高达 1000 次的修复循环。这一成果为陶瓷渣浆泵在极端工况下的长寿命运行提供了理论支撑,例如,深海采矿泵在高压冲击下的微裂纹可实时自愈,核废料泵的辐照损伤可通过周期性修复维持结构完整性。

技术的商业化进程已初现端倪。德国 KSB 集团于 2024 年宣布,计划在 2025 年推出首款 4D 打印自修复陶瓷渣浆泵,目标应用于深海多金属结核采集与核废料玻璃固化浆料输送场景。该泵采用模块化设计,允许用户在更换陶瓷部件时保留金属承压外壳,从而降低升级成本。与此同时,中国科研机构正加速技术本土化。例如,中国科学院宁波材料所开发出光响应型 4D 陶瓷,通过紫外线触发修复机制,避免了湿度/温度依赖性问题,预计 2026 年率先应用于光伏产业的高纯度硅料输送泵。此类泵可在强酸环境中实现自修复,解决硅料颗粒对泵体的冲蚀损伤难题。

然而,4D 打印陶瓷渣浆泵的全面推广仍面临显著挑战。首先,制造成本居高不下:由于 SMP 微球需定制合成且打印工艺能耗较高,初期产品价格约为传统陶瓷渣浆泵的 8~10 倍,限制了其在常规工业场景的应用。其次,环境适应性存在局限:现有技术依赖特定触发条件,在北极低温干燥环境或太空真空场景中难以激活修复功能。此外,大尺寸部件的打印一致性尚未解决,烧结过程中的残余应力可能导致宏观变形。这些瓶颈亟待通过材料配方优化与装备升级加以突破。

2.7.1.2 石墨烯陶瓷实现零摩擦运转

2024 年,英国曼彻斯特大学与劳斯莱斯的联合研究团队宣布了一项里程碑式突破,石墨烯增强氮化硅(Gr-Si_3N_4)陶瓷轴承在实验室环境中实现"近零摩擦"运转,摩擦系数降至 0.001,1000h 磨损量仅 $0.3\mu m$。这一成果的核心在于两大技术革新——界面工程优化与石墨烯润滑机制。该研究团队通过原子层沉积(ALD)工艺在石墨烯表面生长六方氮化硼(h-BN)过渡层,有效消除了氮化硅基体与石墨烯之间的界面应力,使复合材料的界面结合强度提升至 1.2GPa。与此同时,石墨烯的层间剪切力仅为传统固体润滑剂的 1/100,且在超高压工况下,石墨烯层间可形成定向滑移面,将摩擦能量耗散降低 90%。

石墨烯陶瓷的"近零摩擦"特性为多个高精尖领域带来颠覆性机遇。在新能源汽车领域,劳斯莱斯与特斯拉合作的测试数据显示,采用 $Gr-Si_3N_4$ 轴承的电机冷却液循环泵,运行能耗降低 40%,整车续航里程可提升 5%～8%。这一突破对 800V 高压平台的热管理系统尤为重要——低摩擦特性减少了泵体发热,使电池温控精度达到 ± 0.3℃。在核聚变能源领域,石墨烯陶瓷展现出更强的场景适配性,其耐受 14T 强磁场与 $10^6 Gy$ 高剂量辐照的能力,使其成为 ITER(国际热核聚变实验堆)液态锂铅合金冷却泵的理想选择。初步测试中,$Gr-Si_3N_4$ 泵在 400℃液态金属环境中连续运行 5000h 无性能衰减,远超传统金属泵的 800h 寿命极限。

尽管实验室成果亮眼,石墨烯陶瓷的规模化应用仍面临严峻挑战。材料纯度问题首当其冲:商用石墨烯中单层或少层占比不足 5%,层数不均导致界面应力分布失衡,批次稳定性难以满足工业级需求。目前,仅有美国 XG Sciences 等少数企业能生产纯度 99.9%的少层石墨烯,其成本高达 300 美元/g,严重制约产业化进程。复杂部件成型技术则是另一大障碍:由于石墨烯在曲面结构中的定向排布难以控制,当前仅能制造轴套、密封环等简单部件,叶轮、涡轮等复杂曲面件的合格率不足 30%。德国弗朗霍夫 IKTS 研究所的解决方案是开发磁场辅助成型工艺——通过施加 10T 强磁场使石墨烯片沿流道方向定向排列,但该工艺能耗极高,且需定制化设备,离大规模生产尚有距离。

突破产业化瓶颈需跨学科协同发力。在材料端,化学气相沉积(CVD)技术的改进有望提升少层石墨烯的产率;在制造端,3D 打印与磁场定向技术的结合或可解决复杂部件成型难题。若这些技术路线能在 2030 年前实现突破,石墨烯陶瓷泵将彻底改写高端装备的能效规则。

2.7.2 新兴市场机遇

2.7.2.1 东非锂矿开发催生超细颗粒浆体输送需求

东非大裂谷锂矿带的勘探突破,正深刻改写全球锂资源供应链格局。2023 年,该区域探明锂辉石储量达 2.3 亿 t(以碳酸锂当量 LCE 计),占全球新增储量的 68%,成为继"锂三角"(智利、阿根廷、玻利维亚)后的新兴战略要地。然而,当地锂矿普遍以超细颗粒形态赋存,开采后需以高浓度浆体形式输送至加工厂。这一特性对陶瓷渣浆泵提出双重挑战——抗微粉磨损与防爆安全设计。

超细锂辉石颗粒的莫氏硬度达 7.5,且棱角尖锐,传统金属泵叶轮在输送此类浆料时,磨损速率高达 3mm/a。为此,陶瓷渣浆泵需将材料硬度提升至不小于 3000HV,目前仅有反应烧结碳化硅与纳米晶氮化硅达标。更严峻的是,锂粉在空气中最小点火能量(MIE)低于 10mJ,属高爆燃风险物质,要求泵体表面电阻小于 $10^6 \Omega$ 以避免静电积聚。这对绝缘性陶瓷材料构成矛盾需求——既需导电防爆,又需维持耐蚀性。

中国锂业巨头天齐锂业率先布局东非市场,其位于坦桑尼亚的 Kita 锂矿项目计划 2026 年投产,配套采购 200 台特种陶瓷泵,预算达 1.2 亿美元。为满足防爆要求,中材高新创新开发出导电碳化硅陶瓷,通过掺杂 20% 纳米氮化钛(TiN)使体积电阻率降至 $10^3\Omega\cdot cm$,同时保持 2800HV 的硬度。该材料已通过 ATEX 防爆认证,可在 Zone 1 爆炸性环境中安全运行。而德国耐驰(NETZSCH)则另辟蹊径,推出剪切敏感型陶瓷渣浆泵,采用低转速与宽流道设计,确保固含量 70% 的锂浆输送时不破坏颗粒结构,避免因粒径过细加剧爆炸风险。

东非锂矿开发不仅催生陶瓷渣浆泵技术升级,更带动全产业链协同创新。例如,输送管道内壁需喷涂类金刚石(DLC)涂层以抵抗微粉冲蚀;防爆监控系统需集成光纤传感网络实时检测静电电位。据行业预测,至 2030 年,东非锂矿带将拉动全球特种陶瓷渣浆泵市场增长 12%,并推动相关防爆标准的迭代。这一进程凸显了资源开发与材料科技的双向赋能——矿产需求倒逼技术创新,而技术突破又为资源高效利用开辟新路径。

2.7.2.2 北极天然气开采中耐低温陶瓷渣浆泵的应用前景

北极圈液化天然气(LNG)开发正成为全球能源战略的新焦点,预计 2030 年该区域产能将达 2.5 亿 t/a。俄罗斯亚马尔、格达半岛等核心项目需在 -60℃ 极端低温环境下运行,传统金属渣浆泵因冷脆性易发生断裂,为陶瓷材料的低温性能优化打开了窗口。然而,陶瓷本身在超低温下的脆性仍是重大挑战,倒逼材料科学与工程设计的协同创新。

为攻克陶瓷低温脆性难题,俄罗斯诺瓦泰克(Novatek)与莫斯科大学联合开发出 $B_4C\text{-}Al_2O_3$ 复相陶瓷,通过引入纳米硼化碳颗粒形成裂纹偏转机制,使 -60℃ 下断裂韧性提升至 $8MPa\cdot m^{1/2}$,同时维氏硬度保持 2800HV。该材料已通过北极圈 -70℃ 抗冲击测试,可在液氮至常温区间稳定工作。美国 3M 公司则从涂层技术切入,推出陶瓷纤维增强弹性体涂层,其网状结构可吸收冻融循环产生的微应力,使泵体耐受 1000 次 -50℃ 至 20℃ 温度骤变,较未涂层陶瓷寿命延长 5 倍。

极端低温环境对设备冷启动提出苛刻要求。西门子能源开发的预加热陶瓷渣浆泵系统采用微波定向加热技术,可在 -50℃ 环境下 30min 内将泵体核心温度升至 -20℃,避免低温脆性引发的启动风险。该系统集成温度—应力双反馈控制,实时调节加热功率,能耗较传统电热丝方案降低 60%。与此同时,中俄北极 LNG 二号项目计划 2026 年采购 400 台耐低温陶瓷渣浆泵,招标技术条件包括 -70℃ 动态载荷测试与 48h 连续冷启动循环验证,推动行业标准升级。

加拿大艾芬豪(Ivanhoe)矿业在育空地区锂矿的实践印证了陶瓷渣浆泵的低温

优势:其采用的耐低温氮化硅泵,在−55℃环境中输送含冰晶的锂辉石浆料时,运行成本较金属泵降低55%,主要得益于陶瓷渣浆泵无须像金属材料那样进行持续电伴热。然而,高昂的制造成本仍是推广障碍——北极级陶瓷泵单价达12万美元,是常规泵的3倍。未来,随着等离子喷涂低温陶瓷涂层技术的成熟,以及北极资源开发补贴政策的落地,陶瓷渣浆泵有望在2030年前占据该领域30%的市场份额。

2.7.2.3 新能源汽车领域—追求极致的能量比

新能源汽车对能量密度的极致追求正推动热管理系统向"高效能、轻量化、低损耗"方向进化。陶瓷渣浆泵凭借其较金属渣浆泵减重60%的优势,以及碳化硅(SiC)材料固有的低流阻特性,成为800V高压平台冷却系统的核心部件。其价值不仅在于降低能耗,更在于通过精密温控延长电池寿命。研究表明,电池组温差每降低1℃,循环寿命可提升约10%。

在电池热管理领域,碳化硅微通道泵展现出革命性潜力。特斯拉4680电池包采用3D打印一体化SiC冷板,流道宽度仅0.2mm,泵体质量0.8kg,在流量8L/min下功耗低于50W,较传统铜质冷板减重70%。宁德时代"麒麟电池"则通过陶瓷泵驱动冷却液,使流速从1.5m/s提升至4.5m/s,温差控制精度达±0.5℃,有效抑制电池组"边缘过热"现象。在能量回收方面,博世开发的陶瓷涡轮增压泵,利用电机废热驱动工质循环发电,可回收2.7%的续航里程,相当于百公里电耗降低0.5kW·h。

据麦肯锡预测,至2030年新能源车用陶瓷泵市场规模将达45亿美元,年复合增长率(CAGR)高达28%。这一增长由两大趋势驱动:一是全球800V高压平台渗透率突破60%;二是固态电池量产对温控精度的严苛需求。技术专利布局成为竞争焦点——日本电装凭借碳化硅流道激光蚀刻技术,实现流道表面粗糙度 Ra 小于0.1μm,摩擦阻力降低40%;中国三花智控则攻克超薄陶瓷泵体技术,将壁厚从5mm缩减至1.2mm,同时保持30MPa承压能力,适配紧凑型底盘设计。

尽管前景广阔,陶瓷泵在车规级应用中仍需突破量产成本与振动耐受性两大瓶颈。当前车用陶瓷泵单价约300美元,是传统铝泵的4倍,主要受限于碳化硅粉体提纯与精密烧结工艺的高能耗。此外,车辆行驶中的高频振动易导致陶瓷——金属接口疲劳开裂。为此,比亚迪与中国科学院合作开发"仿生蛛网结构"陶瓷泵体,通过内部多孔结构耗散振动能量,使振动失效周期从 10^7 次提升至 10^9 次。若这些技术难题得以攻克,陶瓷泵将成为新能源汽车能效跃升的关键推手。

第 3 章 陶瓷渣浆泵技术发展趋势

3.1 材料创新——从单相到多维复合

3.1.1 第四代陶瓷材料体系

3.1.1.1 氮化硅基复合材料——突破强度极限

在陶瓷材料发展史上,氮化硅(Si_3N_4)基复合材料的出现堪称里程碑式突破。这种以"高强度+低摩擦"为核心优势的第四代陶瓷材料,凭借 1800MPa 的抗弯强度和 12MPa·m$^{1/2}$ 的断裂韧性,彻底改写了陶瓷"高强不高韧"的固有属性,成为极端耐磨耐蚀工况下的理想选择。传统反应烧结氮化硅虽具备一定耐磨性能,但其 800MPa 的抗弯强度和 6MPa·m$^{1/2}$ 的断裂韧性,难以应对现代工业中高冲击、高载荷的复杂工况。浙江大学联合山东华丰伟业的研发团队,通过纳米晶调控与纤维增韧技术的协同创新,成功实现了氮化硅基复合材料的性能跃升,为陶瓷渣浆泵在高压、高速场景下的稳定运行提供了材料基础。

技术突破的核心在于多维度的显微结构调控。在纳米晶强化方面,研发团队采用微波等离子体法制备出 50nm 级 α-Si_3N_4 纳米颗粒,通过 1900℃、200MPa 的热等静压(HIP)处理,使晶粒尺寸从传统工艺的 10μm 细化至 0.5μm,晶界密度激增 3 倍,晶界滑移阻力显著提升 60%。这种纳米晶结构不仅增强了材料的整体强度,更通过晶界强化机制抑制了裂纹的萌生与扩展。在晶须增韧层面,原位生长的 10μm 长 β-Si_3N_4 晶须构建了"裂纹桥接"网络,当裂纹扩展时,晶须的拔出与桥联作用可吸收 80% 的冲击能量,使断裂韧性提升至 12MPa·m$^{1/2}$,接近高铬铸铁的韧性水平。界面调控技术则通过引入 1% 纳米氧化钇(Y_2O_3),在晶界处形成 5nm 厚的玻璃相过渡层,将晶界结合强度从 200MPa 提升至 500MPa,确保材料在 1200℃高温下仍能保留 85% 的室温强度。

2023 年,神华集团煤制油项目成为该材料的首个工业验证场景。在输送固含量

65％、粒径200μm、温度150℃的煤粉浆时，氮化硅基复合材料叶轮展现出卓越的抗断裂性能，连续运行24000h未出现结构性破损，寿命较传统SiC叶轮提升1倍。其0.15的低摩擦系数使泵效率提高5％，单台泵年节电量达30万kW·h，显著降低了煤化工行业的能耗成本。在核电领域，中广核防城港核电二期采用的Si_3N_4轴承在15MPa高压、350℃的液态铅铋合金中稳定运行10万h，打破了美国GE公司保持的5万h寿命纪录。这一突破不仅解决了核级泵在高温液态金属环境下的轴承失效难题，更推动氮化硅基复合材料成为核电关键部件的指定材料。

3.1.1.2 石墨烯增强陶瓷——韧性革命

在陶瓷材料发展史上，石墨烯增强陶瓷的出现彻底颠覆了传统陶瓷"高强低韧"的局限。浙江大学高超团队通过"石墨烯纳米墙"界面构造技术，在碳化硅（SiC）基体中实现了单层石墨烯的均匀分散，使复合材料的冲击韧性从纯SiC的$4MPa·m^{1/2}$跃升至$16MPa·m^{1/2}$，提升幅度达300％，创造了陶瓷基复合材料的韧性新纪录。这种"刚柔并济"的材料设计，通过石墨烯的柔性网络与SiC刚性基体的协同作用，成功破解了传统陶瓷"怕冲击"的核心难题，为高载荷、强冲击工况下的渣浆泵应用开辟了新路径。

核心技术创新源于多维度的界面工程与结构设计。在石墨烯三维网络构建方面，团队利用化学气相沉积（CVD）技术，在SiC颗粒表面生长出0.5μm高的石墨烯纳米墙，形成"基体—石墨烯—颗粒"的连锁结构，使界面剪切强度从传统物理混合法的20MPa飙升至80MPa，结合力提升4倍。这种纳米墙结构不仅增强了两相界面的载荷传递效率，更构建了三维导电导热网络，为能量耗散奠定了结构基础。在能量耗散机制方面，当裂纹扩展时，石墨烯纳米墙通过可逆的塑性变形发生褶皱屈曲，可吸收90％的裂纹扩展能量，较传统晶须增韧效率提升50％。这种"以柔克刚"的能量吸收模式，使复合材料在承受突发冲击时能有效抑制裂纹扩展，显著提升服役可靠性。表面功能化处理则通过羟基化修饰，增强石墨烯与SiC基体的化学结合，将复合材料的导热性提升至300W/（m·K），较纯SiC提高50％，有效降低叶轮表面温度梯度，避免因局部过热引发的材料失效。

极端工况下的工程应用充分验证了该材料的颠覆性优势。在南非Kipushi铜矿的尾矿浆输送中，石墨烯增强SiC叶轮展现出惊人的抗冲击性能，使用寿命达18000h，是普通SiC叶轮的3倍，且运行期间未发生突发断裂事故。这种性能提升不仅降低了矿山的停机更换频率，更降低了高空作业环境下的维护风险。在新能源领域中，宁德时代采用该材料制备的锂电池浆料泵，成功攻克了硅基负极浆料颗粒破损率小于0.01％的输送难题，远低于行业标准，满足了100Ah以上大容量电池对材料完整性的苛刻要求。这一突破解决了硅基负极材料因颗粒破碎导致的电池短路隐患,推动石墨烯增强陶瓷成为新能源电池生产线上的关键材料。

3.1.1.3　梯度功能材料——结构设计革新

在陶瓷与金属的复合应用中,热膨胀系数差异导致的界面失效问题长期制约着高温工况下的设备可靠性。德国 KSB 公司通过跨尺度协同设计,开发出"表面耐磨层—中间过渡层—金属基体"的梯度功能材料,成功将界面结合强度从 100MPa 提升至 300MPa,热应力降低 70%,为陶瓷与金属的高效复合提供了普适性解决方案。这种创新设计打破了传统"陶瓷贴覆金属"的简单复合模式,通过成分、结构、性能的梯度化调控,实现了材料性能的平滑过渡与协同优化。

梯度结构的设计原理体现了多维度的跨学科创新。在材料梯度层面,表层 $0\sim 500\mu m$ 采用纯度 99.9% 的高纯 SiC,凭借 2800HV 的高硬度有效抵御颗粒冲刷,适用于含 $200\mu m$ 以上粒径的磨蚀性浆体;中间层 $500\sim 1500\mu m$ 为 SiC/金属基复合层,金属含量从 0% 线性增加至 80%,并均匀分散 20nm 的纳米晶钛(Ti)颗粒,使弹性模量从 400GPa 逐步降至 200GPa,形成"硬表面—韧基体"的梯度承载结构。在结构梯度方面,KSB 采用激光熔覆技术在金属基体表面构建高 $20\mu m$、间距 $50\mu m$ 的"凸台—凹槽"互锁结构,同时通过化学气相沉积(CVD)生长 $10\mu m$ 长的 SiC 晶须,形成机械咬合与化学结合的双重界面,较传统胶黏复合的界面结合强度提升 3 倍。性能梯度调控则依赖有限元模拟(FEA),通过优化梯度层厚度,使在 $50\sim 150℃$ 热循环下的界面应力从 500MPa 大幅降至 150MPa,有效避免了传统复合结构因温差导致的裂纹萌生与扩展。

工程验证与标准突破彰显了梯度材料的技术优势。2024 年,采用该结构的泵壳通过 ASME BPVC Ⅲ-NC 核级认证,应用于美国 Vogtle 核电项目的硼酸溶液输送,实现了连续 10 万 h"零泄漏"运行,成为首个通过该认证的陶瓷—金属梯度结构部件。在深海领域,英国北海油田的高压泵使用梯度材料后,密封失效频率从每月 1 次降至每年 1 次,维护成本下降 60%,彻底改变了深海泵因温差波动导致的频繁检修现状。这种跨尺度协同设计不仅解决了核电、深海等极端场景的应用难题,更推动了"梯度功能材料"从理论概念到工程实践的落地,为高温、高压、温差波动工况下的泵体设计树立了新标杆。

3.1.1.4　氮化硅结合碳化硅——协同效应最大化

针对高温氧化环境对材料的严苛挑战,中国科学院上海硅酸盐研究所开发的 Si_3N_4-SiC 复相陶瓷,通过精准调控两相比例,实现了耐磨性与抗氧化性的完美平衡,成为高温耐磨领域的革命性材料。该材料在 1300℃ 空气中的氧化增重率小于 $0.5mg/(cm^2 \cdot h)$,仅为纯 SiC 的 1/5,同时保持 2500HV 的高硬度,成功突破了传统陶瓷在高温下"耐磨不抗氧化、抗氧化不耐磨"的性能悖论。

在抗氧化机制方面,Si_3N_4 氧化生成的 20nm 厚 SiO_2 玻璃膜如同一层致密的"防护盾"覆盖在 SiC 颗粒表面,有效抑制 O_2 向材料内部扩散,使 SiC 的氧化起始温度从 1200℃ 大幅提升至 1400℃,延长了材料在高温氧化性环境中的服役寿命。这种"以氮护硅"的设计,巧妙利用 Si_3N_4 的氧化产物为 SiC 提供保护,形成了独特的自修复抗氧化体系。

耐磨强化机制则依赖于"硬质点—韧性基体"的微观结构设计。$5\mu m$ 粒径的 SiC 颗粒均匀镶嵌于 Si_3N_4 基体中,形成"刚柔相济"的复合结构——SiC 作为硬质点抵抗刚玉等高硬度颗粒的冲刷,而 Si_3N_4 基体通过塑性变形吸收冲击能量,使磨损率较纯 Si_3N_4 降低 30%,达 $0.05g/(cm^2 \cdot h)$,显著优于传统耐磨材料。这种协同效应在高磨蚀工况下尤为显著,如在输送含 FeO 30% 的熔融还原炉渣时,材料表现出卓越的抗冲刷能力。

在宝钢湛江基地的高温渣浆输送中,Si_3N_4-Si 复相陶瓷叶轮寿命达 12 个月,是传统高铬铸铁叶轮的 4 倍,且无须额外水冷系统,单台泵年节约水资源 20 万 t,大幅降低了钢铁生产的水耗与维护成本。在垃圾焚烧领域,浙江伟明环保采用的 Si_3N_4-SiC 泵,在含 Cl^- 5000ppm 的酸性飞灰浆中,寿命较不锈钢泵提升了 5 倍,实现了焚烧线全年无故障运行,解决了酸性腐蚀与颗粒磨损的双重难题。

3.1.2 增材制造赋能材料突破

3.1.2.1 陶瓷 3D 打印——从结构自由到性能优化

在先进制造领域,GE Additive 开发的选区激光烧结(SLS)技术实现了重大突破,首次成功实现碳化硅陶瓷叶轮的晶格结构定向生长。该技术通过仿生学设计理念,将蜂巢结构、螺旋流道等自然灵感融入叶轮制造,使叶轮效率提升 10%,耐磨性能提高 20%,彻底打破了传统加工技术对复杂结构的限制。这一成果不仅展现了增材制造技术在高端装备领域的应用潜力,更标志着碳化硅陶瓷材料在工业级叶轮制造中的关键技术跨越。

在晶格结构设计上,采用"负泊松比"晶格,在保证强度的同时质量减轻 30%,使叶轮临界转速从 10000r/min 提升至 15000r/min,显著提升了高速离心泵的运行稳定性。在流道精细化方面,通过 CT 扫描获取天然海螺壳的流道数据,利用 3D 打印技术制造出曲率半径不大于 1mm 的螺旋流道,表面粗糙度 Ra 不大于 $0.2\mu m$,较传统加工工艺降低 87.5%,从而减少了 40% 的流体阻力,大幅提升了叶轮的流体动力学性能。在缺陷控制方面,开发的"激光能量动态补偿算法"可根据 $50\mu m$ 的粉末层厚度实时调整 100~200W 的激光功率,将打印缺陷率从 15% 降至 2%,达到严格的工业级应用标准。

2023 年,GE 为墨西哥湾深海平台定制了直径 600mm 的 3D 打印 SiC 叶轮,当输送含 $200\mu m$ 石英砂的高盐度海水时,磨损率仅为 $0.06g/(cm^2 \cdot h)$,较传统铸造叶轮降低 25%。同时,由于叶轮质量减轻 20%,配套电机能耗下降 12%,显著提升了深海平台的能源利用效率。在国内应用方面,苏州中材建设有限公司采用该技术制备的 16 英寸脱硫泵叶轮,通过 CFD 流体动力学优化,将扬程波动从 ±5% 降至 ±2%,成为国内首个通过 ISO 6872-2019 认证的 3D 打印陶瓷部件。这些案例不仅彰显了 GE Additive SLS 技术在极端工况下的可靠性,更推动了增材制造技术在高端装备制造领域的规模化应用,为全球工业陶瓷部件的制造提供了全新的技术范式。

3.1.2.2 纳米压印技术——表面功能化革命

在材料表面工程领域中,清华大学联合江苏宜兴非金属化工机械厂有限公司研发的纳米压印超疏水涂层技术取得突破性进展。该技术通过在碳化硅表面构建“微米级凸台＋纳米级绒毛”的分级结构,使材料表面的水接触角达 155°,油接触角 160°,从根本上解决了矿浆、悬浮液等复杂介质中颗粒吸附堵塞的行业难题。这一成果将超疏水涂层的工业应用推向新高度,为高固含量流体输送设备的长效稳定运行提供了关键技术支撑。

该涂层底层采用 $5\mu m$ 厚的 SiC 微米柱阵列作为机械支撑骨架,为涂层提供了坚实的物理基础;顶层通过纳米压印技术生成密度达 10^9 根每平方厘米的 SiC 纳米线,其 50nm 的直径尺度构建了纳米级粗糙度,形成“微米—纳米”双重粗糙结构。在此基础上,通过氟硅烷(FAS-17)化学修饰,将表面能降至 7mN/m,显著低于水的表面能,从而实现“荷叶效应”——液态介质在表面形成高滚动性的珠状流,有效携带固体颗粒同步排出,避免滞留吸附。为提升涂层耐久性,研发团队在纳米线基底中嵌入 5% 的石墨烯片,使涂层硬度达 2000HV,在 20m/s 高速冲刷下耐冲刷次数超过 10 万次,是传统涂层的 10 倍,满足严苛工业环境的长期使用需求。

在江西德兴铜矿的浮选泡沫浆输送中,搭载超疏水涂层的泵设备堵塞周期从传统涂层的 3d 大幅延长至 60d,清洗用水量减少 80%,单台泵年节约水费达 15 万元,显著降低了矿山设备的维护成本与水资源消耗。在食品医药等高洁净领域中,该涂层泵成功实现含 $10\mu m$ 级药粉悬浮液的输送,颗粒残留率小于 0.01%,完全满足 GMP 标准对“零残留”的严苛要求,为制药、保健品等行业的高精度流体处理提供了安全可靠的解决方案。这项技术不仅突破了传统涂层在复杂介质中的性能瓶颈,更通过跨领域应用展现了超疏水表面技术在高端装备制造中的广阔前景,为工业设备的智能化、高效化升级奠定了材料基础。

3.2　智能化升级——数字孪生与自主决策

3.2.1　全生命周期数字化管理

陶瓷渣浆泵的全生命周期数字化管理通过构建"物理设备—数字孪生—智能决策"的闭环系统,实现从设备健康状态监测到全系统性能优化的深度融合。该管理模式以故障预测与健康管理(PHM)技术为底层支撑,结合数字孪生的实时仿真能力,形成贯穿设备设计、制造、运维的全流程数据驱动体。

3.2.1.1　基于 PHM 的轴承状态监测系统

轴承作为渣浆泵高速运转的核心部件,其失效模式占设备故障的 60% 以上。基于 PHM 的监测系统通过多维度传感器阵列与层次化数据处理架构,实现轴承状态的精准评估。该系统采用三向振动加速度传感器、铂电阻温度传感器及在线油液颗粒计数器,构建覆盖机械振动、温度场、润滑状态的立体监测网络。

在数据预处理阶段,通过小波包分解技术对振动信号进行时频域分析,提取包含故障特征的频带能量值;采用滑动窗口算法对温度数据进行趋势滤波,消除环境噪声干扰。特征工程环节整合均值、方差、峭度等时域统计特征,故障特征频率幅值比等频域指标,以及排列熵、模糊熵等信息熵特征,形成包含 32 个维度的特征向量空间。针对高维数据带来的计算复杂度,引入核主成分分析(KPCA)进行非线性特征降维,在保留 95% 数据方差的前提下将特征维度降至 12 维。

故障诊断模块采用深度迁移学习模型,以预训练的深度信息网络(DBN)为基础,通过微调全连接层参数适应特定工况数据。在某矿山渣浆泵集群的实测数据中,该模型对轴承内圈裂纹、滚动体剥落、保持架破损 3 类故障的识别准确率分别达 98.2%、97.8%、96.5%,较传统支持向量机(SVM)算法提升 15%。寿命预测环节基于退化轨迹建模技术,通过隐马尔可夫模型(HMM)描述轴承从正常状态到失效的五阶退化过程,结合扩展卡尔曼滤波(EKF)实现剩余寿命(RUL)的动态更新。工业应用表明,该系统可将轴承更换周期误差控制在 ±10h 以内,避免过度维护导致的材料浪费与维护不足引发的停机事故。

3.2.1.2　数字孪生泵站——实时仿真优化管路设计

数字孪生技术通过构建等比例的高精度虚拟泵站,实现物理系统与数字模型的实时映射与双向交互。基于华为矿鸿 OS 开发的数字孪生系统,首先通过三维激光扫描获取泵体几何数据,结合 CAD 模型轻量化处理技术,生成包含叶轮、蜗壳、吸入室、排出管路的参数化虚拟模型。流体仿真模块采用 ANSYS Fluent 求解雷诺时均

N-S 方程,湍流模型选用 Realizable k-ε 模型,空化模型采用 Zwart-Gerber-Belamri 模型,实现对含固体颗粒两相流的精准模拟。结构力学模块基于 ABAQUS 建立有限元模型,考虑流固耦合(FSI)效应,分析叶轮应力分布与管路振动模态。

华为矿鸿 OS 的核心优势在于其统一的工业物联网协议框架,支持 OPC UA、Modbus TCP、MQTT 等 20 多个工业协议的转换与集成。通过在数字孪生模型中嵌入实时数据接口,可动态获取变频器输出频率、阀门开度、流量传感器数据,实现虚拟泵站与物理泵站的同步运行。在管路优化场景中,系统通过正交试验设计(DOE)自动生成 100 组不同弯头曲率半径、阀门安装角度的仿真方案,基于响应面法(RSM)建立压力损失与结构参数的回归模型,最终确定最优管路布局方案——使弯头局部阻力系数降低 22%,叶轮进口流场均匀度提升 20%。虚拟调试技术通过模拟电机过载、管路堵塞等极端工况,提前验证 PLC 控制逻辑的可靠性,将现场调试时间从传统方法的 45d 缩短至 27d。

3.2.2　自主控制技术创新

面对矿浆浓度突变、扬程频繁波动等复杂工况,传统 PID 控制难以兼顾响应速度与控制精度,而智能化控制算法通过动态参数调节与数据驱动建模,显著提升了陶瓷渣浆泵的自适应能力。

3.2.2.1　模糊 PID 算法在变工况下的自适应调节

模糊 PID 控制器通过构建二维输入三维输出的模糊推理系统,解决传统 PID 参数固定与工况变化的矛盾。控制器将流量偏差(e)和偏差变化率(Δe)作为输入变量,采用三角形隶属度函数将其划分为 {NB,NM,NS,Z0,PS,PM,PB} 7 个模糊子集,输出变量为 ΔKp、ΔKi、ΔKd 3 个 PID 参数的修正量,对应 21 条模糊控制规则。

在算法实现层面,通过量化因子($K_e=0.1$, $K_{\Delta e}=0.05$)将实际输入量映射到模糊论域 $[-6,6]$,采用重心法进行解模糊,得到参数修正值。为进一步优化控制性能,引入自适应遗传算法对隶属度函数的中心值与宽度进行动态调整,在颗粒浓度波动 $\pm30\%$ 的工况下,系统超调量从传统 PID 的 15% 降至 2.8%,调节时间从 400ms 缩短至 120ms。某化工渣浆泵测试数据显示,该控制器在扬程突变时的响应速度小于 50ms,稳态误差小于 0.3%,显著优于常规控制策略。

3.2.2.2　机器学习驱动的叶轮磨损预测模型

叶轮磨损受颗粒硬度、浓度、粒径等介质特性,流量、扬程、转速等运行参数,以及叶片曲率、材料硬度等结构参数的多重影响,传统经验公式难以准确描述复杂的非线性关系。基于 CNN-LSTM 混合神经网络的预测模型,通过构建多模态输入特征空间,实现磨损量的精准预测。模型输入包括振动信号时频图、运行参数序列、介质特性向量。

CNN 模块采用三层卷积层提取振动信号的局部特征,LSTM 模块通过 128 个记忆单元捕捉磨损过程的时序依赖关系,输出层采用全连接层预测叶轮各测点的磨损深度。在模型训练中,采用 MSE 损失函数与 Adam 优化器,通过早停法防止过拟合,验证集损失在第 80 个 epoch 后趋于稳定。

3.2.3 边缘计算赋能现场决策

在矿山井下、化工园区等网络条件受限场景,边缘计算通过本地化数据处理与实时决策,弥补云端计算的延迟缺陷,构建"端—边—云"协同的智能架构。

3.2.3.1 工业物联网网关集成振动、温度、流量多参数采集

工业物联网网关作为边缘计算的核心硬件载体,承担着高可靠性、多协议兼容及边缘算力集成的关键任务。在硬件构成上,不仅要配备高性能处理器、充足的内存与存储,还要具备丰富的通信接口,以此实现对振动、温度、流量等多路传感器信号的高效接入。软件层面同样至关重要,需集成边缘计算引擎,支持自定义数据处理流程,并内置信号预处理、特征值计算及基于 3σ 原则的阈值报警等异常检测功能。

在数据传输策略方面,采用"阈值触发＋定时上报"机制。当振动幅值超过预警阈值,或者温度、流量等参数偏离正常范围时,立即上传原始信号数据;在正常工况下,则按 5min 间隔上传各类参数特征值数据,从而有效降低网络带宽占用。在安全设计上,支持 HTTPS 加密传输、设备身份认证、数据完整性校验,满足工业信息安全等级保护三级要求。现场测试表明,网关在粉尘浓度不大于 $2000mg/m^3$、振动烈度不大于 $10g$ 的恶劣环境下,针对振动、温度、流量等参数的数据采集正确率 99.9%,平均无故障时间大于 50000h。

3.2.3.2 井下无人值守泵站控制系统

井下泵站面临爆炸性气体、潮湿粉尘、空间受限等严苛环境,控制系统需兼顾安全性、可靠性与智能化水平。该系统采用本质安全电路与隔爆外壳结合的复合防爆技术,现场设备层选用 Exd II 2G 防爆电机、Exi II C T6 本质安全型传感器,电缆连接采用防爆格兰头密封;控制层采用西门子 ET 200SP Ex i 防爆模块,支持 PROFIBUS DP 通信,防爆标志为 Ex II 2G Ex db II C T6 Gb。

控制逻辑采用三级决策机制。本地自动控制环节,借助压力传感器与液位传感器,实现泵组启停及运行台数的自动化控制;在边缘协同控制方面,防爆可编程逻辑控制器(PLC)依据实时采集的流量与扬程数据,动态调整变频器的输出频率,以提升

系统的能效比;远程干预控制则允许运维人员通过地面监控中心下达参数配置指令,该系统响应延迟低于 300ms。系统集成多重安全保护功能。电机过热保护功能在电机温度高于 130℃时自动触发停机操作;轴位移保护功能在振动速度超过 28mm/s 时,自动切换至备用泵运行;干运转保护功能在吸入压力低于 0.05MPa 时,经延时后执行停机操作。根据某煤矿的应用数据,该系统将泵站运行效率提升了 18%,人工巡检频次从每班 4 次降低至每日 1 次,故障响应时间从 2min 大幅缩短至 1min。

3.3 流体动力学革新——仿生设计与极限工况突破

陶瓷渣浆泵的核心性能提升依赖于流体动力学设计的持续创新。面对高浓度颗粒输送、极端温度压力、严苛密封要求等行业难题,本节从仿生学原理出发,结合材料科学与机械工程前沿技术,系统阐述叶轮结构优化、极端工况适应性设计及密封技术突破的关键路径,构建面向复杂介质输送的高效能泵体技术体系。

3.3.1 仿生叶轮技术

仿生学为叶轮设计提供了全新的流体控制思路,通过模仿自然界中生物的减阻、抗蚀与能量利用机制,显著提升泵体在固液两相流中的传输效率与稳定性。

3.3.1.1 鲨鱼皮沟槽叶轮——湍流控制的革命性突破

在自然界中,鲨鱼能在水中高效游动,其皮肤表面微米级肋条结构起到了关键的减阻作用。受此生物特性启发,科研人员致力于将仿生学原理应用于陶瓷渣浆泵的叶轮设计中,开发出仿生沟槽叶轮。该叶轮通过在叶片表面精心加工同向排列的"V"形沟槽,沟槽深度精准控制在 0.3~0.8mm,角度设置为 20°~30°。从而实现对湍流边界层的层流化控制。利用 CFD 模拟技术深入分析,结果表明这种仿生沟槽结构效果显著。在叶片表面摩擦阻力方面,相较于传统叶轮可降低 22%,同时尾流区涡量强度下降 30%。上述优化对陶瓷渣浆泵整体性能显著提升,使泵效率提升 5%~8%。

沟槽参数优化基于雷诺数与颗粒浓度的耦合分析:在低雷诺数工况采用较浅沟槽减少颗粒滞留,高雷诺数时加深沟槽强化减阻效果。材料选用碳化硅陶瓷,通过激光微加工技术实现沟槽边缘粗糙度 Ra 不大于 $0.1\mu m$,避免应力集中导致的裂纹萌生。

3.3.1.2 螺旋桨式前置导流结构——汽蚀余量的突破性提升

在处理含气矿浆时,汽蚀问题常常成为困扰陶瓷渣浆泵稳定运行的一大难题。为有效应对这一挑战,创新引入了螺旋桨式前置导流结构。该结构巧妙借鉴仿生学原理,模拟鱼类尾鳍高效的推进机制,在叶轮进口端增设 3~4 片大螺距导流叶片。这些叶片具备特定的几何参数,螺旋角 β 精准设定为 45°~60°,展弦比则控制在

2.5～3.0。工作过程中,其核心作用在于将原本的轴向来流转化为螺旋流态。经大量实验及实际工况监测数据显示,这一创新结构成效显著。相较于传统设计,叶轮进口处平均流速均匀度大幅提升,增幅高达 40%;压力脉动幅值显著降低,降幅达 35%。从关键性能指标来看,必需汽蚀余量($NPSHr$)从传统设计的 3.2m 成功降至 2.4m,汽蚀发生临界含气量更是从 8% 提升至 12%。

导流叶片采用等强度设计理念,经严谨力学分析与计算,根部厚度相较尖部增加 50%。这一设计旨在强化根部结构,使其能有效承受高磨损工况下颗粒不断的强力冲刷。同时,在导流叶片表面精准涂覆一层厚度为 $50\mu m$ 的 WC-Co 硬质合金涂层,该涂层与叶片基底的结合强度经严格测试,确保不小于 50MPa。实际运行数据及对比试验显示,涂覆后的叶片磨损速率与未涂层结构相比显著降低 60%。借助先进的数值模拟技术,深入探究该结构在复杂工况下的性能表现。模拟结果清晰表明,在颗粒粒径为 $50～200\mu m$、浓度高达 25% 的严苛工况中,相较于传统直叶片,该设计的叶轮进口冲蚀速率大幅降低 28%。

3.3.2 极端工况解决方案

针对超细颗粒输送与高温环境的特殊需求,通过流道优化、材料升级与热管理技术的融合,突破传统泵体的工况适应极限。

3.3.2.1 超细颗粒输送技术——突破粒径极限的创新设计

当颗粒粒径小于 $10\mu m$ 时,浆体的性质会发生显著变化,呈现出典型的胶体特性。在这种情况下,浆体极易引发流道堵塞及叶轮黏附等棘手问题,严重影响陶瓷渣浆泵的正常运行与使用寿命。为有效攻克这些难题,业内经大量实践与研究,总结出一系列切实可行的解决方案:

①采用渐扩式吸入室,将锥角 α 精准控制在 $8°～12°$,同时搭配大曲率蜗壳,确保曲率半径 R 处于 $1.5～2.0D_2$,以此优化流道设计,极大程度地减少流动死区,保障浆体流畅输送。

②对叶片进行薄型设计,将出口厚度 δ 严格限定在不大于 2mm,且对叶片边缘进行 0.5mm 倒圆处理,这种精细化设计能够显著降低颗粒在叶片表面的滞留概率。

表面改性技术在陶瓷渣浆泵的性能提升中发挥着举足轻重的作用。以叶轮为例,通过在其表面覆盖一层厚度精准控制在 $2～3\mu m$ 的纳米晶金刚石涂层,这一涂层具备表面能不大于 20mN/m 的特性,使得颗粒接触角从原本的 $75°$ 显著提升至 $110°$。这种角度的变化,极大地改变了颗粒与叶轮表面的相互作用方式,黏附力随之降低了 40%。而在流道内壁,喷涂超疏水材料后,其水接触角达到 $150°±5°$,为浆体创造了近乎理想的非浸润性流动环境。实际测试表明,对于粒径处于 $5～10\mu m$ 的颗粒,采用上述设计的陶瓷渣浆泵通过率高达95.2%,相较传统结构提升了18%。与此同时,堵塞周期延长至原来的3倍以上,有效保障了泵体在长时间运行中的稳定性与高效性。

3.3.2.2 高温渣浆泵——热管冷却技术

在诸如冶炼、煤化工这类高温工况中,介质温度常常处于500~800℃。传统金属泵体在此极端条件下弊端尽显,极易出现热变形现象,材料性能也会快速劣化,最终导致失效。为有效攻克这一难题,一种创新性的"陶瓷叶轮＋热管冷却"复合结构应运而生。其中,叶轮选用常压烧结碳化硅(SiC)材质,该材料具有优异的导热性能,导热系数高达150W/(m·K),能够高效导出叶轮运转时产生的热量。蜗壳内部则巧妙地内置了铜—水热管,蒸发段长度精心设计,占比达总长度的60%,且拥有高达50kW/m的传热能力。通过热管内部工质的相变传热机制,该结构能够将泵体表面温度稳定控制在150℃以下。

热管理系统设计包含多方面关键举措。首先,叶轮与轴采用过盈配合,精确控制过盈量在0.05~0.1mm,同时搭配石墨环进行轴向补偿,以此应对热膨胀问题。这种设计可有效保障高温工况下叶轮与轴的连接稳定性,避免因热胀冷缩导致的松动或位移,确保设备稳定运行。其次,在蜗壳外层敷设20mm厚的气凝胶绝热层,该气凝胶具备极低的导热系数[≤0.013W/(m·K)],能极大程度地减少热辐射损失。这一举措不仅有助于维持设备内部温度稳定,还能降低能量损耗,提升整体能效。在材料相容性方面,高温密封件选用氮化硼纤维编织填料,其优异的耐高温性能可承受高达900℃的环境。此外,相较传统石墨填料,其摩擦系数降低了35%,显著减少了密封件与其他部件间的摩擦,延长了密封件使用寿命,同时也降低了设备运行中的能耗。

3.3.3 新型密封技术突破

密封性能直接决定渣浆泵在输送有毒、易燃介质时的应用安全性。基于磁流体动力学与气膜润滑理论,新型密封技术实现了从"控漏"到"零泄漏"的跨越。

3.3.3.1 磁流体密封——零泄漏设计的技术革命

磁流体密封技术是基于纳米磁性颗粒在磁场环境下所展现出的独特极化特性而开发。当施加外部磁场时,这些纳米级磁性颗粒会有序排列,进而在旋转轴与静止壳体之间构建起一道稳定且具有卓越密封性能的液体密封环。

(1)系统组成

整个磁流体密封系统主要由3个核心部分组成:

1)永磁铁环

其产生的磁感应强度维持在0.3~0.5T,为纳米颗粒的极化提供稳定磁场源。

2）导磁套筒

该部件具备饱和磁通密度不小于 1.5T 的特性，能够有效引导和集中磁场，确保磁场分布的合理性与高效性。

3）磁流体本身

其黏度为 5～10cSt，体积浓度保持在 20%～30%，这一特定的物理参数组合赋予了磁流体良好的流动性与密封性能。

凭借这样的系统构成，磁流体密封能够承受 0.5～2.0MPa 的压差环境，且泄漏率极低，稳定控制在不大于 $5\times10^{-9}\,\mathrm{m^3/s}$，完全达到了 ASME PCC-1 标准中 Class Ⅵ 级密封的严苛要求。

（2）关键技术点

关键技术点涵盖多方面内容。

1）不大于磁路优化

通过采用 Halbach 阵列这一精妙设计，能够显著提高密封间隙处的磁场梯度，使其达到不小于 10T/m 的水平，进而极大地增强磁流体的抗剪切能力。

2）流体配方的精心调配

在其中添加二甲基硅油基载液与防沉降分散剂，这一组合可让磁流体在长达 6 个月的时间内，颗粒沉降率维持在小于 5% 的极低水平。

这种创新的密封结构具有突出优势，由于不存在机械磨损问题，故而特别适用于转速不大于 5000r/min、颗粒粒径不大于 5μm 的洁净介质环境。实际应用数据表明，其寿命相较于传统机械密封有了质的飞跃，提升幅度在 5 倍以上。

3.3.3.2　气封式干式泵——无泄漏输送的终极方案

面对挥发性有机物（VOCs）与放射性介质这类特殊且极具挑战性的输送需求，气封式干式泵创新性地采用"气膜润滑＋迷宫密封"的复合结构。具体而言，在密封腔体内精准注入高于介质压力 0.1～0.3MPa 的惰性气体，氮气便是常用的理想选择。惰性气体注入后，会在关键部位形成一层厚度为 5～10μm 的气膜隔离层，这一气膜如同精密的防护屏障，有效降低介质泄漏风险。此外，动静环表面经精心加工设螺旋槽，槽深严格控制在 20～30μm，槽数则精准设计为 12～16 条。这种精妙设计借助气体动压效应，能够产生 1～3N/mm² 的开启力，确保密封面始终处于非接触运行状态，极大地减少磨损。实际运行监测显示，其磨损率极低，稳定控制在不大于 $1\times10^{-6}\,\mathrm{mm/h}$，为特殊介质的安全、高效输送提供了坚实保障。

密封腔体被精心设计为多级迷宫结构，级数在 3～5 级灵活调整，齿间距精准控制在 2～3mm，如此精细构造能有效阻挡颗粒侵入。同时，搭配碳纤维增强聚四氟乙烯(CFRPTFE)抗污染环,形成坚固防线,可有效阻挡 $5\mu m$ 以上颗粒进入密封面,显著提升密封系统的可靠性。监测系统采用先进的压差传感器(精度达 0.1% F.S.),搭配高精度的红外测温仪(精度为 $\pm 1℃$),两者协同工作,实时精准监控气膜状态。一旦监测到异常情况,系统将自动启动备用气路,实现密封失效前的主动维护。大量工业测试表明,该技术在极端温度环境下表现卓越,从低至 $-20℃$ 到高达 $150℃$ 的温度范围内,对于分子量为 $30\sim100$ 的介质,可实现无可见泄漏,完全满足 ISO 21049 标准的严苛要求。

3.4 绿色制造——全链条低碳化转型

3.4.1 能效提升技术

陶瓷渣浆泵作为高能耗设备,其能效提升是实现低碳化的核心突破口。通过电机驱动系统与控制技术的协同优化,可显著降低能源消耗,推动行业从"高耗能"向"高效能"转型。

3.4.1.1 永磁同步电机驱动系统——突破效率极限的革新

永磁同步电机(PMSM)作为电机领域的重要创新成果,在陶瓷渣浆泵的驱动应用中展现出卓越性能。其通过内置钕铁硼永磁体,该永磁体具备 $1.2\sim1.4T$ 的剩磁密度及不小于 $800kA/m$ 的矫顽力,以此巧妙地替代传统异步电机的励磁绕组。这一关键结构变革意义重大,成功消除了转子在运转过程中的励磁损耗。从效率数据对比来看,永磁同步电机的额定效率能够提升至 $96\%\sim97.5\%$,反观 IE3 级异步电机,其效率仅为 $90\%\sim93\%$。经实际测算,永磁同步电机相较于 IE3 级异步电机节能幅度超过 30%。深入剖析可知,永磁同步电机的核心技术优势体现在多个维度。

(1)磁路优化设计

运用表贴式磁极结构,将极弧系数设定为 $0.85\sim0.95$,采用转子斜极技术,使斜极角度维持在 $15°\sim20°$。经理论推导与实验验证,该设计可有效抑制齿槽转矩脉动,使其峰值控制在额定转矩的 5% 以内,显著提升电机运行平稳性。有限元分析结果表明,相较于传统设计,此方案可使电机铜耗降低约 40%,铁耗减少约 25%。

(2)热管理系统

定子绕组采用发卡式扁导线,并结合机壳螺旋水道设计,将绕组温升有效控制在 80K 以内,确保永磁体工作温度不超过 $150℃$。

(3)控制策略

采用磁场定向控制(FOC)算法,对 d-q 轴电流进行实时调节,以达成最大转矩电流比控制目标。在 20%～100% 负载内,系统效率均能维持在 95% 及以上水平。

在功率密度提升这一关键领域,技术创新成果斐然。通过采用具备超高抗拉强度的碳纤维转子护套,极大地增强了转子的机械性能,在高速运转时能有效抵御强大的离心力,保障电机稳定运行。与此同时,一体化轴承座设计摒弃了传统分散式设计的繁杂结构,将多个部件整合为一体,不仅显著简化了制造工艺,更优化了电机内部的空间布局。这一系列创新举措成效显著,相较于同功率的异步电机,新设计的电机体积大幅减小 25%,质量减轻 30%。电机体积与质量的降低,直接减少了生产过程中原材料的使用量;同时在运输环节,因质量减轻,车辆能耗降低,有效降低了运输过程中的碳排放。

3.4.1.2 变频调速系统——动态响应与节能的完美平衡

变频调速系统依托前沿的传感器技术,可实时且精确地感知工况的动态变化,如矿浆浓度的起伏以及扬程需求的调整等。在获取这些关键信息后,系统将自动对电机转速实施智能调控,保障泵组稳定运行于高效区间,其核心组成如下:

(1)矢量控制技术

基于转子磁链定向原理,将定子电流分解为转矩分量与励磁分量,实现转速与转矩的解耦控制。在变浓度矿浆输送工况下,该技术可使电机功率因数维持在 0.95 以上,相较于工频运行状态,无功损耗降低 40%。

(2)谐波抑制模块

引入三阶 LC 滤波器,并结合主动式谐波补偿装置,以有效降低输入电流的总谐波失真(THD)。依据 IEEE 519—2014 标准的谐波限制要求,将 THD 控制在 5% 以内。

(3)能效优化算法

基于泵类负载特性,构建实时能效模型,实现对系统最优运行点的自动寻优。以流量从 100% 降至 60% 的工况为例,系统功耗相较满流量时下降 64%。与传统阀门调节方式相比,该算法在相同工况下节能率高达 55%,展现出显著的节能优势。

系统集成层面,陶瓷渣浆泵运用先进的模块化设计理念,特别是功率单元并联技术,每个单模块容量被精准设定为 50～100kW。该设计的优势显著,支持热插拔维护功能,这意味着当某个模块故障时,无须关停整个系统,技术人员能够在带电状态下快速更换模块,极大提升维护效率,将平均故障修复时间(MTTR)有效控制在 30min 以内,减少设备停机时长,保障生产连续性。同时,通过与上位机 SCADA 系统建立稳定通信连接,泵组可实现智能化管控。在此基础上,能够对多泵组进行集群能效优化,根据工况精准调配各泵组功率输出,经实际验证,综合节能率能够提升至 35% 以上。

3.4.2 循环经济模式创新

循环经济模式通过技术创新实现陶瓷部件的全生命周期价值挖掘,从"资源消耗"转向"价值再生",显著降低产业碳排放强度。

3.4.2.1 陶瓷部件激光熔覆修复技术——寿命延长与资源节约

针对磨损失效的陶瓷叶轮、蜗壳等部件,激光熔覆技术展现出显著优势。该技术运用同轴送粉方式,所采用的粉末粒径精准控制在 $50 \sim 150 \mu m$,在基材表面熔覆碳化钨—钴复合涂层,从而实现失效部位的快速修复。在工艺参数方面,经大量实验与优化确定为:激光功率设定在 $1.5 \sim 2.5 kW$,扫描速度保持在 $5 \sim 10 mm/s$,送粉速率稳定在 $20 \sim 30 g/min$。在此条件下,能够在失效部件表面形成厚度为 $0.5 \sim 1.0 mm$ 的冶金结合层,且该结合层结合强度不小于 40MPa。

涂层设计采用创新的梯度成分过渡策略,以实现性能提升。底层选用 Ni 基合金 (Ni60A) 作为打底层,其硬度为 $500 \sim 600 HV$,为涂层体系提供稳固的支撑基础,增强涂层与基体的结合力。中间层则引入 WC 颗粒增强相,体积分数精心控制在 $40\% \sim 60\%$,该增强相硬度为 $1200 \sim 1500 HV$,极大地提升了涂层的耐磨性能。表层为纳米晶改性层,其晶粒尺寸不大于 100nm,凭借独特的纳米结构,摩擦系数相较于普通涂层降低了 25%。经过如此精心设计涂层修复后的部件,耐磨性能达到新品的 90% 以上。与传统直接更换部件的方式相比,其寿命延长 3 倍以上。同时,材料利用率也从原本的 60% 提升至 90%,极大地提高了资源利用效率。从成本角度来看,单台泵修复成本仅为购置新品的 30%,在保障性能的同时实现可观的经济效益。

3.4.2.2 工业废渣制备陶瓷原料——赤泥综合利用的技术突破

在资源循环利用与绿色制造成为时代主流的当下,以氧化铝工业赤泥为核心原料制备渣浆泵用碳化硅陶瓷,已成为极具潜力的研究方向。氧化铝工业赤泥成分复杂且具有回收价值,其中 Fe_2O_3 含量通常为 $20\% \sim 30\%$,Al_2O_3 含量为 $15\% \sim 25\%$。其制备过程遵循"破碎筛分—磁选除铁—配料烧结"的工艺路线。首先对赤泥进行破碎筛分,将粒度控制在适宜范围,为后续加工奠定基础。继而运用磁选除铁技术,依据赤泥中含铁矿物的磁性差异去除杂质铁元素,以提升原料纯度。最后,按严格配方配料,并在高温条件下烧结,促使原料发生物理化学反应,最终成功制得适用于渣浆泵的碳化硅陶瓷。该过程的关键技术包括原料预处理的精细控制、磁选工艺参数的优化,以及烧结过程中温度、时间等条件的精确调控。

该项技术成效斐然,将赤泥综合利用率从传统填埋模式下的 15% 大幅提升至85%。每产出 1t 陶瓷原料,便能消纳 1.2t 赤泥,减少 $0.5m^3$ 的土地占用,降低 30%的天然矿石开采量,从源头上显著缩减了产业的生态足迹。

第4章 陶瓷渣浆泵基本原理

4.1 陶瓷渣浆泵结构形式和特点

在通用机械领域,陶瓷渣浆泵是输送含固体颗粒浆体的关键设备,广泛应用于选矿、冶炼、化工、脱硫等行业。其特殊的结构设计与材质选择,使其具备优异的耐磨、耐腐蚀性能,能够在恶劣工况下稳定运行。

4.1.1 陶瓷渣浆泵总体结构特点

陶瓷渣浆泵主要由叶轮、泵体、前后护板、结合板、轴封组件、传动托架组件等部分构成,各部分协同工作,确保泵的高效稳定运行。

叶轮是陶瓷渣浆泵的核心部件,直接与浆体接触并对其做功,决定了泵的流量和扬程性能。陶瓷渣浆泵的叶轮由金属骨架和不同陶瓷材料特殊组合而成,浆液接触位置全部为陶瓷,如碳化硅、氧化铝、氮化硅等。其主要采用烧结陶瓷和树脂陶瓷两大技术路线,由于陶瓷具有高硬度、高强度、良好的耐磨性和耐腐蚀性,陶瓷叶轮能有效抵御固体颗粒的磨损侵蚀和酸碱浆液的腐蚀。

陶瓷叶轮的结构形式分为闭式、半开式、开式,适用于不同工况和场景。因陶瓷叶轮成型后表面光洁度高于金属铸件叶,所以陶瓷叶轮的效率普遍高于金属叶轮。

泵体与前后护板共同作用,形成容积腔体,收集从叶轮流出的液体,将其平稳引导至出口,并把液体的动能转化为压力能。陶瓷泵体、前后护板主要采用烧结陶瓷和树脂陶瓷两种技术路线,适用于不同工况。烧结陶瓷采用高强度球墨铸铁外壳,通过陶瓷复合技术与烧结陶瓷结合;树脂陶瓷采用金属内衬与全包裹陶瓷复合技术。

陶瓷成型的泵体、前后护板表面光洁度也优于金属铸件,提升了泵体的水力效率。常见的泵体水力形式有螺旋形和环形,螺旋形蜗壳在大流量工况下表现更优,而环形蜗壳则更适合小流量情况。结合板将泵体牢固连接到传动托架组件上。泵体的出水口位置可根据需要,按45°间隔旋转8个不同角度安装使用,匹配现场管路需求和进行多级串并联使用。

轴封组件是防止泵内浆体泄漏和外界空气进入的关键。常见的轴封形式包括填料密封、机械密封、副叶轮＋填料密封、螺旋密封。填料密封结构简单、成本低,但密封效果相对较弱,需定期调整和更换填料;机械密封常用集装式,具有运行可靠、密封优异、零泄漏、维护简单、使用寿命长等优点,仅成本略高;副叶轮＋填料组合密封利用副叶轮产生的压力平衡轴向力并实现动力密封,具有密封可靠、密封水压需求小的优点,常用于选矿含颗粒的浆体输送,但是也存在填料泄漏、磨损较快的情况。近几年,经过改进应用,出现新型螺旋密封技术,标配副叶轮动力密封,其泄漏量、磨损、能耗均比填料小,逐渐被用户重视与应用。陶瓷渣浆泵在实际运用中已有轴封组件、接液零件全部陶瓷化技术。

传动托架组件用于支撑泵轴和叶轮,保证泵的稳定运转,含托架、轴承箱、轴、轴承、压盖、油封等零件,具有刚性好、拆卸方便的特点,可带动叶轮进行轴向调节,保证泵始终在高效点运行。托架、轴承箱采用 HT200 材质,具有足够的强度、刚性、抗震性;轴承位、油池设有测温测振传感器接口,可实现现场 DCS 控制的安装与数据采集。轴采用高强度合金钢刚性设计,有悬臂式和支撑式两种安装结构。轴承有脂润滑和油润滑两种形式,满足不同环境的使用需求。

4.1.2 各类陶瓷渣浆泵的结构形式和特点

根据强弱磨蚀及腐蚀不同工况应用情况,陶瓷渣浆泵分为重型陶瓷渣浆泵、轻型陶瓷渣浆泵、化工渣浆泵 3 大类型。

4.1.2.1 重型陶瓷渣浆泵

重型陶瓷渣浆泵采用高强度金属和烧结陶瓷复合技术,可分单蜗壳和双蜗壳两种结构形式。

(1)重型单蜗壳陶瓷渣浆泵

重型单蜗壳陶瓷渣浆泵适用于矿山、冶金、氧化铝、煤炭、建材等行业,输送含有固体颗粒的磨损性及腐蚀性浆体,输送介质的质量浓度在 35% 以上,最高可达 80%,如矿山和冶金矿浆、洗煤厂煤浆煤泥、电厂灰渣煤渣等重介质浆体。重型单蜗壳陶瓷渣浆泵结构如图 4.1-1 所示。重型单蜗壳陶瓷渣浆泵为单级单吸卧式离心泵,具有传动部件

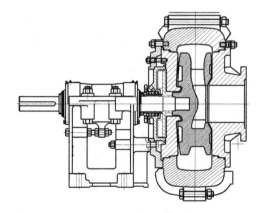

图 4.1-1 重型单蜗壳陶瓷渣浆泵结构

短、悬臂结构、传递扭矩大的特点。叶轮均采用闭式结构，内部由金属骨架支撑，表面覆盖烧结陶瓷，整体结构强度高；泵体为整体单蜗壳形式，由外侧高强度球墨铸铁与内侧整体烧结陶瓷复合而成，结构强度极高，承压能力强，最高可达 4.0 MPa，已实际应用于多个串联泵工况，如矿山选矿的尾矿串联输送、磷化工石膏浆液的长距离串联输送；前后护板也由球墨铸铁与整体烧结陶瓷复合而成，并与泵体形成多层密封结构，可适应中性、腐蚀性、易结晶等多种工况。重型单蜗壳陶瓷渣浆泵过流部件零件少，安装方便快捷，现场检修方便，用户接受度较高。

轴封组件中接触浆体的零件(如轴套、减压盖等)均进行了陶瓷化增强处理，填料材质优先使用高耐磨性、润滑性良好的石墨盘根，可保证整机使用寿命的提升，减少检修频次。随着机械密封技术进步，其逐渐适用于高磨蚀工位，重型陶瓷渣浆泵配套机械密封逐渐成为用户的首选方案。

目前，重型单蜗壳陶瓷渣浆泵的传动托架组件既可直接与行业内应用较多的沃曼 AH 系列、石家庄工业泵厂 ZJ 系列、ZGB 系列托架组件匹配并互换，也有改进的新型托架组件匹配。传动托架组件能够承受较大的负荷和振动，保障泵的稳定运行。

由于烧结陶瓷有较高的技术壁垒，目前成熟可靠的重型单蜗壳陶瓷渣浆泵出口口径为 DN25～300，流量为 5～3000 m^3/h，扬程为 7～134 m，转速不大于 3000 r/min，结合电机变频技术或不同传动变速组合，可满足不同规模生产的需求。陶瓷渣浆泵大型化是未来主要发展趋势，口径将突破至 DN650、DN750，流量将突破至 5000 m^3/h、6000 m^3/h。

(2)重型双蜗壳陶瓷渣浆泵

重型双蜗壳陶瓷渣浆泵作为新型陶瓷渣浆泵技术思路，是迎合市场竞争，提升陶瓷渣浆泵综合性价比的有效解决方案，其应用场景与单蜗壳多数一致。重型双蜗壳陶瓷渣浆泵结构见图4.1-2。该泵整体外观和安装方式与传统金属渣浆泵保持一致，但叶轮、泵体、前后护板及相应轴封组件均采用陶瓷

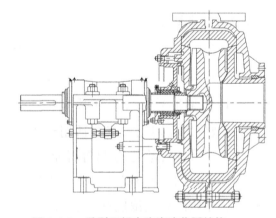

图 4.1-2 重型双蜗壳陶瓷渣浆泵结构

化结构。叶轮采用金属骨架内撑和烧结陶瓷复合结构，浆体接触及磨损位置均为烧结陶瓷，耐磨性远高于高铬材质叶轮；泵体保留金属泵双蜗壳结构，外侧前后泵壳可直接沿用，内侧蜗壳由金属铸件和烧结陶瓷复合而成，耐磨性远高于高铬材质蜗壳；前后护板采用金属骨架与烧结陶瓷复合而成，主要磨损部位为整体烧结陶瓷，耐磨性也远高于金属高铬材质护板。在安装尺寸上，该泵与金属零部件可直接互换；也因

此,这种双蜗壳结构的四大过流零件金属强度稍弱于金属泵及上述单蜗壳结构陶瓷泵,承压能力相对较低,在 2.0MPa 工况压力下使用可靠;陶瓷厚度及陶瓷增韧有限,若碰到大颗粒或钢球时,陶瓷破碎风险比较大。

轴封组件中的轴套和减压盖也采用陶瓷增强技术,进一步提升重型双蜗壳陶瓷渣浆泵的使用寿命。另外,其密封结构也与金属渣浆泵一样,仅适用于弱腐蚀工位,在强腐蚀、高温工况下可靠性会降低。

根据使用工况、运行状态和综合性价比,该类陶瓷泵的出口口径为 DN80～300,流量为 50～3000m³/h,扬程为 10～34m,转速不大于 1480r/min。该类型陶瓷泵也将顺应大型化发展趋势而不断扩展。

4.1.2.2 轻型陶瓷渣浆泵

轻型陶瓷渣浆泵采用金属支撑和树脂陶瓷成型技术,主要适用于含固量为 5%～35%、粒径 200 目以下的中轻度磨蚀、温度低于 85℃ 且中强腐蚀的浆体工况,涉及烟气脱硫、磷化工、冶金、煤化工、氧化铝等行业。轻型陶瓷渣浆泵按规格大小分为两种技术路线,结构形式也有所不同(图 4.1-3、图 4.1-4)。

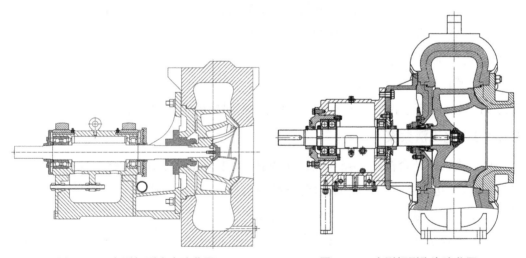

图 4.1-3　小型轻型陶瓷渣浆泵　　　　图 4.1-4　大型轻型陶瓷渣浆泵

(1)小型轻型陶瓷渣浆泵

小型轻型陶瓷渣浆泵采用悬臂结构,过流部件悬挂固定在托架组件上,拆装时托架组件固定不动,拆卸移动泵体即可。叶轮采用金属内衬和树脂陶瓷全包覆结构,金属可保证传动较大扭矩,树脂陶瓷增强了耐磨性和耐腐蚀性。这类陶瓷叶轮有闭式、半开式、全开式 3 种结构,闭式叶轮整体强度高,吸入口大,流道近似锥形,出口收窄,运行效率高,但在大颗粒或结晶结垢工况易堵塞;半开式陶瓷叶轮没有前盖板,叶轮强度及效率偏低,但可输送大颗粒、易结晶浆体;全开式叶轮没有前盖板且后盖板不是整圆,强度与效率最低,碰到大颗粒易碰伤叶片出口陶瓷,多用于输送低载荷、低磨蚀、高腐蚀、易结晶的浆体。泵体、后泵盖均采用金属加强与树脂陶瓷相结合技术。

轴封标配为集装式机械密封,无泄漏,可满足各种腐蚀工况,运行可靠;泵盖与机封间预留较大空间,既能防止介质颗粒进入机封,也能及时冷却机封摩擦产生的热量。托架组件可与脱硫行业通用的托架结构及尺寸互换,设有轴向调整装置,可保证整泵一致处于工况点高效运行。

小型轻型陶瓷渣浆泵出口口径为 DN40～250,流量为 6～1300m³/h,扬程为 8～105m,转速不大于 3000r/min,可满足不同规模生产的需求。

(2)大型轻型陶瓷渣浆泵

大型轻型陶瓷渣浆泵采用泵体支撑结构,托架组件悬挂固定在泵体上,拆装时泵体固定不动,拆卸移动托架组件。该类泵叶轮仅采用闭式结构,由内衬金属和树脂陶瓷复合成型,效率高。泵体外侧为球墨铸铁、内侧为树脂陶瓷复合结构,强度高;金属外壳一体成型支腿,支撑牢固;内侧陶瓷厚度最低 20mm,耐磨、耐腐蚀性能强。与叶轮前盖板配合的重点磨蚀区域设为单独前泵盖,磨损后可进行单独替换,降低备件更换成本。前泵盖、后泵盖与泵体一样,均由球墨铸铁和树脂陶瓷复合而成。

该大型轻型陶瓷渣浆泵也标配集装式机械密封,机封箱腔室空间大;托架组件通用性高,也有轴向调整装置。

该大型轻型陶瓷渣浆泵出口口径为 DN300～1000,流量为 750～14000m³/h,扬程为 14～40m,转速不大于 900r/min,可满足不同规模生产的需求。

4.1.2.3 化工渣浆泵

化工渣浆泵结合树脂陶瓷和烧结陶瓷技术,主要适用于湿法冶炼、磷化工、新能源等行业,输送浆体具有强腐蚀性(各种酸、碱、盐)、少量磨蚀性(含固量低于 20%,粒径小于 200 目)、温度高。化工渣浆泵结构如图 4.1-5 所示。

化工渣浆泵叶轮采用金属支撑和烧结陶瓷复合成型技术,常用闭式结构,整体强度高,效率可靠。泵体和后泵盖则采用金属支撑和树脂陶瓷复合成型,其中泵体作为主要支撑零件,使陶瓷受力更均匀合理,悬架式轴承组件固定在泵体上,拆装时泵体不动,移动轴承组件即可。

轴封标配集装式机械密封,无泄漏,可长期可靠运行。轴承组件轴径粗,轴承大,承载荷载大,传递扭矩大,转速高,整体尺寸小,匹配电机范围大。

化工陶瓷渣浆泵出口口径为 DN30～250,流量为 15～1200m³/h,扬程为 10～95m,转速不大于 3000r/min,可满足不同规模生产的需求。

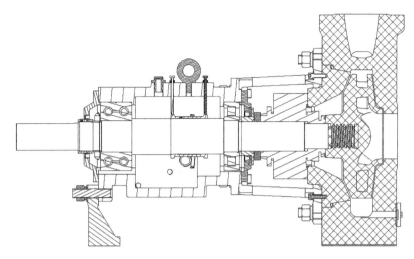

图 4.1-5 化工渣浆泵结构

4.1.2.4 陶瓷液下泵

陶瓷液下泵主要采用树脂陶瓷技术,适用于湿法冶炼、磷化工、脱硫、污水处理、环保、新能源等行业的地坑泵工况,输送浆体具有中强腐蚀性(各种酸、碱、盐)较小磨蚀性、温度高等特点,在腐蚀性工况环境中,陶瓷液下泵价格低于合金泵,性价比高。陶瓷液下泵结构如图 4.1-6 所示。

陶瓷液下泵为立式离心结构,叶轮、泵体浸入液位以下运行,浸入深度常在 3m 以内;整泵结构紧凑,占地面积小,安装方便。叶轮、泵盖和泵体均采用金属支撑和树脂陶瓷复合成型,兼具耐磨与耐腐蚀性能,叶轮常为半开式结构,叶轮强度可靠且浆体通过性强。

传动轴较长但刚性高,并有支撑装置和浆体出液管也会与浆体接触,均设有陶瓷防腐防护;液下不需要轴封和轴封水;轴承组件均在安装支撑板以上,不与浆液接触。

陶瓷液下泵出口口径 DN40～300,流量为 20～1300m³/h,扬程为 5～40m,转速不大于 2500r/min,可满足不同规模生产的需求。

4.1.2.5 陶瓷泡沫泵

陶瓷泡沫泵主要应用于选矿、冶金等行业的浮选工艺中,用于输送含有泡沫的矿浆。这种矿浆是含有

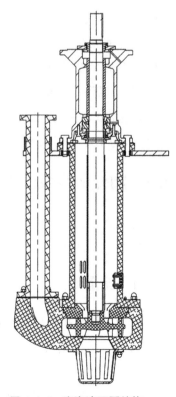

图 4.1-6 陶瓷液下泵结构

大量气体和固体颗粒的混合泡沫,具有较高的泡沫含量和黏度。陶瓷泡沫泵结构如图 4.1-7 所示。

陶瓷泡沫泵是经过特殊设计的卧式离心泵,过流部件可采用不同的陶瓷技术来满足工况需求。叶轮为半开式形式,入口采用超大设计,并带螺旋诱导式叶片,可破碎大型泡沫,并引导泡沫浆体稳态流动;整体采用金属内衬和陶瓷复合而成,陶瓷可采用不同的烧结陶瓷和树脂陶瓷技术。

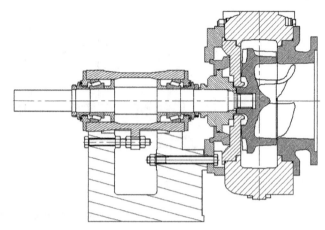

图 4.1-7 陶瓷泡沫泵结构

匹配的前护板入口也是超大尺寸,可有效控制气泡吸入,前护板采用与上述单蜗壳相同的陶瓷技术。这种结构设计能够有效减少气体的积聚和分离;蜗壳的流道设计宽敞,便于泡沫和固体颗粒通过,保证整泵具有良好的抗汽蚀性能和高通过能力。

其他过流部件、轴封部件、传动托架部件均与单蜗壳通用。

陶瓷泡沫泵出口口径范围为 DN80~300,流量为 100~1300m³/h,扬程为 20~60m,转速不大于 1500r/min,能够满足浮选工艺的压力要求。

陶瓷渣浆泵凭借独特的结构设计和优异性能,在多个工业领域发挥着重要作用。不同类型的泵型,如单蜗壳重型渣浆泵、双蜗壳重型渣浆泵、轻型陶瓷渣浆泵、化工渣浆泵、陶瓷液下泵、陶瓷泡沫泵等,各自具备适用于特定工况的特点,满足了不同行业的多样化需求。随着工业技术的不断发展,陶瓷渣浆泵的结构和性能也将不断优化和创新,为工业生产的高效、稳定运行提供更可靠的保障。

4.2 陶瓷渣浆泵的主要性能参数

陶瓷渣浆泵是以液体(通常为水)为载体来输送固体物料的通用机械。表示泵工作性能的主要性能参数包括以下几类。

4.2.1 流量 Q_m

流量是指泵在单位时间内输送的渣浆数量,用符号 Q_m 表示,常用单位为 m³/h、m³/s、L/s。渣浆由液体(通常为水)和固体物混合而成,因此渣浆流量可表示为

$$Q_m = Q_s + Q_w \tag{4.2-1}$$

式中:Q_s——液体(通常为水)的体积流量,m³/h;

Q_w——固体颗粒的体积流量，m^3/h。

4.2.2　扬程 H 及扬程降低系数 H_R

大家知道离心泵理想流体的基本方程为

$$H_T = \frac{1}{g}(u_2 v_{u2} - u_1 v_{u1})　\text{(4.2-2)}$$

式中：H_T——泵的理论扬程，m；

　　　g——重力加速度，m/s^2，$g = 9.81 m/s^2$；

　　　u_2——叶轮叶片外径的圆周速度，m/s；

　　　v_{u2}——液体在叶片出口处的圆周分速度，m/s；

　　　u_1——叶轮叶片入口的圆周速度，m/s；

　　　v_{u1}——液体在叶片入口处的圆周分速度，m/s。

由离心泵理想流体基本方程可以看出离心泵具有以下特点：

①离心泵基本方程式将液体在叶轮内的流动状态与叶轮所做的功联系起来。叶轮叶片传递给液体的能量仅与液体在叶片入口和出口处速度的大小和方向有关。

②用液柱高度(m)表示的扬程仅与液体的运动状态有关，与液体种类无关。用同一台泵输送不同流体(如水、空气或水银等)，其产生的扬程数值是一样的。

对于泵送均质浆体，叶轮产生的浆体扬程与泵送清水时产生的扬程相同，叶轮性能不受影响，但功耗增加与浆体的比重呈线性关系。但实际上，对于大量非均质性浆体，即使在最高效率点处，固体颗粒的存在也需要消耗更多能量使其通过叶轮流道，导致扬程降低；同样地，泵送浆体时泵的效率也会因固体存在而降低。上述两个方面的影响可通过扬程降低系数 H_R 和效率降低系数 E_R 来定义。这一概念在管路浆体特性和泵特性的选型计算中至关重要，故本书将详细阐述。

单位质量渣浆通过泵后获得的能量称为渣浆扬程，用"H_m"表示，单位为米浆柱，通常以"m"表示。泵的扬程表征泵本身的性能，仅与泵进、出口法兰处的液体能量有关，与泵装置无直接关系。

泵的渣浆扬程 H_m 与泵的清水扬程 H 的关系为

$$H_m = H_R \cdot H　\text{(4.2-3)}$$

式中：H_R——与渣浆特性有关的扬程降低系数，其数值由式(4.2-4)计算：

$$H_R = 1 - 0.000385(S-1)\left(1 + \frac{4}{S}\right) \cdot C_w \cdot \ln\left(\frac{d_{50}}{0.0227}\right)　\text{(4.2-4)}$$

式中：S——固体物料密度，t/m^3；

　　　C_w——渣浆质量浓度，%；

d_{50}——固体物料中值粒径,mm。

还需说明的是,只有泵的清水扬程 H 用表压力表示时,其值才与液体密度有关(图 4.2-1),如式(4.2-5)所示。

$$H = \frac{1.02 \times 10^5 (P_2 - P_1)}{S_m} \qquad (4.2\text{-}5)$$

式中:P_2——陶瓷渣浆泵出口压力,MPa;

P_1——陶瓷渣浆泵进口压力,MPa;

S_m——渣浆密度,kg/m³。

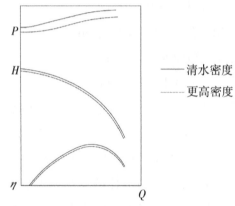

图 4.2-1 流量与扬程、功率及效率之间的关系

4.2.3 效率 η 及效率降低系数 E_R

泵输送渣浆时的效率为渣浆效率,用"η_m"表示,与泵输送清水时的效率有以下关系。

$$\eta_m = E_R \cdot \eta \qquad (4.2\text{-}6)$$

式中:E_R——与渣浆特性有关的效率降低系数,一般情况下认为其值与扬程降低系数 H_R 相等($E_R = H_R$),但实际情况为当浓度较高时,E_R 往往会大于 H_R,且浓度越高,差距越大;

η——渣浆泵输送清水时的效率,%,由实验得到。

事实上,影响扬程降低系数 H_R 和效率降低系数 E_R 的因素众多,不仅与渣浆特性相关,还与叶轮直径等泵特性相关,目前还没有一个公认的计算方法,更多是在计算的基础上结合实际经验确定(图 4.2-2 至图 4.2-4)。

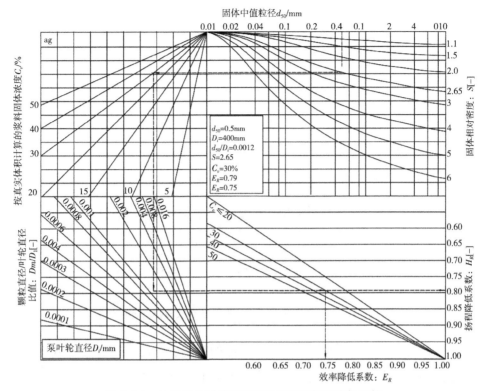

图 4.2-2　抽送固体时的效率降低系数和扬程降低系数

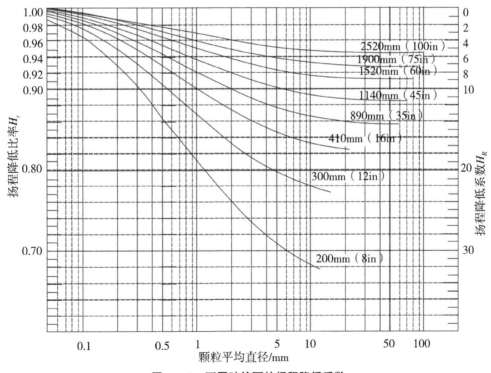

图 4.2-3　不同叶轮下的扬程降低系数

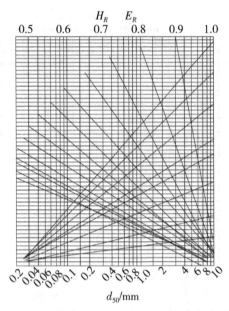

$$H_R \quad E_R$$

图 4.2-4　不同渣浆浓度下的效率降低系数与扬程降低系数

泵送黏性浆液时,必须考虑黏度对泵性能的影响。黏度会降低泵的效率和扬程,美国水力研究所(HI)的标准中虽提供了黏性流体泵送的修正曲线,但明确警示不得将其推广应用到其他类型泵或流体。该研究所并未公布黏性浆体的修正曲线。图 4.2-5 仅供参考。

在部分泵送油砂泡沫的实际案例中,已证实只须在在泵的吸入口注入 1% 的水或轻油作为润滑剂,即可明显改善 E_R,提高泵的工作效率。

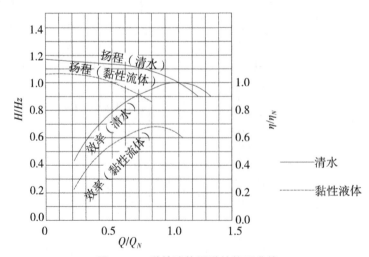

图 4.2-5　黏性流体泵送的修正曲线

4.2.4　轴功率

泵的功率通常指输入功率,即原动机传到泵轴上的功率,故又称轴功率,用"N_z"表示。

单位时间内泵输送出去的渣浆在泵中获得的有效能量称为泵的有效功率,也称输出功率,用"N_e"表示,其值由式(4.2-7)确定。

$$N_e = \frac{Q \cdot H \cdot S_m}{102} \tag{4.2-7}$$

式中:Q——陶瓷渣浆泵的流量,$\mathrm{m^3/s}$;

　　　H——陶瓷渣浆泵的扬程,m;

　　　S_m——渣浆密度,$\mathrm{kg/m^3}$。

轴功率和有效功率之差为泵内损失的功率,其大小用泵的效率来计量,泵的效率是有效功率与轴功率之比,即

$$\eta = \frac{N_e}{N_z} \tag{4.2-8}$$

由式(4.2-7)和式(4.2-8)可得陶瓷渣浆泵的轴功率为

$$N_z = \frac{Q \cdot H \cdot S_m}{102\eta} \tag{4.2-9}$$

4.2.5　必需汽蚀余量

汽蚀是指在液体输送过程中,由于局部压力降低至液体汽化压力以下,液体中形成蒸汽泡,当这些蒸汽泡随液体流至压力较高处时迅速溃灭,从而产生局部高压冲击和高温,对泵的过流部件造成损坏的现象。而汽蚀余量是衡量泵抗汽蚀能力的重要指标,反映了泵在吸入口处单位质量液体具有的超过汽化压力的富余能量,也就是泵不发生汽蚀时在泵进口必需具有的压力能,称为泵必需汽蚀余量,用"$NPSHr$"表示,单位为米液柱,其值由式(4.2-10)确定。

$$NPSHr = \lambda_1 \frac{v_1^2}{2g} + \lambda_2 \frac{w_1^2}{2g} \tag{4.2-10}$$

式中:λ_1、λ_2——进口压降系数,λ_1 一般取 $1\sim1.2$,λ_2 一般取 $0.15\sim0.4$;

　　　v_1——叶轮进口处液相的绝对速度;

　　　w_1——叶轮进口处液相的相对速度。

其值还可通过陶瓷渣浆泵的测试得到。工程中常用 $NPSH_3$,也就是当汽蚀导致扬程下降 3% 时的必需汽蚀余量。

4.3 陶瓷渣浆泵的性能曲线

陶瓷渣浆泵作为工业领域输送固液混合物的关键设备,其性能曲线对设备选型、运行优化及故障诊断至关重要。性能曲线以直观的图形方式,展现了泵在不同工况下流量、扬程、效率、轴功率与汽蚀余量等参数间的关系,为工程技术人员提供了全面了解泵性能的有效途径。

4.3.1 陶瓷渣浆泵性能曲线的构成与绘制

4.3.1.1 曲线类型

陶瓷渣浆泵的性能曲线如图 4.3-1 所示,主要包括流量—扬程曲线($Q—H$)、流量—效率曲线($Q—\eta$)、流量—轴功率曲线($Q—N$)和流量—汽蚀余量曲线($Q—NPSH$)。这些曲线相互关联,共同描绘了泵在不同流量下的工作特性。在流量—扬程曲线中,扬程随流量变化而变化,反映了泵对液体做功的能力;流量—效率曲线则展示了泵在不同流量下的能量利用效率,用于确定最佳工作点;流量—轴功率曲线体现了泵的输入功率与流量的关系,对于电机选型和能耗分析具有重要意义;流量—汽蚀余量曲线则反映了泵避免汽蚀发生的能力,是确保泵安全稳定运行的关键指标。

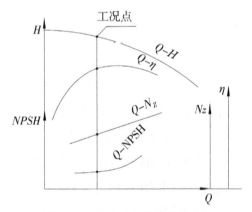

图 4.3-1 陶瓷渣浆泵的性能曲线

在陶瓷渣浆泵的性能曲线上,对于任意一个流量点,均可找出一组与其对应的扬程、效率、轴功率和汽蚀余量。通常,这组对应参数称为工作状况,简称工况或工况点。

4.3.1.2 绘制方法

性能曲线通常通过试验测试或数值模拟的方法获得。试验测试是在专门的试验台上,对泵进行不同流量工况下的性能测试,记录相应的扬程、效率、轴功率和汽蚀余量等数据,然后绘制性能曲线。在测试过程中,需严格控制试验条件,以确保数据的准确性和可靠性。数值模拟则是利用 CFD 软件,对泵内流场进行模拟分析,计算不同流量下的性能参数,进而绘制性能曲线。CFD 模拟能直观展现泵内流动情况,为性能优化提供理论依据,但模拟结果需通过试验验证。

4.3.2　性能曲线的理论分析

4.3.2.1　流量—扬程曲线(Q—H)

(1)理论基础

根据离心泵的基本理论,泵的理论扬程 T_H 与叶轮的几何尺寸、转速及液体在叶轮中的运动状态有关。在理想情况下,忽略液体的黏性及其他能量损失,理论扬程 T_H 可通过欧拉方程表示。

$$T_H = \frac{1}{g}(c_{2u}u_2 - c_{1u}u_1) \tag{4.3-1}$$

当液流无预旋进入叶轮时,$c_{1u}=0$,则 $T_H = \frac{1}{g}c_{2u}u_2$。

在实际应用中,泵的实际扬程 H 等于理论扬程 T_H 减去泵内水力损失 h,即 $H = H_T - h$。

(2)影响因素

泵内的水力损失是影响流量—扬程曲线的重要因素,包括摩擦损失、扩散和弯曲损失及冲击损失。摩擦损失与流速(流量)的平方成正比,扩散和弯曲损失主要发生在叶轮和压水室中;冲击损失则在流量偏离设计值时产生。当流量增加时,摩擦损失和扩散弯曲损失增大,导致扬程下降;而当流量偏离设计流量较大时,冲击损失急剧增加,进一步降低泵的扬程。此外,叶轮的叶片出口安放角 β_2、叶轮外径 D_2、叶片出口宽度 b_2 等几何参数也对流量—扬程曲线有显著影响。β_2 越大,理论扬程越高,但同时水力损失也会增加,可能导致实际扬程曲线出现驼峰现象;D_2 增加,扬程增大;b_2 越大,曲线越平缓,容易出现驼峰。

4.3.2.2　流量—效率曲线(Q—η)

(1)效率计算

泵的效率 η 是有效功率 P_e 与轴功率 P 之比,即

$$\eta = \frac{P_e}{P} = \frac{\rho g Q H}{P} \tag{4.3-2}$$

式中:Q——陶瓷渣浆泵的流量,m^3/s;

H——陶瓷渣浆泵的扬程，m；

ρ——陶瓷渣浆泵输送液体的密度，kg/m^3；

g——重力加速度，m/s^2；

P_e——单位时间内泵对液体所做的有用功；

P——原动机输入到泵轴上的功率。

（2）效率变化规律

在泵的运行过程中，效率随着流量的变化而变化。在小流量时，泵内的水力损失较大，导致效率较低；随着流量的增加，水力损失逐渐减小，效率逐渐提高，当达到某一流量时，效率达到最大值，此时的工况点称为最佳工况点；继续增加流量，由于泵内的流动状态恶化，水力损失又会增大，效率逐渐降低。不同类型的陶瓷渣浆泵，其最佳工况点的位置和效率曲线的形状可能会有所不同，这与泵的设计参数和结构有关。

4.3.2.3 流量—轴功率曲线（Q—N）

（1）轴功率计算

轴功率 P 等于输入水力功率 P' 与机械损失功率 P_m 之和，即 $P = P' + P_m$。输入水力功率 $P' = \rho g Q H$，机械损失功率 P_m 主要包括轴承和填料函的摩擦损失、圆盘摩擦损失等，通常可认为与流量无关，是一常数值。

（2）轴功率变化趋势

随着流量的增加，输入水力功率 P 逐渐增大，轴功率 P 也随之增加。在小流量时，由于水力功率较小，机械损失功率占比较大，轴功率增加较慢；随着流量的增大，水力功率迅速增加，轴功率也快速上升。当流量超过一定值时，由于泵的效率开始下降，虽然流量仍在增加，但轴功率的增加速度会逐渐变缓。在选择电机时，需要根据轴功率曲线，考虑一定的安全系数，以确保电机能够满足泵在不同工况下的运行需求，避免电机过载。

4.3.2.4 流量—汽蚀余量曲线（Q—$NPSH$）

（1）汽蚀余量定义

汽蚀余量是指泵在吸入口处单位质量液体具有的超过汽化压力的富余能量，分为有效汽蚀余量（$NPSHa$）和必需汽蚀余量（$NPSHr$）。有效汽蚀余量与吸入装置的参数有关，必需汽蚀余量则由泵本身的结构和运行工况决定。

（2）曲线变化特点

必需汽蚀余量随着流量的增加而增大。在小流量时，液体在叶轮进口处的流速较低，压力较高，$NPSHr$ 较小；随着流量的增加，液体在叶轮进口处的流速增大，压力降低,$NPSHr$ 逐渐增大。当 $NPSHa$ 小于 $NPSHr$ 时,泵内会发生汽蚀现象,导致泵的性能下降,严重时会损坏泵的过流部件。因此,在泵的选型和运行过程中,必须确保有效汽蚀余量大于必需汽蚀余量,避免汽蚀的发生。

4.3.3 陶瓷渣浆泵性能曲线的特点及影响因素

4.3.3.1 与普通离心泵性能曲线的差异

陶瓷渣浆泵输送的是固液混合物,与普通离心泵输送清水的性能曲线存在明显差异。受固液混合物的密度、黏度和颗粒特性等因素的影响,陶瓷渣浆泵的扬程、效率通常低于普通离心泵,且随着固液混合物浓度的增加,这种差异会更加明显。在相同流量下,陶瓷渣浆泵的轴功率会比普通离心泵大,因为输送固液混合物需要克服更大的阻力。此外,陶瓷渣浆泵的汽蚀性能相对较差,必需汽蚀余量会随着固液混合物浓度的增加而增大。

4.3.3.2 固液混合物特性对性能曲线的影响

(1)浓度的影响

固液混合物的浓度对陶瓷渣浆泵的性能曲线影响显著。随着浓度的增加,混合物的密度和黏度增大,泵的扬程和效率降低,轴功率则增加。当浓度较高时,固体颗粒之间的相互作用增强,会进一步加剧泵内的磨损和能量损失,导致性能下降更为明显。在某矿山的实际应用中,当陶瓷渣浆泵输送的矿浆浓度从 30% 增加到 50% 时,扬程下降了 20%,效率降低了 15%,轴功率增加了 30%。

(2)颗粒粒径的影响

颗粒粒径大小会影响泵内的流动状态和能量损失。较大粒径的颗粒会加剧泵的磨损,同时使泵内的水力损失增大,导致扬程和效率下降。此外,大颗粒还可能引起泵的堵塞,影响其正常运行。相反,较小粒径的颗粒虽然对磨损的影响相对较小,但会增加混合物的黏度,同样导致泵的性能降低。对于含有大颗粒的固液混合物,陶瓷渣浆泵的叶轮和过流部件需采用更耐磨的材料及特殊的结构设计,以提升泵的使用寿命和性能。

(3)颗粒形状的影响

颗粒形状也会对陶瓷渣浆泵的性能产生影响。棱角分明的颗粒比球形颗粒更易引发磨损和能量损失,因为棱角处会产生更大的局部应力与摩擦。不规则形状的颗粒还可能影响混合物的流动性,导致泵的流场不均匀,进一步降低泵的性能。在实际应用中,需根据颗粒形状的特点,选择合适的泵型和过流部件材料,以减少颗粒形状对泵性能的不利影响。

4.3.4 性能曲线在陶瓷渣浆泵选型中的应用

在泵的选型工作中,必须参照泵的性能曲线来选择泵的工况点,对于清水泵、油泵、化工泵等输送单相介质的泵,工况点可选在高效区内,以提高使用经济效益;而对于渣浆泵,可根据渣浆特性,综合考虑泵的能效、使用寿命和可靠性,以提高泵的综合使用经济效益。

在泵的使用运行中,只有借助泵的性能曲线,才能正确掌握泵的运行情况、分析泵实际使用好坏的原因,从而积累资料、总结经验,完善选型方法并提高现场分析问题和解决问题的能力。

为了满足用户不同工况的要求和降低泵厂生产成本,泵厂常将一个泵确定一两种直联转速(即配不同极数的电机),再配若干不同直径的叶轮,或确定一种直径叶轮,再配一组不同传动比的槽轮,使泵具有一组不同的转速。这两种方法均可使泵获得一组性能曲线,这种组合型性能曲线对用户选型极为方便。图 4.3-2 为定泵转速改变叶轮直径时的组合型性能曲线,图 4.3-3 为定叶轮直径改变泵转速时的组合型性能曲线。

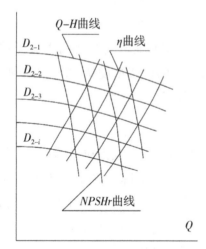 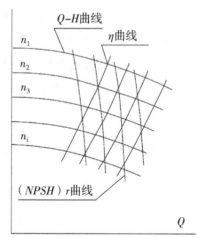

图 4.3-2　变直径性能曲线　　　　图 4.3-3　变转速性能曲线

4.4　陶瓷渣浆泵的汽蚀

在陶瓷渣浆泵的运行过程中,汽蚀是一个至关重要的问题,不仅影响泵的性能和效率,还会对泵的过流部件造成严重损坏,缩短泵的使用寿命,增加维修成本。因此,深入了解陶瓷渣浆泵的汽蚀现象、机理、影响因素及预防措施,对确保泵的安全稳定运行具有重要意义。

4.4.1　汽蚀现象及其对泵的危害

如果泵在运行中产生了噪声和振动,并伴随有流量小、扬程低和功率小等动力不足现象,有时甚至不能工作,当检修这台泵时,常常发现在前护板角式密封部位、叶轮叶片入口边靠近前盖板处和叶片入口边附近有麻点或蜂窝状破坏,严重时整个叶片和前、后盖板都有这种现象,甚至叶轮叶片和盖板、前护板被磨穿,这就是由汽蚀所引起的破坏。

泵通过旋转的叶轮对液体作功,使液体能量增加。在相互作用过程中,液体的速度和压力是相互转化的。通常,离心泵叶轮入口处是压力最低的地方。如果这个地方液体的压力等于或低于在该温度下液体的汽化压力 P_v,蒸汽及溶解在液体中的气体发生空化,形成许多体积膨大 1600 倍的空泡。这些空泡随液体流到高压区时,受压破裂而重新凝结为原始体积的液体。在凝结过程中,液体质点从四周向气泡中心加速运动,在凝结的一瞬间,质点互相撞击,产生很大的局部压力。这些气泡如果在金属表面附近破裂凝结,则液体质点就像无数小弹头一样,连续打击在金属表面上。在压力很大、频率很高的连续打击下,金属分子键逐渐因疲劳而破坏,逐步剥落细小的颗粒,甚至形成海绵状的空洞,通常把这种破坏称为剥蚀;在所产生的气泡中还杂有一些活泼气体,借助气泡凝结时所放出的热量,对金属起化学腐蚀作用。化学腐蚀和机械剥蚀的共同作用,加快了金属损坏速度,这种现象就叫做汽蚀破坏。渣浆泵输送的是渣浆,渣浆对泵过流件具有一定的磨损作用,如果再加上汽蚀破坏,泵使用寿命将大幅下降。

离心泵刚开始发生汽蚀时,汽蚀区域较小,对泵的正常工作没有明显的影响,在泵性能曲线上也没有明显的反映。但当汽蚀发展到一定程度时,气泡大量产生,影响液体的正常流动,甚至造成液流间断、发生振动和噪声,同时泵的流量、扬程和效率明显下降,在泵性能曲线上也有明显表现。标准规定,当扬程下降 3% 时的泵必需汽蚀余量 $NPSHr$ 为工程用汽蚀发生的判断标准(图 4.4-1 虚线部分)。

汽蚀不但使泵的性能下降,产生噪声和振动,而且使泵的寿命缩短,严重时使泵无法工作。因此,在管路特性计算和泵的选型工作中,一定要使管路装置汽蚀余量($NPSHa$)大于泵必需汽蚀余量($NPSHr$)。

液体开始汽化的临界压力,称为汽化压力,用"P_v"表示,其值与液体温度 t 有关,水在不同温度下的汽化压力如图 4.4-2 所示。

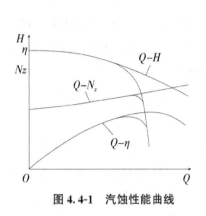

图 4.4-1　汽蚀性能曲线

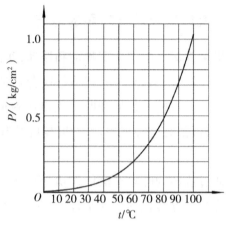

图 4.4-2　汽化压力曲线

4.4.2　汽蚀的相关理论基础

4.4.2.1　汽蚀余量的概念

（1）有效汽蚀余量（$NPSHa$）

有效汽蚀余量是指从泵实际吸入装置所提供的、在泵吸入口处单位质量液体超过汽化压力的富余能量，与吸入装置的参数密切相关，包括吸入液面压力、几何吸上高度、吸入管路阻力损失及液体的汽化压力等。

（2）必需汽蚀余量（$NPSHr$）

必需汽蚀余量是指泵本身为避免发生汽蚀，要求在泵吸入口处（S—S 断面）单位质量液体必须具有的超过汽化压力的富余能量，单位用米液柱表示，由泵的结构和运行工况决定。

过去我国标准规定以吸上真空高度 H_s 表示泵的汽蚀性能，可用式（4.4-1）定义：

$$H_s = H_g + h_w + \frac{v_s^2}{2g} \qquad (4.4\text{-}1)$$

式中：H_s——吸上真空高度，其值由测试得到，m；

　　　H_g——几何吸上高度，m；

　　　h_w——吸入管路阻力损失，m；

　　　v_s——泵吸入口（S—S 断面）处的流速，m/s。

为与国际标准相统一，现在我国新标准规定用泵的必需汽蚀余量 $NPSHr$ 表示泵的汽蚀性能。

通常，在泵产品样本上所给出的 $[H_s]$ 值（泵允许吸上真

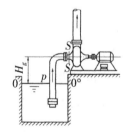

图 4.4-3　吸上高度

空高度)或 $NPSHr$ 值,是在标准大气压 $P_a(P_a=1.033\text{kg}/\text{cm}^2=10.33\text{mH}_2\text{O})$ 和温度为 20℃ 清水的情况下,通过对泵的测试得到。因此 $NPSH_3$ 和 $[H_s]$ 可用式(4.4-2)换算

$$NPSH_3 = 10.09 - [H_s] + \frac{v_s^2}{2g} \qquad (4.4\text{-}2)$$

式中:v_s——泵吸入口处的流速,m/s;

$\qquad [H_s]$——泵允许吸上真空高度,由泵测试得到,m;

$\qquad NPSHr$——泵必需汽蚀余量,由泵测试得到,m。

目前,陶瓷渣浆泵的必需汽蚀余量 $NPSH_3$ 值为清水试验值。

(3)临界汽蚀余量($NPSHc$)

临界汽蚀余量是通过汽蚀试验确定的值,对应泵性能下降一定值时的试验汽蚀余量。在实际应用中,许用汽蚀余量通常取 $(1.1\sim1.5)NPSHc$ 或 $NPSHc + K$(K 为安全值),以确保泵在运行时不发生汽蚀。

4.4.2.2　汽蚀基本方程式

泵发生汽蚀的条件由泵本身和吸入装置共同决定。汽蚀基本方程式为

$$NPSHa = NPSHc \qquad (4.4\text{-}3)$$

当 $NPSHa = NPSHc$ 时,泵内最低压力点的压力等于汽化压力,泵处于发生汽蚀的临界状态;当 $NPSHa$ 小于 $NPSHc$ 时,泵会发生汽蚀,且差值越大,汽蚀越严重;当 $NPSHa$ 大于 $NPSHc$ 时,泵不会发生汽蚀。该方程式建立了泵汽蚀余量与装置汽蚀余量之间的关系,是研究泵汽蚀问题的重要理论依据。

4.4.2.3　汽蚀相似定律

对于几何相似的泵,在相似工况下,模型泵和实型泵的汽蚀余量之比等于转速和尺寸乘积的平方比,即

$$\frac{(NPSHr)_M}{NPSHr} = \frac{D_M^2 n_M^2}{D^2 n^2} \qquad (4.4\text{-}4)$$

式中:$(NPSHr)_M$、D_M、n_M——模型泵的汽蚀余量、叶轮直径和转速;

$\qquad NPSHr$、D、n——实型泵的汽蚀余量、叶轮直径和转速。

汽蚀相似定律可用于解决相似泵在不同转速、尺寸间的汽蚀余量换算问题,但当转速和尺寸相差较大时,换算结果与实际会存在一定误差。

4.4.2.4　汽蚀比转速和托马汽蚀系数

(1)汽蚀比转速(c)

汽蚀比转速是泵汽蚀相似准则,其计算公式为

$$c = \frac{5.62n\sqrt{Q}}{NPSHr^{\frac{3}{4}}}$$ (4.4-5)

对于双吸泵,公式为

$$c = \frac{5.62n\sqrt{\dfrac{Q}{2}}}{NPSHr^{\frac{3}{4}}}$$ (4.4-6)

式中:n——转速;

$\quad$ Q——泵流量;

$\quad$ $NPSHr$——泵汽蚀余量。

c 值越大,泵的抗汽蚀性能越好。通常,抗汽蚀性能高的泵 $c=1000\sim1600$;兼顾效率和抗汽蚀性能的泵 $c=800\sim1000$;抗汽蚀性能不作要求,主要考虑提高效率的泵 $c=600\sim800$。

(2)托马汽蚀系数(σ)

托马汽蚀系数定义为

$$\sigma = \frac{NPSHr}{H}$$ (4.4-7)

式中:H——泵最高效率点下的单级扬程。

托马汽蚀系数与比转速之间存在一定关系,如单吸泵 $\sigma = 216 \times 10^{-6} n_s^{\frac{3}{4}}$,双吸泵 $\sigma = 137 \times 10^{-6} n_s^{\frac{3}{4}}$,但实际的 σ 值可能因泵进口几何形状的差异而有所不同。

4.4.3　陶瓷渣浆泵汽蚀余量的重要性

4.4.3.1　保证泵的正常运行

只有当有效汽蚀余量大于必需汽蚀余量时,陶瓷渣浆泵才能正常运行,避免发生汽蚀现象。若 $NPSHa < NPSHc$,泵内会产生汽蚀,导致泵的性能下降,如扬程降低、流量减小、效率降低等,严重时甚至会使泵无法工作。因此,在泵的选型和系统设计阶段,必须确保 $NPSHa > NPSHc$,为泵的稳定运行提供保障。

4.4.3.2　延长泵的使用寿命

汽蚀对陶瓷渣浆泵的过流部件具有强烈的破坏作用,会使叶轮、泵体等部件表面出现麻点、裂纹甚至穿孔,加速部件的磨损和腐蚀。通过合理设计和控制汽蚀余量减少汽蚀的发生,可有效延长泵的使用寿命,降低维修成本,提高设备的可靠性和经济性。

4.4.3.3 提高系统的可靠性

在整个渣浆输送系统中,陶瓷渣浆泵是关键设备之一。保证泵的正常运行和长寿命,可提高整个系统的可靠性,避免因泵的故障导致生产中断。若泵发生汽蚀,不仅会影响自身性能,还可能对整个系统的流量、压力等参数产生波动,影响其他设备的正常运行。因此,重视汽蚀余量的控制对提高系统整体可靠性至关重要。

4.4.4 影响陶瓷渣浆泵汽蚀的因素

4.4.4.1 液体性质的影响

(1)密度和黏度

液体的密度和黏度会影响泵内的流动阻力和压力分布。密度较大的液体在泵内流动时需更大能量,可能导致泵进口处压力降低,增加汽蚀风险;黏度较高的液体流动阻力大,会使泵的吸入性能变差,同样易引发汽蚀。

(2)汽化压力

液体的汽化压力与温度密切相关,温度越高,汽化压力越大。当泵内局部压力低于液体在当前温度下的汽化压力时,会发生汽化产生汽泡。当输送高温液体时,必须特别注意控制泵的吸入条件,防止发生汽蚀。

4.4.4.2 泵的结构参数影响

(1)叶轮结构

叶轮作为泵的核心部件,其结构参数对汽蚀性能影响显著。叶轮进口直径、叶片进口安放角、叶片进口边的形状、叶片数及叶轮进口流道形状等,均会影响液体在叶轮进口处的流动状态和压力分布。增大叶轮进口直径,可在一定程度上降低进口流速,进而减小汽蚀余量;合理设计叶片进口安放角与形状,能使液体更顺畅地进入叶轮,减少局部压力损失,提高泵的抗汽蚀性能。

(2)吸入室形状

吸入室的作用是将液体平稳地引入叶轮,其形状直接影响液体的流速分布和压力变化。良好的吸入室设计应使液体在进入叶轮前流速逐渐增加、流动稳定,避免产生旋涡和局部低压区。若吸入室形状设计不合理,会导致流速不均匀,进而增加汽蚀的可能性。

4.4.4.3 运行工况的影响

(1)流量和转速

泵的流量和转速对汽蚀有重要影响。当流量增加时,泵内液体流速增大,叶轮进口处的压力会降低,导致必需汽蚀余量增大;同时,流量增加可能使泵偏离设计工况,进一步加剧汽蚀风险。当转速升高时,叶轮对液体的做功能力增强,但也会使液体在泵内的流速加快,压力降低,增加汽蚀的风险。

(2)吸入压力和温度

吸入压力过低会导致泵进口处液体易汽化,从而引发汽蚀;而输送液体的温度过高会导致汽化压力增大,同样增加汽蚀风险。在实际运行中,应确保吸入压力在合理范围内,并控制液体温度,以降低汽蚀的发生概率。

4.4.5 改善陶瓷渣浆泵汽蚀余量的措施

4.4.5.1 提高有效汽蚀余量

(1)合理布置吸入装置

应尽量使吸入液面高于泵吸入口,可通过设置低位吸入罐或辅助增压装置提升吸入液面压力,增加有效汽蚀余量。同时,需缩短吸入管路的长度、减少管件数量,并选择合适的管径,降低吸入管路的水头损失,避免因管路阻力过大导致泵进口压力降低。

(2)降低液体温度

在可能的情况下,应对输送的渣浆进行冷却处理以降低液体的温度,从而减小汽化压力、增加有效汽蚀余量。例如,高温渣浆输送系统中可以设置冷却器,先对渣浆进行冷却再输送。

4.4.5.2 降低必需汽蚀余量

(1)优化叶轮设计

采用先进的设计方法与技术,优化叶轮进口几何形状。如增大叶轮进口直径、合理设计叶片进口安放角及形状,使液体在叶轮进口处的流动更顺畅,降低局部压力损失,从而降低必需汽蚀余量。采用双吸叶轮或诱导轮等结构,也能有效提升泵的抗汽蚀性能。其中,诱导轮可在主叶轮前对液体进行预增压,减小主叶轮的必需汽蚀余量。

(2)控制泵的运行工况

避免泵在大流量、高转速工况下运行,尽量使泵在设计工况附近运行。可通过调节阀门开度或采用变频调速技术控制泵的流量和转速,确保泵在高效、稳定的工况下运行,以降低必需汽蚀余量。同时,在确定泵的安装高度时,应充分考虑汽蚀余量要求,保证泵在运行过程中不发生汽蚀。

（3）选择合适的渣浆特性

在可能的情况下,控制渣浆的浓度与颗粒大小,避免输送高浓度、大颗粒渣浆。高浓度和大颗粒的渣浆会增加泵的磨损和流动阻力,导致必需汽蚀余量增大。对渣浆进行预处理(如去除大颗粒杂质或降低渣浆浓度),可以有效改善泵的汽蚀性能。

4.4.5.3 选用耐汽蚀材料

在渣浆泵抗汽蚀设计中,碳化硅材料的应用是关键突破。其超高硬度与致密结构可承受汽蚀气泡破裂产生的百兆帕级冲击力,耐磨性能较金属材料提升 5～8 倍,有效减缓叶轮与蜗壳的冲蚀损伤。同时,碳化硅的低表面可减少液体汽化核心附着,光滑表面抑制气泡聚集,高导热性则可快速消散局部过热,从源头降低气泡生成的概率。这些特性使陶瓷泵在含气量不大于 15% 的工况下,汽蚀破坏周期延长 3 倍以上,显著提升了复杂介质中的运行可靠性。

第5章 陶瓷渣浆泵设计

5.1 陶瓷渣浆泵水力设计参数

在陶瓷渣浆泵的设计过程中,水力设计参数的确定至关重要,这些参数直接影响泵的性能、效率及运行稳定性。合理选择与计算水力设计参数,是确保陶瓷渣浆泵满足不同工况需求的关键环节。

5.1.1 泵流量与泵进出口直径的关系

泵流量作为衡量陶瓷渣浆泵输送能力的关键指标,与泵进出口直径之间存在着紧密且复杂的联系。在实际的渣浆泵设计中,大多数渣浆泵会将吸入直径设计得大于吐出直径。这一设计策略有着重要的实际意义,其主要目的是降低吸入管内的流速,进而减少由此产生的摩擦损失。在浆体泵送过程中,浆体密度通常比清水大,这会导致 $NPSHa$ 降低,而降低吸入管流速能有效提高 $NPSHa$,这对保障泵的正常运行、减少汽蚀现象的发生至关重要。

当确定泵的设计流量 Q 后,首要任务是合理确定泵的出口直径 $D_{出}$。这是因为泵的出口直径直接影响泵的输送能力和运行效率。通常推荐使用式(5.1-1)来确定泵的出口直径 $D_{出}$。

$$D_{出} \geqslant 12.5Q^{0.53} \tag{5.1-1}$$

式中:Q——泵的设计流量,L/s,根据实际工况需求确定;

$D_{出}$——泵出口直径,mm,用式(5.1-1)计算出 $D_{出}$ 后应圆整成标准直径(泵出口标准直径有 25mm、40mm、50mm、65mm、80mm、100mm、150mm、200mm、250mm、300mm、350mm、400mm)。

在确定泵出口直径 $D_{出}$ 之后,需确定泵的进口直径 $D_{入}$。泵进口直径的合理选择对泵的吸入性能至关重要,直接关系到泵能否顺畅吸入并输送浆体。计算泵进口直径 $D_{入}$ 的公式为

$$D_{入} = D_{出} + C_K \tag{5.1-2}$$

式中:C_K——经验常量,其取值一般为 25～50mm。在实际选择时,需根据泵的具体情况判断。通常情况下,小泵会取较小值,因小泵整体尺寸较小,过大的进口直径可能会导致结构不协调,影响泵的性能和稳定性;大泵则会取较大的值,以满足大流量输送需求。此外,若对泵的汽蚀性能有较高要求,也应选取较大的 C_K 值。这是因为较大的进口直径可降低进口流速,减少汽蚀发生的可能,提高泵的抗汽蚀能力,从而延长泵的使用寿命。

5.1.2 泵扬程与泵转速的关系

实践表明,在泵的过流部件材料相同且质量相等的条件下,泵的使用寿命与设计参数密切相关。输送同一渣浆时,高扬程泵比低扬程泵的使用寿命短,因为高扬程泵在运行时过流部件承受的压力和磨损更大。对于同一扬程的泵输送同一渣浆,转速高的泵比转速低的泵使用寿命短,这是由于转速高时渣浆对过流部件的冲刷和撞击更剧烈。当输送同一渣浆且泵的扬程、转速相同时,小泵比大泵寿命短,因为小泵的过流部件更薄弱,承受磨损的能力较弱。根据磨损机理,渣浆泵过流部件的磨损量与作用力特性及速度特性有关,作用力与 H/D 成正比,速度则与 $n \cdot D$ 成正比。实际上,渣浆泵内过流部件的磨损十分复杂,国外磨损试验研究表明,一般推荐采用"磨损相似系数"指导渣浆泵转速选取,陶瓷渣浆泵的渣浆扬程 H_m 和转速 n 的公式为

$$\frac{H_m \cdot n}{1000} \leqslant K_{Hn} \tag{5.1-3}$$

式中:n——泵转速,$r/\min$;

K_{Hn}——与材料和泵寿命有关的系数,mm,其值可参考表 5.1-1 选取。

表 5.1-1   (单位:mm)

渣浆磨蚀特性	强磨蚀	中等磨蚀	轻磨蚀
K_{Hn}	$\leqslant$60	$\leqslant$90	$\leqslant$120

注:K_{Hn} 值越大泵的使用寿命越短。

5.1.3 泵比转速与效率的关系

最佳效率点与关死点之间曲线的斜度取决于叶轮和蜗壳的几何设计。由于存在诸多不同的设计模型,通常使用无量纲的比转速和其他参数来表示这些模型。叶轮形式随比转速由小到大从离心式、混流式变化为轴流式。在国际单位制中,比转速定义为

$$n_s = \frac{3.65n \sqrt{Q}}{H^{0.75}} \tag{5.1-4}$$

式中:Q——泵设计流量,m^3/s;

　　　H——泵设计扬程,m;

　　　n——泵设计转速,r/min。

通常情况下,泵比转速与效率之间存在密切联系。在一定范围内,随着泵比转速的增加,泵的效率会逐渐提高。这是因为较高的比转速意味着泵在相同流量下具有较低的扬程,此时泵内的流动损失相对较小,能量转换效率较高。然而,当泵比转速超过一定值后,效率反而会下降。这是因为随着比转速的进一步增加,泵的流量增大,叶轮出口处的液体流速增加,冲击损失和圆盘摩擦损失增大,进而降低泵的效率。高比转速的泵在运行时可能会出现不稳定情况,这也会对效率产生负面影响。

泵比转速的变化会导致叶轮形式发生改变,从离心式、混流式变化为轴流式。不同的叶轮形式适用于不同的工况,其效率特性也有所差异。离心式叶轮适用于高扬程、低流量的场合,在低比转速范围内效率较高;轴流式叶轮则适用于大流量、低扬程的工况,在高比转速下具有较高的效率;混流式叶轮的性能介于两者之间,其适用的比转速范围也较为宽泛。在陶瓷渣浆泵的设计中,需根据实际工况的流量和扬程需求,选择合适的叶轮形式,以确保泵在最佳效率点附近运行。

在实际应用场景中,渣浆的特性会对泵比转速与效率的关系产生显著影响。当渣浆浓度较高时,泵内的流动阻力增大,能量损失增加,即使在比转速处于理论高效范围内,泵的实际效率也会降低。渣浆中的颗粒大小和形状也会改变泵内的流动状态。大颗粒会增加泵内的磨损和水力损失,降低泵的效率;形状不规则的颗粒会使液体流动更加紊乱,进一步增大能量损失。

在泵的设计阶段,由于无法直接获取实际效率,通常需借助经验公式或参考类似产品估算泵的效率。对于陶瓷渣浆泵,可根据比转速等参数,结合渣浆的具体特性,采用相应的经验公式进行效率估算。但这些估算结果往往存在误差,因此在实际生产中,还需通过实验测试验证和优化泵的效率。通过在不同工况下对泵的性能进行测试,获取实际的流量、扬程和功率数据,从而计算出泵的实际效率。根据测试结果,可对泵的设计进行调整优化,如改变叶轮的几何参数、调整蜗壳的结构等,以提高泵的效率。

5.1.4　泵汽蚀性能、流量及泵入口直径的关系

在输送常温渣浆且采用灌注式安装($NPSHa > NPSHr$)时,一般来说,泵的汽蚀性能(即泵必需汽蚀余量 $NPSHr$)对泵的使用没有什么影响。但当输送高温渣浆或采用吸入式安装且吸上高度较大时,泵的必需汽蚀余量就是重要的使用参数。

而泵的必需汽蚀余量 $NPSHr$ 与泵的设计参数(Q、H、n)和几何参数(如泵入口直径 $D_入$、叶轮进口直径 D_0、叶片入口处的所有几何尺寸等)均有直接关系。目前,由

于泵内部流场的高度复杂性,$NPSHr$ 无法通过计算的方法准确计算得到,只能靠实测获得。C 值是泵的汽蚀比转数,反映了泵的 Q、n 和 $NPSHr$ 的关系,即

$$C = \frac{5.62n\sqrt{Q}}{NPSHr^{0.75}} \tag{5.1-5}$$

式中:n——泵设计转速,r/min;

    Q——泵设计流量,m^3/s;

    C——设计点汽蚀比转数,一般为 400~1200;

    $NPSHr$——设计点必须汽蚀余量的估算值,其实际值还应由实测获得。

汽蚀比转数 C 值越大,泵的汽蚀性能就越好(即 $NPSHr$ 值就相对偏小)。在设计渣浆泵时,用式(4.2-12)估算泵的必需汽蚀余量 $NPSHr$。

流量对泵的汽蚀性能有着不可忽视的影响。当流量变化时,泵内液体流速也会相应改变。当流量增加时,泵内液体流速增大,叶轮进口处的压力会随之降低,进而导致必需汽蚀余量($NPSHr$)增大。与此同时,流量增加可能恶化泵的吸入条件,进一步降低有效汽蚀余量,大大增加了汽蚀发生概率。一般来说,泵在设计流量附近汽蚀性能处于较好状态;而当流量偏离设计流量较大时,汽蚀性能会明显下降。

泵入口直径 $D_入$ 对汽蚀性能有着直接且重要的影响。根据流体力学原理,增大泵入口直径能够降低液体在入口处的流速。由伯努利方程 $NPSHa = \frac{P_s}{\rho g} + \frac{v_s^2}{2g} - \frac{P_v}{\rho g}$(其中 P_s 为泵进口压力,ρ 为液体密度,g 为重力加速度,v_s 为泵进口流速,P_v 为液体汽化压力)可知,当泵入口直径增大时,v_s 减小,从而使有效汽蚀余量($NPSHa$)增大,泵的抗汽蚀能力得以增强。然而,泵入口直径并非越大越好,过大的入口直径会使泵体体积显著增大,增加制造成本,还可能对泵的整体结构布局和性能产生不利影响。

在陶瓷渣浆泵的实际运行中,需要综合考虑汽蚀性能、流量及泵入口直径之间的关系。在设计阶段,应根据实际工况需求,合理确定泵的流量和入口直径。如果预计运行流量较大,在保证泵体结构紧凑和成本可控的前提下,可适当增大泵入口直径,以降低流速,提高抗汽蚀能力。在泵的运行过程中,要密切关注流量的变化,避免泵在偏离设计流量过大的工况下运行。一旦发现流量异常波动,应及时调整运行参数,以维持泵的稳定运行,减少汽蚀发生的可能性。

5.1.5 泵效率与流量的关系

泵效率 η,既是泵的设计参数,又是重要的使用参数。其值不仅与泵的设计参数(Q、H、n)有关,还与泵叶轮、压水室的几何尺寸及泵的结构形式有关,因此目前还不能用计算的方法准确计算得到,只能通过实测获得或 CFD 仿真模拟近似得到。但

是,在泵的设计当中,需要一个与实际值相接近的效率 η(%)用于泵轴功率、轴等零部件的设计计算。为此,推荐采用式(5.1-6)、式(5.1-7)估算泵效率 η。

当泵的比转数 $n_s=40\sim80$ 时:

$$\eta=31+7.6\ln Q \tag{5.1-6}$$

当泵的比转数 $n_s=80\sim120$ 时:

$$\eta=34+7.24\ln Q \tag{5.1-7}$$

式中:Q——泵的设计流量,L/s;

实测泵效率可按单级卧式离心式渣浆泵能效评定方法进行评级,看其处于行业中什么水平。

图 5.1-1 为单级卧式离心式渣浆泵能效曲线。当泵的比转速 n_s 小于 70 时,效率按图 5.1-2 或式(5.1-11)进行修正。

泵规定点能效等级按图 5.1-1 中相应能效曲线查得或按能效规定值计算公式计算,当泵的比转速 n_s 小于 70 时,需对能效等级进行修正。

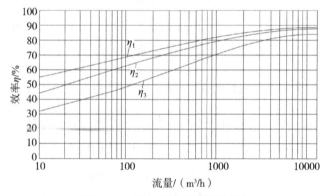

图 5.1-1 离心式渣浆泵能效曲线

注:η_1——1 级能效曲线;η_2——2 级能效曲线;η_3——3 级能效曲线。

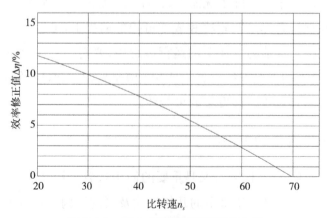

图 5.1-2 离心式渣浆泵效率修正曲线

能效规定值计算公式如下：

1级能效

$$\eta_1 = 47 + 2.855 \times \lg Q_{SP} + 6.051 \times (\lg Q_{SP})^2 - 1.0426 \times (\lg Q_{SP})^3 \quad (5.1\text{-}8)$$

2级能效

$$\eta_1 = 30 + 9.9456 \times \lg Q_{SP} + 5.25 \times (\lg Q_{SP})^2 - 1.0355 \times (\lg Q_{SP})^3 \quad (5.1\text{-}9)$$

3级能效

$$\eta_1 = 25 + 3.5 \times \lg Q_{SP} + 1.9 \times (\lg Q_{SP})^2 + 1.95 \times (\lg Q_{SP})^3 - 0.4311 \times (\lg Q_{SP})^4$$
$$(5.1\text{-}10)$$

式中：Q_{SP}——规定点流量，$\mathrm{m^3/h}$。

效率修正公式：

$$\Delta \eta = 14.71 - 0.12 \times n_s - 1.3 \times 10^{-3} \times n_s{}^2 \quad (5.1\text{-}11)$$

5.2 陶瓷渣浆泵抗磨性设计

在陶瓷渣浆泵的运行过程中，陶瓷材料的抗磨性能是决定泵使用寿命和工作效率的关键因素。而陶瓷材料在固液两相流环境下的水力磨蚀是一个极为复杂的过程，涉及固液两相流特性、陶瓷材料自身性质、多种影响因素，以及相应的理论模型与研究方法。深入探究这些方面，对于优化陶瓷渣浆泵的设计和提升陶瓷材料的抗磨性能具有重要意义。

5.2.1 陶瓷材料在固液两相流水力磨蚀机理

5.2.1.1 固液两相流基本理论

（1）数学基本方程

在现代工业领域，固液两相流广泛存在于诸多关键生产环节，如矿山开采中的矿浆输送、石油化工的反应物流体处理、水利工程的泥沙运动等。对固液两相流进行精准研究，对于优化工业设备设计、提升生产效率、降低能耗及延长设备使用寿命至关重要。随着CFD技术的飞速发展，基于不同理论框架构建的数学模型成为深入探究固液两相流特性的有力工具，其中欧拉—欧拉法、欧拉—拉格朗日法和拉格朗日—拉格朗日法所涉及的数学基本方程，是理解和模拟固液两相流问题的核心。

1）欧拉—欧拉法

欧拉—欧拉法将液相和固相视为互穿连续相介质。欧拉法假设计算域内的颗粒浓度是保持不变的，因此需要在计算过程中网格的尺寸小于颗粒直径。欧拉法主要描述某一时刻计算域中质点的运动情况，通过时间步长的叠加获取整个流场的变化情况,主要运用于浓度大、粒径小、密度相近的多相流。

欧拉—欧拉模型中的湍流模型和相间传递模型可分为均相流模型和非均相流模型。均相流模型是指固液两相具有相同的流场特性(如速度场、温度场和湍流场),无须建立相间传递模型。在相间运输过程中,除各阶段的体积分数外,其余运输量是相同的。由于输运量是相同的,需求解整个输运方程而不是单相输运方程,均相模型广泛应用于自由表面流动。

①均相模型的动量方程。

$$\frac{\partial}{\partial t}(\rho U) + \nabla \cdot (\rho U \otimes U - \mu(\nabla U + (\nabla U)^{\mathrm{T}})) = S_M - \nabla p \qquad (5.2\text{-}1)$$

式中:$\rho = \sum_{\alpha=1}^{N_P} \gamma_\alpha \rho_\alpha$,$\mu = \sum_{\alpha=1}^{N_P} \gamma_\alpha \mu_\alpha$;

均相模型中 $U_\alpha = U$,$1 \ll \alpha \ll N_p$。

在均相模型的动量方程中变量 U 与动量方程中的假设一致。

对于非均相模型,各相都有其独立的速度场、温度场和其他流场。

②非均相模型的动量方程。

$$\frac{\partial}{\partial t}(\gamma_\alpha \rho_\alpha U_\alpha) + \nabla \cdot (\gamma_\alpha (\rho_\alpha U_\alpha \otimes U_\alpha)) = -\gamma_\alpha \nabla p_\alpha + \nabla \cdot (\gamma_\alpha \mu_\alpha (\nabla U_\alpha + (\nabla U_\alpha)^{\mathrm{T}}))$$

$$+ \sum_{\beta=1}^{N_P} (\Gamma_{\alpha\beta}^+ U_\beta - \Gamma_{\alpha\beta}^+ U_\alpha) + S_{M\alpha} + M_\alpha \qquad (5.2\text{-}2)$$

式中:$S_{M\alpha}$——体积力和自定义的动量源项;

$\Gamma_{\alpha\beta}^+ U_\beta - \Gamma_{\alpha\beta}^+ U_\alpha$——由相间的质量传递引起的动量传递;

M_α——在相 α 上的相间作用力。

非均相模型的动量方程式只适用于液体相,对于离散相固体颗粒,则需要通过额外的项来表示由固体颗粒冲蚀引起的附加压力。

③非均相模型的连续方程。

$$\frac{\partial}{\partial t}(\gamma_\alpha \rho_\alpha) + \nabla \cdot (\gamma_\alpha \rho_\alpha U_\alpha) = S_{MS\alpha} + \sum_{\beta=1}^{N_P} \Gamma_{\alpha\beta} \qquad (5.2\text{-}3)$$

式中:$S_{MS\alpha}$——质量源项;

$\Gamma_{\alpha\beta}$——相 β 输送到相 α 的单位体积质量流量。

④非均相模型体积分数守恒方程。

$$\sum_\alpha \frac{1}{\rho_\alpha}\left(\frac{\partial}{\partial t}(\gamma_\alpha \rho_\alpha) + \nabla \cdot (\gamma_\alpha \rho_\alpha U_\alpha)\right) = \sum_\alpha \frac{1}{\rho_\alpha}\left(S_{MS\alpha} + \sum_{\beta=1}^{N_P} \Gamma_{\alpha\beta}\right) \qquad (5.2\text{-}4)$$

⑤非均相模型压力约束方程:

完整的流体力学方程式有 U_α、V_α、W_α、γ_α、P_α 5 个未知数(N_p),并用 $4N_P + 1$ 个方程进行表示,因此需要超过 $N_P - 1$ 个方程进行闭合运算。这些方程通过对方程中的压力约束条件计算得到,压力方程中各相之间的压力场共享。

$$P_\alpha = P \quad \alpha = 1, \cdots, N_P \tag{5.2-5}$$

当研究固液两相流时,需考虑固相和液相之间的相间力,因此在固液两相模拟中,非均相模型更合理。

⑥非均相模型的动量传输方程。

在非均相模型中,相间有动量传递,两个相之间的相间力可以通过几个独立的物理因素组合得到。

$$M_{\alpha\beta} = M_{\alpha\beta}^D + M_{\alpha\beta}^L + M_{\alpha\beta}^{LUB} + M_{\alpha\beta}^{VM} + M_{\alpha\beta}^{TD} + M_s \tag{5.2-6}$$

式中:M_s——曳力;

$M_{\alpha\beta}^{TD}$——升力;

$M_{\alpha\beta}^{VM}$——壁面润滑力;

$M_{\alpha\beta}^{LUB}$——虚拟质量力;

$M_{\alpha\beta}^{L}$——湍流耗散力;

$M_{\alpha\beta}^{D}$——固体压力。

在渣浆泵固液两相流计算中,主要考虑曳力和湍流耗散力。

曳力是流体运动过程中颗粒间最重要的作用力。在低马赫数流动中,颗粒对流动的流体会产生一定的阻力。该阻力可分为两部分:一部分是黏性表面的剪应力,称为表面摩擦;另一部分是颗粒附近的压力,称为形状阻力。总曳力通常用无量纲阻力系数 C_D 表示。对雷诺数为 0.1~1000 的固体颗粒,其曳力系数与雷诺数有关,需通过试验数据获得。

国外提出了几种阻力系数的经验公式:

①Schiller Naumann 阻力模型。

一般应用于体积浓度较低的固液两相流流动中,其公式如下。

$$C_D = \frac{24}{Re}(1 + 0.15Re^{0.687}) \tag{5.2-7}$$

②Wen-Yu 阻力模型。

适用于固相体积浓度小于 20% 的两相流流动中,其公式如下。

$$C_D = \frac{24}{\alpha_f Re}(1 + 0.15(\alpha_f e)^{0.687}) \tag{5.2-8}$$

式中:α_f——指液相体积浓度。

③Gidaspow 阻力模型。

$$\begin{cases} C_D = \dfrac{24}{\alpha_f Re}(1 + 0.15(\alpha_f Re)^{0.687}) \\ C_{ab}^{(d)} = 150\dfrac{(1-\alpha_f)^2 \mu_f}{\gamma_f d_s^2} + \dfrac{7}{4}\dfrac{(1-\alpha_f)\rho_f |U_f - U_d|}{d_s^2} \end{cases} \tag{5.2-9}$$

这个模型是 Went-Yugoslav 模型与 Ergun 模型的结合，Wen-Yu 模型应用于固相体积浓度(α_s)小于 20%，Ergun 模型一般适用于体积浓度大于 20% 的情况。

2）欧拉—拉格朗日法

在欧拉—拉格朗日法中，通过欧拉法计算被视为连续相的流体，通过拉格朗日法来研究被视为离散相的颗粒。在两相流流动中，连续相和颗粒相之间存在质量、动量和能量的交换。欧拉—拉格朗日法一般应用于固相浓度较低的模拟计算中，且每个颗粒的运动轨迹是单独计算，其轨迹计算被安排在液相的间隙计算中进行。该模型的基本假设是：粒子呈球形，颗粒的局部特征是平均颗粒通过每个特定控制体的轨迹计算得到的，因为不可能去跟踪每个颗粒的轨迹。相间耦合有两种，一种是单相耦合，该过程忽略颗粒对流场的作用，只考虑流体对颗粒运动轨迹和参数影响；另一种是双向耦合，要考虑两者之间的相互影响。

在欧拉—拉格朗日法中应用最广泛的是离散相模型，该模型要求流体为稳定且不可压缩的。描述流场的雷诺时均方程和 k-ε 方程可以写成一个通用形式为

$$\frac{\partial}{\partial x}(\rho u \varphi) + \frac{1}{r}\frac{\partial}{\partial r}(r p v \varphi) = \frac{\partial}{\partial x}\left(\Gamma_\varphi \frac{\partial \varphi}{\partial x}\right) + \frac{1}{r}\frac{\partial}{\partial r}\left(r \Gamma_\varphi \frac{\partial \varphi}{\partial r}\right) + S_\varphi \quad (5.2\text{-}10)$$

当 $\varphi = u$ 时：

$$S_\varphi = -\frac{\partial p}{\partial x} + \frac{\partial}{\partial x}\left(\mu_\varepsilon \frac{\partial u}{\partial x}\right) + \frac{1}{r}\frac{\partial}{\partial r}\left(r \mu_\varepsilon \frac{\partial v}{\partial x}\right) \quad (5.2\text{-}11)$$

$$\Gamma_\varphi = \mu + \mu_t \quad (5.2\text{-}12)$$

当 $\varphi = v$ 时，Γ_φ 与式(5.2-12)相同。

$$S_\varphi = -\frac{p v \omega}{r} - \mu_e \frac{\omega}{r^2} - \frac{\omega}{r}\frac{\partial}{\partial r}(r \mu_e) \quad (5.2\text{-}13)$$

式中：v——径向动量。

当 $\varphi = \omega$ 时，Γ_φ 与式(5.2-12)相同。

$$S_\varphi = -\frac{p v \omega}{r} - \mu_e \frac{\omega}{r^2} - \frac{\omega}{r}\frac{\partial}{\partial r}(r \mu_e) \quad (5.2\text{-}14)$$

式中：ω——切向动量。

当 $\varphi = k$ 时：

$$\Gamma_\varphi = \mu + \frac{\mu_t}{\sigma_k} \quad (5.2\text{-}15)$$

$$S_\varphi = G - \rho \varepsilon \quad (5.2\text{-}16)$$

式中：k——湍流动能。

当 $\varphi = \varepsilon$ 时，Γ_φ 与式(5.2-15)相同。

$$S_\varphi = \frac{\varepsilon}{k}(c_1 f_1 G - c_2 f_2 \rho \varepsilon) \quad (5.2\text{-}17)$$

式中:ε——湍动能耗散率。

本书模拟中的渣浆泵固相颗粒呈球形,颗粒粒径大小相等,泵内颗粒的运动方程为

$$\frac{\mathrm{d}\tilde{u}_{pi}}{\mathrm{d}t} = \frac{\tilde{u}_i - \tilde{u}_{pi}}{\tau_p} + (1 - \frac{\rho}{\rho_p})g_i + \frac{\rho}{2\rho_p}\frac{\mathrm{d}}{\mathrm{d}t}(\tilde{u}_i - \tilde{u}_{pi})$$
$$+ \frac{3.0844}{\rho_p d_p}\sqrt{\rho\mu}(\tilde{u}_j - \tilde{u}_{pj})\frac{\partial\tilde{u}_j}{\partial x_k}(\left|\frac{\partial\tilde{u}_j}{\partial\tilde{x}_k}\right|)\frac{1}{2}(1 - \delta_{kj})\delta_{kj} \quad (5.2\text{-}18)$$

$$\tau_p = \frac{4d_p\rho_p}{3\rho C_D|\vec{\tilde{u}} - \vec{\tilde{u}}_p|} \quad (5.2\text{-}19)$$

$$\begin{cases} \dfrac{24}{Re_p} & (Re_p < 1) \\[2mm] \dfrac{24}{Re_p}(1 + 0.15\times Re_p^{0.687}) & (1\leqslant Re_p \leqslant 1000) \\[2mm] 0.44 & (Re_p > 1000) \end{cases} \quad (5.2\text{-}20)$$

式中:τ_p——颗粒的定性时间。

3)拉格朗日—拉格朗日法

拉格朗日—拉格朗日法是一种无网格计算方法,目前使用最广泛的是光滑粒子动力学。该方法将连续相分离为一组相互作用的粒子,每个粒子携带与介质有关的物理性质(如速度、密度、温度等)。通过颗粒间的相互作用描述流体的复杂流动规律。无网格方法在冲击爆炸、天体物理和流体力学中有着广泛的应用。然而,该算法的准确性存在局限性。目前,仅适用于简单的结构,不适用于旋转机械。

(2)FINNIE 模型

FINNIE 模型是一种基于冲蚀理论的磨损预估模型,它假设磨损是由颗粒对材料表面的微切削作用引起的。该模型认为,当颗粒冲击材料表面时,只有在一定的冲击角度范围内,颗粒才会对材料表面产生有效的切削作用,导致材料磨损。

FINNIE 模型的基本表达式为

$$E = \frac{1}{2}\frac{m_p v_p^2}{H}\sin^2\theta\cos\theta \quad (5.2\text{-}21)$$

式中:E——单位面积上的磨损量;

$\quad m_p$——颗粒质量;

$\quad v_p$——颗粒冲击速度;

$\quad H$——材料的硬度;

$\quad \theta$——颗粒冲击角度。

该模型表明,磨损量与颗粒的动能、冲击角度及材料硬度密切相关。颗粒的动能

越大,磨损量越大;在特定的冲击角度下,磨损量达到最大值。

然而,FINNIE模型也存在一定的局限性。它仅考虑了颗粒的微切削作用,忽略了其他磨损机制(如塑性变形、疲劳磨损等)。该模型假设颗粒为刚性球体,且冲击过程中不发生破碎和变形,这与实际情况存在一定差异。在实际的固液两相流中,颗粒的形状、硬度分布及颗粒之间的相互作用等因素都会对磨损过程产生影响,因此FINNIE模型在预测复杂工况下的磨损时,可能存在较大的误差。尽管如此,FINNIE模型为磨损预估提供了一种简单直观的思路,在一些初步的磨损分析和工程应用中仍具有一定的参考价值。

5.2.1.2 陶瓷渣浆泵磨损机理及影响因素

(1)陶瓷渣浆泵磨损机理

1)冲蚀磨损

冲蚀磨损是陶瓷渣浆泵过流部件最主要的磨损形式之一,其过程是高速运动的固体颗粒持续冲击陶瓷表面,导致陶瓷材料逐渐损耗。根据颗粒冲击角度和能量的不同,冲蚀磨损可分为不同的类型。

当颗粒以较小的冲击角度(通常小于15°)冲击陶瓷表面时,颗粒在表面产生滑动或滚动,类似于刀具的微切削作用,使陶瓷表面形成微小的沟槽和划痕。随着时间的推移,这些微小的损伤不断累积,导致陶瓷表面材料逐渐被剥离。当冲击角度较大(大于15°)时,颗粒的冲击能量主要使陶瓷表面发生塑性变形。在多次冲击作用下,陶瓷表面的塑性变形区域不断扩大,形成凹坑;当凹坑深度达到一定程度时,材料会发生剥落,造成严重的磨损。

冲蚀磨损的速率不仅与颗粒的冲击角度和速度有关,还与颗粒的硬度、形状及陶瓷材料的性能密切相关。硬度较高的颗粒在冲击陶瓷表面时,更容易产生微切削和塑性变形,加剧磨损。形状不规则的颗粒(如片状、针状颗粒),在冲击时会形成局部的应力集中,导致陶瓷表面更容易受损。

2)汽蚀磨损

汽蚀磨损是由于在固液两相流中,局部压力降低到液体的汽化压力以下,液体汽化形成气泡。当气泡随着流体运动到高压区域时,会迅速溃灭,产生极高的冲击力,对陶瓷表面造成破坏。汽蚀磨损的过程通常包括气泡的形成、生长和溃灭3个阶段。

在气泡形成阶段,由于流体的流速变化、压力分布不均匀等因素,局部压力降低到液体的汽化压力,液体中的气体或蒸汽逸出形成气泡。随着流体的流动,气泡逐渐长大,其内部压力与周围流体压力达到平衡。当气泡进入高压区域时,气泡内的压力低于周围流体压力,气泡迅速溃灭,产生的冲击力可达数百甚至数千个大气压。这种瞬间产生的高压冲击力会使陶瓷表面产生微小的塑性变形和裂纹。随着汽蚀的持续进行,这些裂纹会不断扩展和连接,最终导致陶瓷材料的剥落。

汽蚀磨损不仅会对陶瓷表面造成机械损伤,还可能引发化学腐蚀。在气泡溃灭的瞬间,会产生局部高温和高压,这可能导致液体中的某些化学物质发生分解和反应,对陶瓷表面产生化学腐蚀作用,进一步加速陶瓷材料的损坏。

3)腐蚀

陶瓷渣浆泵在输送含有腐蚀性介质的渣浆时,陶瓷材料会与渣浆中的化学物质发生化学反应,导致陶瓷表面的结构和性能发生变化,从而引发腐蚀磨损。陶瓷材料的腐蚀过程通常较为复杂,涉及多种化学反应。

在酸性渣浆中,陶瓷材料中的某些成分可能会与酸发生反应,生成可溶性盐类,导致陶瓷表面的材料逐渐溶解。对于氧化铝陶瓷,在酸性环境下,氧化铝会与酸发生反应,生成相应的铝盐和水,使陶瓷表面的氧化铝含量降低,结构变得疏松,降低陶瓷的硬度和耐磨性。在碱性渣浆中,陶瓷材料也可能发生类似的化学反应,破坏陶瓷的晶体结构。

除酸碱腐蚀外,一些具有氧化性的化学物质也可能与陶瓷材料发生氧化反应,在陶瓷表面形成一层氧化膜。这层氧化膜的性质和结构会影响陶瓷材料的进一步腐蚀和磨损。如果氧化膜具有较好的致密性和稳定性,能够在一定程度上阻挡化学物质的进一步侵蚀,减缓腐蚀磨损的速度;但如果氧化膜脆性较大,容易破裂,反而会加速陶瓷材料的损坏。

(2)影响陶瓷渣浆泵磨损因素

1)渣浆特性因素

颗粒浓度对陶瓷材料的磨损速率有着显著的影响规律。一般来说,随着颗粒浓度的增加,磨损速率会呈现出先增大后趋于平缓甚至略有下降的趋势。在低浓度阶段,颗粒浓度的增加意味着更多的颗粒参与对陶瓷表面的冲击和摩擦,磨损速率随之迅速上升。当颗粒浓度达到一定程度后,颗粒间的相互碰撞和干扰加剧,部分颗粒的运动轨迹受到影响,导致其对陶瓷表面的有效冲击次数减少,磨损速率的增长趋势变缓。当颗粒浓度过高时,颗粒形成的团聚体可能起到一定的缓冲作用,在一定程度上降低了单个颗粒对陶瓷表面的冲击能量,导致磨损速率略有下降,但此时整个固液两相流的流动性变差,可能引发堵塞流道等问题。通过大量实验研究和数据分析,可建立颗粒浓度与磨损速率的定量关系模型,以更准确地预测不同颗粒浓度下陶瓷材料的磨损情况。

粒径大小及分布对磨损类型有着决定性的影响。大粒径颗粒具有较大的动量和惯性,在与陶瓷表面碰撞时,往往会产生较大的冲击力,导致陶瓷材料发生塑性变形、剥落等严重磨损,这种磨损以冲蚀磨损为主。大粒径颗粒在冲击陶瓷表面时,可能直接将陶瓷材料表面的部分材料敲落,形成较大的凹坑。而小粒径颗粒虽然单个的冲击能量较小,但数量众多,且更容易在液体中均匀分布,会对陶瓷表面进行持续的微观切削和研磨,引发磨粒磨损,逐渐增加表面粗糙度。若粒径分布不均匀,大粒径颗粒造成的凹坑会成为小粒径颗粒的聚集区,加速该区域磨损,还可能引发疲劳磨损等其他磨损类型。

颗粒形状和硬度对磨损程度起着关键作用。尖锐形状的颗粒(如针状或片状颗粒)在与陶瓷表面接触时,会形成应力集中点,容易使陶瓷材料产生裂纹,从而加剧磨损程度。针状颗粒可能会刺入陶瓷表面,随着颗粒的运动,裂纹会不断扩展。相比之下,球形颗粒的磨损作用相对较弱。颗粒的硬度也直接影响磨损效果,当颗粒硬度大于陶瓷材料硬度时,磨损会更加严重。硬度较高的石英颗粒在渣浆中会对陶瓷表面造成更严重的刮擦和磨损。通过对不同形状和硬度颗粒的磨损实验研究,可以深入了解它们对陶瓷材料磨损的作用机制,为预测和控制磨损提供依据。

渣浆的温度和酸碱度等环境因素对陶瓷材料的磨蚀有着重要影响。温度的变化会影响渣浆的物理性质和化学反应速率。升高温度通常会使渣浆的黏度降低,颗粒的运动速度增加,从而增强颗粒对陶瓷表面的冲击作用,加快磨损速率。温度还可能影响陶瓷材料的力学性能,使其硬度和韧性发生变化。在高温环境下,一些陶瓷材料的硬度会降低,更容易受到磨损。酸碱度对陶瓷材料的腐蚀磨损有着显著影响。酸性渣浆会与陶瓷材料中的某些成分发生化学反应,导致陶瓷表面的结构被破坏,降低其抗磨性能。碱性渣浆也可能对陶瓷材料产生腐蚀作用,改变其表面性质,进而影响磨损过程。在不同酸碱度的渣浆环境中进行陶瓷材料的磨蚀实验,可以研究酸碱度对磨损的具体影响规律,为选择合适的陶瓷材料和防护措施提供参考。

2)泵运行参数因素

泵转速是影响固液两相流速度及陶瓷材料磨损的重要运行参数。泵转速的增加会使叶轮的旋转速度加快,从而提高固液两相流的整体速度。根据动能定理,颗粒的动能与速度的平方成正比,因此颗粒的冲击能量会随着转速的增加而显著增大。当泵转速提高时,颗粒以更高的速度撞击陶瓷表面,更容易导致陶瓷材料发生塑性变形、裂纹扩展等损伤,磨损速率明显上升。过高的转速还可能引发其他问题,如泵的振动加剧、噪声增大等,进一步影响泵的稳定性和陶瓷材料的使用寿命。通过实验和理论分析,可以建立泵转速与磨损速率之间的关系模型,为合理选择陶瓷渣浆泵转速提供依据。

流量变化与陶瓷材料的磨损区域和程度有着密切的关联。当流量增加时,固液两相流在陶瓷渣浆泵内的流速增大,颗粒的冲击频率和能量也会相应增加,导致陶瓷材料的磨损加剧。不同的流量工况下，磨损区域也会有所不同。在低流量工况下，由于流体的流速较低，颗粒容易在泵的某些局部区域沉积，如叶轮的进口、蜗壳的角落等，这些区域的磨损会相对严重。而在高流量工况下，虽然颗粒的沉积现象减少，但高速流动的颗粒会对整个过流部件的陶瓷表面产生更强烈的冲刷作用，使得磨损区域更加广泛，磨损程度也更严重。通过对不同流量工况下泵内流场的模拟和实验研究，可以清晰地了解磨损区域和程度的变化规律，为优化泵的结构设计和运行参数提供指导。

扬程对陶瓷材料的受力及磨损有着不可忽视的影响。扬程的增加意味着泵需要对固液两相流施加更大的压力，这会导致陶瓷材料所承受的压力和应力分布发生变化。在高扬程工况下，陶瓷材料不仅要承受颗粒的冲击和摩擦，还要承受更大的流体压力。这种高压环境会使陶瓷材料内部的应力集中更加严重，增加裂纹萌生和扩展的风险，从而加剧磨损。高扬程工况下，固液两相流的速度和能量也会相应增加，进一步加大了对陶瓷表面的磨损作用。通过有限元分析等方法，可以模拟不同扬程下陶瓷材料的受力情况，结合磨损实验，研究扬程对磨损的影响规律，为在不同扬程要求下选择合适的陶瓷材料和泵结构提供参考。

3）陶瓷材料自身因素

陶瓷材料的成分和配比直接关系到其抗磨性能。不同成分赋予陶瓷材料不同的特性，例如，在氧化铝陶瓷中，氧化铝的含量对硬度和韧性有重要影响。高纯度氧化铝陶瓷虽具有更高的硬度和更好的抗磨性能，但韧性相对较低。在实际应用中，为提高陶瓷材料的综合性能，常添加其他元素或化合物进行改性。添加氧化钇可以提高氧化铝陶瓷的韧性，通过改变材料的微观结构，抑制裂纹的扩展，从而在一定程度上提高其抗磨性能。对于碳化硅陶瓷，碳化硅的纯度和晶体结构也会影响其抗磨性能。通过优化材料成分和配比，可在硬度、韧性、耐腐蚀性等性能间找到一个平衡点，满足不同工况下对陶瓷材料抗磨性能的要求。

制造工艺对陶瓷材料的磨蚀性能有着重要影响。烧结工艺是陶瓷材料制备过程中的关键环节，烧结温度、时间和气氛等参数会影响陶瓷材料的微观结构和性能。适当提高烧结温度并延长烧结时间，可使陶瓷材料的晶粒更加致密、气孔率降低，从而提高材料的硬度和强度，增强其抗磨性能。但过高的烧结温度和过长的烧结时间可能会导致晶粒长大、降低材料的韧性，反而不利于抗磨。加工精度也会影响陶瓷材料的表面质量，表面粗糙度低的陶瓷材料在固液两相流中受到的磨损相对较小。在加工过程中，采用先进的加工工艺（如精密磨削、抛光等）可降低陶瓷材料的表面粗糙度，减少颗粒在表面的附着和磨损。

表面处理技术是提升陶瓷材料抗磨性的有效手段。常见的表面处理技术包括涂层、渗氮、渗碳等。涂层技术可以在陶瓷材料表面形成一层具有特殊性能的保护膜，如采用热喷涂技术在陶瓷表面喷涂一层耐磨的金属陶瓷涂层，该涂层具有高硬度、良好的耐腐蚀性和抗热震性能，能有效阻挡颗粒的冲击和腐蚀，降低陶瓷材料的磨损速率。渗氮、渗碳等技术可以改变陶瓷材料表面的化学成分与组织结构，提高表面硬度和耐磨性。通过表面处理技术，可在不改变陶瓷材料整体性能的前提下，显著提升表面的抗磨性能，延长陶瓷材料的使用寿命。

5.2.2 陶瓷渣浆泵叶轮叶片的磨损

5.2.2.1 叶轮磨损规律及形貌

（1）叶轮磨损规律

1）基于颗粒特性的磨损分布

在陶瓷渣浆泵运转时，浆体裹挟着大小各异的固体颗粒涌入叶轮。大颗粒凭借较大的惯性力，进入泵体后缺乏类似液体质点的预旋。在叶轮旋转作用下，它们以不同的冲角猛烈冲击叶片入口边，部分颗粒甚至被挤到叶片背面。由于大颗粒离心力大，其运动曲率与叶片圆周曲率差异显著，在叶道内引发激烈撞击。叶片从入口直至出口，都会遭受大颗粒的严重磨损，同时叶片背面也难以幸免。

与之不同，小颗粒惯性力小，进入泵体时存在一定预旋，且转向与叶轮一致，因而对叶片入口边的冲击速度小，磨损程度轻。在流道中，小颗粒所受离心力较小，运动轨迹紧密贴合叶片工作面，其运动曲率与叶片圆周曲率相近。但在流出叶道口时，小颗粒虽径向速度和液流角小，却会持续冲刷叶片工作面与出口边，其中出口边所受磨损更为突出。总体而言，固体颗粒对叶片的磨损呈现出从叶片前缘逐步向后缘靠近的趋势，后缘磨损程度甚于前缘；且叶片工作面因频繁遭受颗粒摩擦与撞击，磨损程度远超叶片背面。

2）工况因素引发的磨损差异

流量对叶轮磨损的影响明显。小流量工况下，叶轮进口处流体速度低，固体颗粒动能小，但颗粒易在此堆积，致使进口区域磨损集中。同时，小流量时叶轮内部流动紊乱，涡流与回流增多，颗粒与叶片碰撞次数和冲击强度剧增，加剧整体磨损。大流量工况下，流体速度大幅提升，固体颗粒动能增大，对叶片冲击作用显著增强。此外，随着流量增大，蜗壳壁面固相体积分数较大区域会从靠近前盖板一侧逐渐转移至靠近后盖板一侧，致使蜗壳靠近后盖板一侧的磨损率高于前盖板。

泵的转速与叶轮磨损也紧密相关。泵叶轮叶片的磨损强度与泵速呈五次方关系，转速越高，颗粒获得的动能越大，对叶轮冲击越剧烈，磨损也就越快。因此，在渣浆泵设计中,尤其是输送高浓度固体物料时,应尽可能选用较低的转速。

（2）叶轮磨损形貌

1）叶片整体磨损特征

历经不同工况运行后,陶瓷渣浆泵叶轮叶片的磨损形貌呈现多样化特征。小流量工况运行后,与叶轮后盖相邻的叶片入口边常出现特殊的月牙形严重磨损区域。这是由于小流量时颗粒在进口处堆积,对该部位的冲击频率和强度极高。未磨损的叶片工作面通常平滑且具金属光泽,而叶片背面的磨损表面则布满深长槽沟,这些槽沟沿表面平行延伸并与叶轮前盖板相连,这是由颗粒在叶片背面独特的运动轨迹和受力状况所致。

大流量工况运行后,叶片工作面出口边磨损严重,磨损区域呈现出明显的冲刷痕迹,材料表面可能出现剥落、变薄等现象。叶片整体可能发生变形,原本规则的叶型发生改变,影响泵内流体的正常流动。

2）微观磨损形貌细节

在微观层面,磨损表面可见大量划痕与凹坑。划痕是固体颗粒在高速冲刷下,对叶片表面进行切削、犁削留下的痕迹,其方向与颗粒运动方向相关。凹坑则是颗粒冲击导致叶片表面材料局部脱落而形成。对于遭受磨耗腐蚀的叶片,其表面会呈现出方向性明显的花纹,如槽、沟、波纹及山谷形。在强腐蚀性介质与固体颗粒共存的环境中,这种特征尤为显著。这些微观磨损形貌进一步削弱了叶片的结构强度与表面性能,加速了叶轮的失效进程。

5.2.2.2　叶轮几何参数与磨损之间的关系

（1）叶片进出口角与磨损的关联

叶片进口角的大小对磨损强度有着显著的影响。当进口角设计不合理时,磨粒随液流抵达叶轮进口处后,其运动方向从轴向向径向转变的过程会受到干扰。由于惯性和离心力的共同作用,颗粒极易在靠近后盖板处聚集,并与叶片头部发生强烈碰撞。在实际应用中,若进口角过小,会使得颗粒进入流道时的冲击角度过大,导致叶片头部靠近后盖板的区域承受极高的冲击载荷,磨损速率急剧上升,出现严重磨损。而适当增大进口角,能在一定程度上改善颗粒进入叶片流道的流动状态,减少颗粒在进口处的堆积,降低对叶片头部的冲击频率与强度,从而减轻磨损。相关实验表明,在其他条件不变的情况下,将进口角从 $30°$ 增大至 $35°$,叶片头部的磨损量可降低约 20%。但需注意,进口角并非越大越好,过大的进口角可能引发液流在进口处的流动紊乱,导致能量损失增加,同时也可能引发新的磨损问题,如叶片进口另一侧因紊流冲击造成的磨损。

叶片出口角虽然对磨损强度的整体影响小于进口角,但对局部磨损程度有着关键作用。当出口角过小时,颗粒流出叶片时的速度方向与理想流动方向偏差较大,导致颗粒对叶片出口边缘产生强烈冲击,使磨损集中在叶片出口段,出口边缘极易出现锯齿状磨损形貌,严重影响叶片使用寿命。当出口角过大时,叶片工作面上的颗粒运动轨迹显著变长,颗粒与叶片表面的摩擦时间大幅增加,导致沿叶片压力面出现严重磨损,且磨损范围会扩大至叶片中部甚至进口区域。这是因为过大的出口角改变了颗粒在叶片出口处的流动特性,加剧了颗粒在叶片表面的滑动摩擦,使材料逐渐被磨损去除。在输送含大颗粒浆体的渣浆泵设计中,适当加大叶片出口角可减少颗粒与叶片出口的磨损,延长叶轮使用寿命;而在输送细小颗粒浆体时,适当减小出口角更为合适。

(2)叶片包角与磨损的联系

叶片包角在陶瓷渣浆泵叶轮的磨损过程中起着关键角色,直接决定了颗粒在叶片表面的运动路径长度。当包角较大时,颗粒在流道内的滞留时间显著延长。这是因为较长的包角使得颗粒需要更长时间从叶片进口移动至出口,在此期间,颗粒与叶片表面频繁接触,摩擦次数大幅增加。例如,在叶片工作面上,随着颗粒的反复滑动摩擦,会逐渐出现渐进性划痕,这些划痕随时间的推移不断增多、加深,从而使摩擦磨损区域不断扩大。

与此同时,包角增大还可能引发更复杂的流动现象。颗粒在流道内更易发生多次碰撞或回流。颗粒间的碰撞及颗粒与叶片的反复撞击,会使冲击能量不断累积。这种累积能量会在局部区域释放,如在叶片出口边缘,易形成高强度冲击磨损,表现为凹坑。

反之,若包角过小,同样会带来严重问题。在进口区域,过小的包角无法有效引导颗粒平稳进入流道,导致进口处流动紊乱,进而形成涡流。这些涡流会引发颗粒间的二次冲击,加剧进口区域的磨损。在出口处,包角过小会使流体难以顺利附着在叶片上,易发生流体分离现象,这种分离可能诱发空化磨损,对叶轮造成极大的损害。

(3)叶片数与磨损的关系

叶片数对陶瓷渣浆泵叶轮磨损的影响较为复杂,呈现出双面性。一方面,增加叶片数会使叶片总表面积增大,这意味着颗粒与叶片的碰撞机会增多。从理论上讲,碰撞次数增加会使叶轮整体的磨损量上升。另一方面,叶片数增多会使流道变窄,对水流和颗粒的运动轨迹产生更强的约束作用。这种约束在一定程度上限制了颗粒的运动范围,使颗粒在流道内的运动更加有序,减少了颗粒对叶片的无序冲击,进而减轻颗粒对叶轮的磨损。

在实际应用中,需综合考虑各种因素确定合适的叶片数。例如,输送高浓度、大颗粒浆体时,若单纯增加叶片数,可能因颗粒碰撞过于频繁而加剧磨损;但对于流量和扬程要求较高且颗粒浓度相对较低的工况,适当增加叶片数既能提高泵性能,又能通过约束流道内的流动来控制磨损。因此,只有根据具体工作条件合理选择叶片数,才能在保证泵的性能的同时,有效降低叶轮的磨损程度。

(4)叶轮直径与磨损的关系

叶轮直径的大小决定了叶轮的圆周速度,而圆周速度直接影响颗粒的运动速度和冲击能量。在其他条件不变的情况下,叶轮直径越大,圆周速度越高,颗粒获得的动能就越大,对叶轮的冲击越剧烈,磨损自然加剧。实际应用中,若为提高泵的扬程和流量而盲目增大叶轮直径,可能导致叶轮磨损过快,缩短泵的使用寿命。因此,在选择叶轮直径时,需在满足泵性能要求的前提下,充分考虑磨损因素,寻求两者的最佳平衡点。

5.2.3 陶瓷渣浆泵压水室的磨损

5.2.3.1 压水室磨损规律及形貌

(1)压水室磨损规律

1)基于颗粒运动的磨损分布

固液混合物进入压水室后,颗粒运动受离心力、惯性力和液流曳力的综合作用,导致磨损呈现非均匀分布。在蜗壳式压水室中,隔舌区和第八断面附近通常是磨损最为严重的区域。隔舌作为叶轮出口与压水室的交界区域,承受高速颗粒的直接冲击,磨损率可达其他区域的 3~5 倍。大颗粒由于惯性大,进入压水室后沿切线方向冲击隔舌,形成局部高应力区;细颗粒则因跟随性强,在蜗壳壁面形成均匀磨损。

实验研究表明,压水室磨损量与颗粒粒径呈非线性关系。当粒径超过临界值时,磨损速率显著增加。这是因为大颗粒冲击能量更高,且容易引发材料疲劳破坏。此外,固相体积浓度对磨损的影响呈现"缓冲效应":当浓度超过 20% 时,颗粒间的相互碰撞削弱了对壁面的冲击强度,磨损增速减缓。

2)工况参数对磨损的影响

流量对压水室磨损的影响较为显著。在小流量工况下,叶轮出口液流速度较低,固体颗粒动能较小,但此时液流在压水室内的流动状态不稳定,易形成涡流和回流。这些涡流和回流会使固体颗粒在压水室内反复循环,增加颗粒与壁面的碰撞次数。在蜗壳式压水室中,小流量时蜗壳内的流体可能出现倒流现象,使得隔舌和靠近隔舌的蜗壳壁面受到颗粒的反复冲击,磨损速度加快。相关试验显示,当流量降至 $0.7Q$

时,隔舌磨损量占总磨损量的 45%。在大流量工况下,叶轮出口液流速度较大,固体颗粒获得较高动能,对压水室壁面的冲击更为强烈。此时,磨损主要集中在液流直接冲击的区域,如蜗壳的喉部及靠近喉部的壁面。此外,大流量工况下,压水室内流速较高,液体的冲刷作用增强,也会加速壁面的磨损。

陶瓷渣浆泵的转速与压水室磨损强度呈指数关系。当叶轮转速从 900r/min 增至 1100r/min 时,压水室磨损量增加 2.3 倍。这是因为转速升高会使颗粒的冲击速度增大,而冲击能量与速度的平方成正比,从而大幅增强了颗粒对压水室壁面的冲击破坏力。

颗粒的硬度、形状等特性对压水室磨损也有重要影响。当颗粒硬度超过压水室材料硬度的 1.25 倍时,磨损率急剧上升。例如,石英砂对铸铁压水室的磨损速率比煤粉高 5～8 倍。这是因为硬质颗粒在冲击和摩擦压水室壁面时,更容易切入材料表面,造成材料剥落和磨损。

颗粒形状也会影响磨损程度。棱角状颗粒相较于球形颗粒,具有更尖锐的棱角,在冲击和摩擦压水室壁面时,更容易嵌入材料表面并产生犁削作用,从而加剧壁面磨损。研究表明,棱角状颗粒的磨损率比球形颗粒高 30%～50%。

(2)压水室磨损形貌

1)宏观磨损形貌特征

隔舌区是压水室中磨损最为严重的区域之一,其表面呈现出方向性明显的沟槽和鱼鳞状凹坑。这是由于高速颗粒沿切线方向对隔舌进行冲击,形成连续切削作用所致。当颗粒粒径较大时,可能会造成隔舌边缘崩裂,进一步加剧隔舌磨损。实际运行中,隔舌表面的沟槽深度可达 5mm,严重影响压水室性能。因为隔舌处的磨损会导致液流在此处的流动阻力增大,从而降低泵的效率、增加能耗,还可能引起泵的振动和噪声增大。

在不同的流量工况下,蜗壳壁面的磨损形貌有所不同:

①在小流量工况下,蜗壳前盖板附近会出现带状磨损区,宽度约占蜗壳周长的 1/4。这是因为小流量时,液流在蜗壳内的流动状态不稳定,涡流和回流主要集中在前盖板附近,使得该区域颗粒与壁面的碰撞次数增加,从而形成带状磨损。这种磨损会破坏蜗壳内的流场分布,导致泵的扬程和效率下降。

②在大流量工况下,蜗壳后盖板区域会形成波纹状磨损带,波纹间距与颗粒粒径相关。大流量时,高速液流携带颗粒直接冲击后盖板,由于颗粒的冲击和摩擦作用,在壁面上形成了规律性的波纹状磨损形貌。波纹状磨损会使蜗壳壁面变得粗糙,增大液流阻力,降低泵的水力性能。

③排出口附近呈现出斜纹状磨损,纹路方向与液流方向一致。当颗粒浓度超过

30%时,斜纹深度可达 3mm。这是由于排出口处液流速度较高,颗粒在高速液流的带动下,对排出口壁面产生强烈的冲刷和摩擦作用,从而形成斜纹状磨损。排出口的磨损会影响泵的排水效果,导致排水不畅,甚至出现泄漏等问题,影响整个输送系统的正常运行。

2)微观磨损机制与形貌

切削磨损是压水室微观磨损的主要机制之一。硬质颗粒在高速冲击下犁削压水室材料表面,形成方向性划痕。通过扫描电镜(SEM)观察,可以看到这些划痕呈现出平行排列的特征,其方向与颗粒的运动方向一致。划痕的深度和宽度与颗粒硬度、粒径和冲击速度有关。例如,硬度较高的石英砂颗粒在高速冲击下会在陶瓷材料表面形成较深且宽的划痕,而煤粉颗粒形成的划痕则相对较浅较窄。切削磨损会使材料表面的粗糙度增加,降低材料的抗磨损性能,同时影响压水室内流场分布,增加能量损失。

在长期的颗粒冲击作用下,压水室材料表面产生交变应力,导致疲劳裂纹萌生与扩展。微观观察发现,疲劳裂纹起源于材料表面缺陷或应力集中处(如划痕、凹坑等)。随着裂纹扩展连接,材料表面出现小块剥落,形成麻点状凹坑。疲劳磨损速率与颗粒冲击频率、能量及材料疲劳性能有关。例如,在高转速、高颗粒浓度的工况下,材料受冲击频率和能量较高,疲劳磨损的速度会加快。疲劳磨损会逐步削弱材料强度和韧性,最终导致材料失效。

当渣浆中含腐蚀性介质时,压水室材料同时受化学腐蚀和颗粒磨损作用(即腐蚀磨损)。在微观层面,腐蚀作用使材料表面形成腐蚀产物层,而颗粒冲刷不断去除这些腐蚀产物,使新鲜材料暴露在腐蚀介质中,从而加速腐蚀过程。腐蚀磨损形貌表现为材料表面的局部腐蚀坑和疏松的腐蚀产物层。腐蚀磨损会显著降低材料的厚度和强度,缩短压水室的使用寿命。

5.2.3.2 压水室几何参数与磨损之间的关系

(1)蜗壳扩散角

蜗壳扩散角即蜗壳截面扩张角度,直接影响液流在压水室内的速度分布及颗粒的冲击方向,对磨损分布有着显著作用。相关数值模拟研究表明,当扩散角从 8°增至 12°时,蜗壳喉部速度降低 18%,磨损集中区从隔舌向均匀分布转变,同时固相体积分数峰值下降 22%,磨损量减少 35%。这是因为扩散角的改变会调整液流在蜗壳内的流动路径和速度大小。较小的扩散角会使蜗壳内液流流速变化较为剧烈,导致颗粒在隔舌附近集中冲击,加剧隔舌的磨损;而适当增大扩散角,能使液流更均匀扩散,降低颗粒对局部区域的集中冲击,从而减少磨损。

实验验证显示,最佳扩散角为 $10°\sim15°$。当扩散角小于 $10°$ 时,液流扩散不充分,蜗壳内形成较大速度梯度,使得颗粒在某些区域的冲击能量过大,造成局部磨损加剧;当扩散角大于 $15°$ 时,蜗壳内的流动容易出现分离现象并产生涡流,反而增加颗粒与壁面的碰撞次数,使磨损增大。

(2)隔舌间隙

隔舌与叶轮外径的间隙(c)对压水室磨损影响显著。当 c 小于 $0.05D_2$(D_2 为叶轮直径)时,颗粒冲击频率增加,隔舌磨损量上升 50%。这是因为较小的间隙使颗粒离开叶轮后更容易直接冲击隔舌,增加了隔舌的磨损风险。而当 c 大于 $0.1D_2$ 时,液流分离加剧,导致蜗壳后段磨损增加 25%。过大的间隙会使液流在隔舌附近形成较大回流区域,颗粒在回流中不断冲击蜗壳后段壁面,从而加剧该区域的磨损。

(3)蜗壳壁厚

蜗壳壁厚(t)的设计需综合考虑强度与磨损之间的关系。过薄的壁厚(t 小于 $8mm$)会导致抗冲击能力不足,在颗粒持续冲击下容易发生局部穿孔。例如,在高浓度、大颗粒的渣浆输送工况中,过薄的蜗壳壁可能在短时间内就被颗粒击穿,影响泵的正常运行。而壁厚过大(t 大于 $15mm$)时,流道粗糙度增加,摩擦磨损增大。较厚的壁面会使流道内液流更加复杂,增加液流与壁面的摩擦阻力,导致颗粒对壁面的摩擦磨损加剧。

实验表明,最佳壁厚为 $10\sim12mm$,在这个壁厚范围内,可使综合磨损率降低 40%。此时,蜗壳既能保证足够强度抵抗颗粒的冲击,又能避免因壁厚过大而增加摩擦磨损,从而实现较好的抗磨损性能。

5.2.4 陶瓷过流件的磨损对泵特性曲线的影响

5.2.4.1 叶轮磨损对特性曲线的影响

(1)对扬程—流量曲线(H—Q)的影响

叶轮磨损主要集中于叶片进口边、工作面及出口边,其几何参数与表面特性的改变直接影响叶轮对液体的做功能力与流动状态。

1)扬程全域性下降

叶片进口边磨损导致边缘变薄、曲率半径减小,实际进口角 β_1 增大,液体进入叶片时的冲击损失增加,入口流场紊乱;出口边磨损使叶片厚度减薄、出口角 β_2 减小,叶轮对液体的离心力做功能力下降,相同流量下扬程降低。从流体力学角度来看,叶片出口速度三角形中圆周分速度 u_2 因 β_2 减小而降低,根据陶瓷渣浆泵扬程基本方程,叶片对液体的理论扬程贡献减少,导致 H—Q 曲线整体下移。

2)曲线斜率与形态变化

磨损后叶片出口角 β_2 减小,扬程曲线斜率绝对值增大,曲线陡峭度增加。在小流量工况下,叶片进口冲角相对较小,扬程下降幅度有限;但在大流量工况下,出口过流面积因叶片减薄而增大,液体滑移速度增加,导致扬程衰减速率加快。严重磨损时,叶片表面型线破坏引发流动分离,可能在低流量区出现局部回流,导致 $H—Q$ 曲线出现异常"驼峰"或波动,反映泵内流场的不稳定。

(2)对效率—流量曲线($\eta—Q$)的影响

叶轮磨损通过多种机制增加流动损失,导致效率特性劣化。

1)最高效率点偏移与峰值降低

叶片表面粗糙度增加,边界层分离加剧,摩擦损失与涡流损失显著增加;同时,叶片进口边与出口边的型线畸变导致冲击损失与泄漏损失上升,使得叶轮与压水室的能量转换效率下降。最高效率点(η_{max})向小流量区移动,且峰值效率降低。理论上,泵的水力效率 η_h 与流动损失成反比,容积效率 η_v 受叶片间隙泄漏影响,二者共同作用导致 η_{max} 下降,降幅通常随磨损程度变化,为 $3\%\sim10\%$。

2)效率全域衰减与高效区缩窄

全流量范围内效率下降,尤其在高流量区,叶片出口过流面积增大导致液体径向速度分量增加,而圆周分速度分量减少,叶轮做功能力与压水室能量转换效率同步下降,使得效率曲线在高流量端衰减更为显著。此外,磨损引发的流场不均性导致高效区范围缩小,原设计高效区(η 不小于 75%)可能从额定流量的 $60\%\sim140\%$ 缩窄至 $80\%\sim120\%$。

(3)对功率—流量曲线($N—Q$)的影响

轴功率 N 与流量 Q、扬程 H、效率 η 的关系为 $N=\dfrac{\rho gQH}{\eta}$。叶轮磨损后,扬程下降幅度通常超过效率下降幅度,导致有效功率(ρgQH)增长受限,而机械损失相对稳定,使得轴功率曲线斜率减小。在小流量工况下,功率随流量增长的趋势基本保持线性;但在大流量工况下,由于扬程快速衰减,轴功率增长趋于平缓,甚至可能出现"平台化"现象。对于高比转速泵,磨损可能导致功率曲线在大流量区出现轻微下降,反映叶轮做功能力的显著衰退。

5.2.4.2 压水室磨损对特性曲线的影响

(1)对扬程—流量曲线($H—Q$)的影响

压水室(蜗壳)磨损集中于隔舌、涡室壁面及扩散管,改变流道几何与流动特性。

1)隔舌磨损引发泄漏与扬程衰减

隔舌与叶轮的间隙因磨损增大,高压液体通过间隙向吸入室泄漏(即"蜗壳泄漏"),实际排出流量 $Q_{实际}＝Q_{理论}-\Delta Q$,导致相同扬程下实际流量减少。同时,隔舌尖端磨损钝化,破坏压水室与叶轮的流动匹配性,液体从叶轮出口进入压水室时的冲击损失增加,压水室将动能转化为压力能的效率下降,进一步导致扬程降低,$H—Q$ 曲线向左下方偏移。

2)涡室与扩散管磨损加剧流动损失

涡室壁面磨损导致表面粗糙度增加,摩擦阻力系数上升,沿程损失增大;扩散管磨损使内壁型线畸变,扩散角不规则变化,流动扩散效果变差,出口动能损失增加。二者共同作用下,压水室的能量回收效率下降,扬程随流量增加的衰减速率加快,$H—Q$ 曲线斜率绝对值增大。

(2)对效率—流量曲线($\eta—Q$)的影响

压水室磨损通过容积效率与水力效率双重机制影响泵的整体效率。

1)容积效率下降

隔舌泄漏量 ΔQ 随磨损程度增加,容积效率 $\eta_v＝Q_{实际}/Q_{理论}$ 降低。对于设计间隙 $\Delta B＝2mm$ 的压水室,重度磨损后间隙增至 $5mm$,容积效率可下降 $5\%～8\%$。

2)水力效率降低

涡室壁面摩擦损失与扩散管动能回收效率下降,导致水力效率 η_h 降低。压水室的水力损失占泵总损失的 $20\%～30\%$,磨损后该占比可升至 $30\%～40\%$,尤其在大流量工况下,压水室流道扩张导致的湍流强度增加,进一步放大水力损失。综合作用下,效率曲线整体下移,最高效率点对应的流量向小工况偏移,且峰值效率降低幅度可达 $5\%～12\%$。

(3)对功率—流量曲线($N—Q$)的影响

压水室磨损对功率特性的影响主要通过流量与扬程的耦合效应体现。

1)小流量工况

隔舌泄漏量较小,压水室流动损失增加有限,轴功率随流量增长的趋势与新泵接近,但因扬程轻微下降,功率值略低于未磨损状态。

2)大流量工况

泄漏量 ΔQ 显著增加,实际排出流量增速放缓,同时扬程快速衰减,有效功率增长受限。此外,压水室流动损失增加导致效率下降,轴功率曲线斜率减小,表现为功率增长趋缓。对于低比转速泵,压水室磨损可能导致功率曲线在额定流量附近出现"拐点",反映压水室能量转换效率的急剧恶化。

叶轮与压水室磨损并非独立作用,二者通过流场耦合对特性曲线产生协同影响:叶轮磨损主导扬程与效率的初始下降,压水室磨损加剧泄漏与流动损失,进一步放大性能衰退。从材料特性来看,陶瓷过流件的磨损表现为表面微切削与晶粒脱落,而非金属材料表现为塑性变形,因此磨损初期特性曲线偏移速率较缓,但长期运行后可能因结构微裂纹扩展导致性能突变。

在工程应用中,特性曲线的系统性偏移可作为过流件磨损的重要诊断依据:H—Q 曲线的持续下移、η—Q 曲线高效区缩窄、N—Q 曲线斜率变化,均提示需检查叶轮与压水室的磨损状态。通过优化过流件结构、采用高韧性陶瓷复合材料,可减缓特性曲线劣化速率,提升陶瓷渣浆泵在含颗粒介质中的运行可靠性。

5.3 陶瓷渣浆泵叶轮的设计

5.3.1 设计理念

传统的渣浆泵叶轮多采用金属材料,如高铬合金等。然而,金属材料在输送含有大量固体颗粒的渣浆时,容易受到磨损,导致叶轮的使用寿命较短,需频繁更换,增加了生产成本和设备维护工作量。相比之下,陶瓷材料具有出色的耐磨性。陶瓷材料的硬度高、化学稳定性好,当固体颗粒经过陶瓷叶轮时,不易对其表面造成磨损。这种特性使得陶瓷叶轮在恶劣的工况下能够保持较长的使用寿命,减少了更换叶轮的频率,降低了生产成本。

在传统的金属叶轮设计中,为了避免固体颗粒在叶轮内停留时间过长导致磨损加剧,通常采用较小的包角设计。但陶瓷材料的耐磨性使得大包角设计成为可能。大包角设计的叶轮能够增加液体在叶轮内的流动路径,提高叶轮对液体的做功能力。当液体和固体颗粒进入叶轮后,大包角的叶片能够更好地引导颗粒的流动,使液体和固体颗粒在叶轮内获得更多的能量,从而提高泵的扬程和效率。此外,大包角设计还可以改善叶轮内的流场分布,减少液体的涡流和二次流,降低能量损失,进一步提高泵的性能。

同时,大包角设计的叶轮还能减少固体颗粒对叶轮出口处的冲击磨损。在传统的小包角叶轮中,固体颗粒在离开叶轮时,由于流动方向的突然改变会对叶轮出口处造成较大冲击,进而导致出口处的磨损加剧。而大包角叶轮能使固体颗粒更平滑地离开叶轮,减少了冲击磨损,延长了叶轮的使用寿命。

在过去,对于强磨损工况,人们普遍认为应该选择额定流量偏小的渣浆泵。这种选型理念的出发点是认为较小的流量可减少固体颗粒对叶轮的冲击和磨损,从而延长叶轮的使用寿命。然而,这种选型方式存在诸多弊端。

首先,在偏小流量下运行的泵效率较低。泵在设计时都有最佳效率点,当泵在偏离最佳效率点的工况下运行时,其效率会显著降低。选择偏小流量的泵会使泵长期运行在低效率区域,导致能源消耗增加,运行成本上升。

其次,为满足生产需求,偏小流量的泵通常需要配备功率较大的电机。这不仅增加了设备的采购成本,还使电机在运行过程中产生更多的热量,增加了电机故障的风险,同时也增加了设备的维护成本。

随着选矿技术装备的进步,浆体中固体粒径变得越来越小,使得渣浆泵的运行工况发生变化,也促使选型理念发生转变。目前,最佳的工况点推荐在最高效率点附近。

在这种选型理念下,泵能在高效区域运行,大幅提高了能源利用效率,降低了运行成本。同时,由于泵在最高效率点附近运行,其性能更加稳定,降低了设备故障率及设备维护成本。

5.3.2 陶瓷渣浆泵叶轮主要结构要素及作用

5.3.2.1 开式叶轮

开式叶轮的结构形式较为独特(图 5.3-1),主要应用于无轴封结构的立式液下陶瓷渣浆泵。这种叶轮由前叶片(A)和后叶片(B)组成,前叶片是主工作叶片,承担着将机械能传递给浆体的主要任务,而后叶片作为副工作叶片,起着至关重要的辅助作用。在泵的运行过程中,后叶片能够有效阻止液体从叶轮轮毂处的间隙(C)向泵体外倒流。当叶轮高速旋转时,浆体在离心力的作用下被甩向叶轮外缘,如果没有后叶片的阻挡,部分液体会

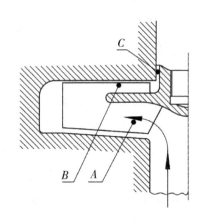

图 5.3-1 开式叶轮的结构形式

从轮毂间隙倒流回泵体外部,这不仅会造成陶瓷渣浆泵的容积损失,还会降低陶瓷渣浆泵的扬程和效率。后叶片通过自身的结构设计,改变了液体的流动路径,使液体更有效地参与能量转换过程,从而保证了陶瓷渣浆泵的正常工作性能。

开式叶轮适用于低转速、低扬程的陶瓷渣浆泵。在这样的工况下,陶瓷渣浆泵所面临的压力和流速相对较低,开式叶轮能够在保证一定输送能力的同时,凭借其简单的结构和良好的通过性,有效减少固体颗粒对叶轮的堵塞和磨损,从而获得较好的可靠性和使用寿命。在一些小型矿山的尾矿输送系统中,采用开式叶轮的陶瓷渣浆泵能够稳定运行,适应尾矿中固体颗粒的特性,减少维修频率,降低运行成本。

5.3.2.2 半开式叶轮

半开式叶轮的结构形式如图 5.3-2 所示,这种叶轮主要用于小口径陶瓷渣浆泵,这是由其工作特点和输送介质的性质决定。陶瓷渣浆泵在输送固体物料时,不可避免地会遇到大颗粒物质,这就要求叶轮流道具有足够大的过流截面,以确保大颗粒顺利通过。因此,半开式叶轮的叶片宽度较大,相应地,叶轮外径处的总宽度尺寸也会增大。

若将小口径泵的叶轮设计成闭式叶轮(图 5.3-3)会出现一系列问题。闭式叶轮的结构相对封闭,若要满足大颗粒通过需求,叶片宽度 b_2 就需增长,相应的叶轮外径处总宽度尺寸 B_2 也会增大,若设计为闭式叶轮,则 B_2 尺寸就比泵出口直径 $D_出$ 大得多,这不仅给压水室设计带来极大困难,还会导致泵内部流场紊乱,增加液体流动的阻力,进而降低泵的效率。因此,通常把 $D_出$ 不大于 50mm 的小口径泵的叶轮设计为半开式叶轮,在保证大颗粒通过能力的同时,使泵在小口径的条件下保持较好的性能。

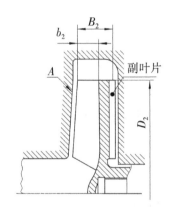
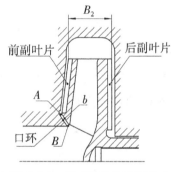

图 5.3-2　半开式叶轮的结构形式　　图 5.3-3　闭式叶轮的结构形式

然而,半开式叶轮也存在一定的局限性。由于叶轮旋转做功,渣浆与压水室侧面(A 面)的相对速度近似为叶轮的圆周速度 u,在 D_2 处相对速度最大,近似为叶轮外径(D_2)的圆周速度 u_2。根据承磨件磨损失质量与相对流速近似三次方成正比的关系可知,这种叶轮在高扬程工况下运行时,压水室侧面会承受较大的磨损,因此半开式叶轮的泵不宜设计成高扬程泵,更适用于输送轻磨蚀性渣浆。在一些小型的洗砂厂中,使用半开式叶轮的陶瓷渣浆泵输送含砂量较低、颗粒较小的浆体,能够有效减少磨损,保证泵的稳定运行。

5.3.2.3 闭式叶轮

闭式叶轮的结构形式如图 5.3-3 所示,这种叶轮是陶瓷渣浆泵应用最为广泛的基本型叶轮,在众多工业领域的渣浆输送中发挥着关键作用。其结构特点是由前盖板、后盖板及一系列叶片组成封闭的流道。这种封闭结构使液体在叶轮内的流动更稳定,能量转换效率更高,从而赋予泵较高的效率。

在工作过程中,闭式叶轮的叶片能更有效地将原动机的机械能传递给浆体。当叶轮高速旋转时,浆体在叶片推动下沿着封闭的流道做离心运动,获得较高的速度和压力能。与开式和半开式叶轮相比,闭式叶轮减少了液体泄漏和能量损失,提高了陶瓷渣浆泵的容积效率和水力效率。在大型矿山的矿浆输送系统中,采用闭式叶轮的陶瓷渣浆泵能以较高的效率将大量矿浆输送至指定地点,满足生产需求。

闭式叶轮的使用寿命相对较长。由于其结构的完整性,在输送中等磨蚀或强磨蚀性渣浆时,能更好地抵御固体颗粒的冲刷和磨损。前盖板和后盖板可保护叶片免受颗粒直接冲击,减少叶片的磨损和损坏。同时,闭式叶轮的结构设计使泵内流场更加均匀,降低了局部磨损风险,进一步延长了叶轮的使用寿命。在冶金行业中,输送含有大量金属颗粒的渣浆时,闭式叶轮能稳定运行较长时间,减少设备维修和更换频率,提高生产的连续性和稳定性。

5.3.2.4　后缩式叶轮

后缩式叶轮的结构形式如图 5.3-4 所示,其应用于特定的立式陶瓷渣浆泵,在金矿碳吸法流程和污水处理系统中展现出独特优势。在金矿碳吸法流程中,需确保碳颗粒在输送过程中不被破损,后缩式叶轮的结构设计能满足这一要求。其特殊的形状和流道设计,使得碳颗粒通过叶轮时受到的剪切力和冲击力较小,有效避免碳颗粒的破碎,保证工艺流程顺利进行。

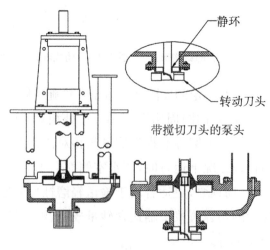

图 5.3-4　后缩式叶轮的结构形式

在污水处理系统中,后缩式叶轮同样表现出色。尤其在添加搅切刀头后,该泵能适应无堵塞的特殊场合,如处理含有大量纤维、悬浮物等杂质的污水。搅切刀头可将较大杂质切碎,使其顺利通过叶轮,而后缩式叶轮的结构有助于防止杂质缠绕和堵塞,确保陶瓷渣浆泵连续稳定运行。在报纸再生工厂中,处理含有大量纸张纤维的污水时,采用后缩式叶轮搭配搅切刀头的陶瓷渣浆泵,能有效地将污水中的纤维切碎并输送出去,保障生产正常进行。

5.3.2.5 叶轮上的副叶片

在离心式陶瓷渣浆泵叶轮的设计中,常在叶轮盖板外侧设置副叶片(图 5.3-5),其目的是改善陶瓷渣浆泵的性能指标,包括减小陶瓷渣浆泵的容积损失、降低陶瓷渣浆泵腔内填料函处的压力,以及减小陶瓷渣浆泵的轴向力。从理论上讲,副叶片可通过改变液体流动状态来实现这些目标。在减小容积损失方面,副叶片可以在密封间隙附近形成一定的压力分布,减少液体从高压区向低压区的泄漏;在降低填料函处压力方面,副叶片能够利用自身的旋转,对泵腔内的压力进行调整,减轻填料函处的压力负担,降低轴封泄漏风险;在平衡轴向力方面,副叶片的旋转可以产生一个与主轴向力相反的力,起到一定的平衡作用。而在实际使用中,这一结构对使用寿命极为不利,实践证明这一结构还会使陶瓷渣浆泵的效率降低,特别是对高扬程小流量的小型陶瓷渣浆泵影响显著。

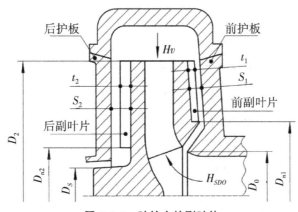

图 5.3-5 叶轮中的副叶片

这里拟从容积损失、填料函处压力、轴向力、叶片耗功和护板寿命等方面,对副叶片结构的利弊进行分析,以便在陶瓷渣浆泵选型应用工作中,对这一结构有进一步的认识。

(1)容积损失

密封间隙处的泄漏量 q 是衡量泵容积效率的重要指标,其值可以近似用式(5.3-1)计算。

$$q = \frac{\pi \cdot D_W \cdot b}{\sqrt{1 + 0.5\varphi + \frac{\lambda L}{2b}}} \cdot \sqrt{2g \Delta H_s} \tag{5.3-1}$$

$$D_W \approx \frac{1}{2}(D_{n1} + D_0)$$

式中：D_W——密封间隙处的平均直径，m；

b——密封间隙宽度，m；

L——密封间隙长度，m；

φ——圆角系数，$\varphi = 1.0 \sim 0.52$；

λ——阻力系数，$\lambda \approx 0.04$；

ΔH_s——密封间隙两端的压力差，m。

为了探究副叶片对密封间隙两端压力差的影响，需要先计算前副叶片 D_{n1} 圆处的压力 H_{sDn1}。

由图 5.3-5 可知，泵腔内的压力 H_V 减去副叶片外径 D_2 至副叶片内径 D_{n1} 之间的动能，即是 D_{n1} 圆处的压力 H_{sDn1}。

$$H_{sDn1} = H_V - k^2 \frac{\pi^2 n^2}{60^2} \cdot \frac{D_2^2 - D_{n1}^2}{2g} \tag{5.3-2}$$

式中：n——泵转速，$r/\min$；

k——系数，无副叶片时，$k = \frac{1}{2}$，有副叶片时，$k = \frac{1}{2}(1 + \frac{t_1}{s_1})$。

将以上两种 k 值代入式（5.3-2）可得：

①无副叶片时，D_{n1} 圆处的压力 H_{sDn1} 为

$$H_{sDn1} = H_V - 3.4945 \times 10^{-5} \cdot n^2 (D_2^2 - D_{n1}^2) \tag{5.3-3}$$

②有副叶片时，D_{n1} 圆处的压力 H'_{sDn1} 为

$$H'_{sDn1} = H_V - 3.4945 \times 10^{-5} \cdot n^2 (1 + \frac{t_1}{s_1})^2 (D_2^2 - D_{n1}^2) \tag{5.3-4}$$

$$H_V \approx H - \frac{(Q/F_8)^2}{2g} \tag{5.3-5}$$

式中：H_V——泵腔内压能，m；

H——陶瓷渣浆泵扬程，m；

Q——陶瓷渣浆泵流量，m^3/s；

F_8——压水室第Ⅷ断面面积，m^2。

至此，即可计算出密封间隙两端的压力差。

①无副叶片时，压力差 ΔH_s 为

$$\Delta H_s = H_{sDn1} - H_{sD0} \tag{5.3-6}$$

②有副叶片时，压力差 $\Delta H'_s$ 为

$$\Delta H'_s = H'_{sDn1} - H_{sD0} \tag{5.3-7}$$

式中：H_{sD0}——叶轮进口处的压力，m。

将 ΔH_s 和 $\Delta H'_s$ 分别代入式(5.3-1)，可算出无副叶片时密封间隙处的泄漏量 q 和有副叶片时密封间隙处的泄漏量 q'，进而算出陶瓷渣浆泵的容积效率。

①无副叶片时，陶瓷渣浆泵的容积效率 η_V 为

$$\eta_V = \frac{Q}{Q+q} \times 100\% \tag{5.3-8}$$

②有副叶片时，陶瓷渣浆泵的容积效率 η'_V 为

$$\eta'_V = \frac{Q}{Q+q'} \times 100\% \tag{5.3-9}$$

由式(5.3-3)、式(5.3-4)可以看出，$H'_{sDn1} < H_{sDn1}$，再从式(5.3-6)、式(5.3-7)可知，必有 $\Delta H'_s < \Delta H_s$，结合式(5.3-1)可知，必有 $q' < q$，进而可由式(5.3-8)、式(5.3-9)得出结论：有副叶片时陶瓷渣浆泵的容积效率 η'_V 大于无副叶片时陶瓷渣浆泵的容积效率 η_V，这表明副叶片在一定程度上能够减少陶瓷渣浆泵的容积损失，提高陶瓷渣浆泵的容积效率。

（2）填料函处压力

填料函处压力是指叶轮轮毂 D_s 圆处的压力（图 5.3-5），对轴封的密封性能有着重要影响。参照式(5.3-3)、式(5.3-4)可建立计算 D_s 圆处压力的公式。

①无副叶片时，D_s 圆处压力 H_{sDs} 为

$$H_{sDs} = H_V - 3.4945 \times 10^{-5} \cdot n^2 (D_2^2 - D_s^2) \tag{5.3-10}$$

②有副叶片时，D_s 圆处压力 H'_{sDs} 为

$$H'_{sDs} = H_V - 3.4945 \times 10^{-5} \cdot n^2 \left[\left(1 + \frac{t_2}{s_2}\right)^2 (D_2^2 - D_{n2}^2) + (D_{n2}^2 - D_s^2) \right]$$

$$\tag{5.3-11}$$

显然，$H_{sDs} > H'_{sDs}$，这说明副叶片结构可减小填料函处的压力。较低的填料函处压力有助于降低轴封泄漏风险，提升陶瓷渣浆泵的密封性能，减少液体泄漏对环境的污染及对设备的损坏。在一些对密封要求较高的化工生产中，副叶片的这一作用能确保泵在输送有毒、有害或易燃、易爆浆体时的安全性。

（3）泵轴向力

副叶片对泵轴向力的影响较为复杂，这里仅讨论其对陶瓷渣浆泵轴向力的影响。

参照式(5.3-3)、式(5.3-4)，可建立副叶片对轴向力影响的比例 δ_{FA} 的计算式：

$$\delta_{FA} = \frac{H_{sDn} - H'_{sDn}}{H_{sDn}} \times 100$$

$$= \frac{3.4945 \times 10^{-5} n^2 (D_2^2 - D_n^2)\left[\left(1+\dfrac{t}{s}\right)^2 - 1\right]}{H_V - 3.4945 \times 10^{-5} n^2 (D_2^2 - D_n^2)} \times 100\% \qquad (5.3-12)$$

式中：D_n——副叶片内径，m；

    t——副叶片高度，mm；

    s——图 5.3-5 中的 s_1、s_2，mm。

从式(5.3-12)可以看出，副叶片结构可以减小陶瓷渣浆泵的轴向力。在单级陶瓷渣浆泵中，减小轴向力有助于降低轴承负荷，提高轴承使用寿命，减少设备振动和噪声，提升泵的运行稳定性。例如，在一些小型单级陶瓷渣浆泵中，合理设置副叶片能够有效减轻轴向力对轴承的影响，延长设备维修周期。

然而，对于多级串联用陶瓷渣浆泵而言，副叶片减小轴向力的作用可能会带来负面影响。在多级陶瓷渣浆泵中，各级叶轮产生的轴向力需要相互平衡，若每级叶轮都设置副叶片来减小轴向力，可能会破坏整个泵组的轴向力平衡，导致部分部件承受额外应力，加速部件磨损，甚至影响陶瓷渣浆泵的正常运行。在大型多级陶瓷渣浆泵组中，需谨慎考虑副叶片的设置，或采用其他更合适的轴向力平衡措施。

（4）副叶片的耗功

副叶片在工作过程中会消耗一定能量，从而影响陶瓷渣浆泵的整体效率。此处仅讨论有副叶片与无副叶片的耗功之比。

参照式(5.3-2)中的动能计算，可计算有副叶片时与无副叶片时耗功之比 $\delta_{\Delta N}$。

$$\delta_{\Delta N} = \frac{\left(1+\dfrac{t_1}{s_1}\right)^2 (D_2 + D_{n1})^3 + \left(1+\dfrac{t_2}{s_2}\right)^2 (D_2 + D_{n2})^3}{(D_2 + D_{n1})^3 + (D_2 + D_{n2})^3} \qquad (5.3-13)$$

由于副叶片的存在增加了液体的搅动和摩擦，有副叶片时的耗功大于无副叶片时的耗功。这表明副叶片在发挥积极作用的同时，也会降低泵的效率、增加能耗。在能源成本日益增加的今天，这一负面影响不容忽视。特别是对于一些对能耗要求严格的工业生产过程，如电力行业的灰渣输送，需要综合考虑副叶片带来的利弊。

（5）护板寿命

有副叶片的陶瓷渣浆泵（特别是 t_1、t_2 较大的叶轮）在实际使用中，护板是磨损较重的部件之一，有些用户还出现护板严重磨损的情况。在相当程度上是由副叶片造成，下面对此进行分析。

由试验可知，承磨件磨损失质量 W 与浆体速度的关系为

$$W = AV^B \tag{5.3-14}$$

式中:V——浆体与承磨件的相对速度,m/s;

A——与承磨件材料有关的实验系数(表 5.3-1);

B——与承磨件和相对流速有关的实验系数,大多为 2.7~3.0。

表 5.3-1 与承磨件材料有关的实验系数

材料	45 号碳钢	KmTBMn5W3	KmTBCr15Mo3
A	1.72	0.065	0.018

液体的旋转速度以副叶片外径 D_2 处为最大,因此护板的该部位磨损最为严重。由式(5.3-2)中的动能计算部分,可得出 D_2 圆处浆体相对护板的速度 V_{D2} 的计算式。

①无副叶片时,相对速度 V_{D2} 为

$$V_{D2} = \frac{1}{120}\pi D_2 n \tag{5.3-15}$$

②有副叶片时,相对速度 V'_{D2} 为

$$V'_{D2} = \frac{1}{120}\pi D_2 n\left(1 + \frac{t}{s}\right) \tag{5.3-16}$$

将式(5.3-15)、式(5.3-16)分别代入(5.3-14)式得:

①无副叶片时,护板损失质量 W 为

$$W = A\left(\frac{1}{120}\pi D_2 n\right)^B \tag{5.3-17}$$

②有副叶片时,护板损失质量 W' 为

$$W' = A\left[\frac{1}{120}\pi D_2 n\left(1 + \frac{t}{s}\right)\right]^B \tag{5.3-18}$$

设 $\delta_{Lh} = W'/W$,可得

$$\delta_{Lh} = \frac{A\left[\frac{1}{120}\pi D_2 n\left(1 + \frac{t}{s}\right)\right]^B}{A\left(\frac{1}{120}\pi D_2 n\right)^B} \tag{5.3-19}$$

如果护板材料相同,即 A、B 均相等,则式(5.3-19)可化简为

$$\delta_{Lh} = \left(1 + \frac{t}{s}\right)^B \tag{5.3-20}$$

式中:δ_{Lh}——有副叶片时与无副叶片时护板损失质量之比。

由以上分析可知,副叶片对护板寿命是不利的。

(6)结论

由以上对副叶片的利弊分析可得出以下结论:

①前副叶片可提高泵的容积效率。

②后副叶片可减小填料函处的压力,有利于降低轴封泄漏风险。

③后副叶片可减小泵的轴向力,但仅利于单级用泵,对串联用泵则是不利的。

④副叶片因耗功而降低泵的效率。

⑤副叶片对护板寿命不利。

对陶瓷渣浆泵而言,应综合考虑提高其使用寿命和可靠性、降低能耗。因此,大型陶瓷渣浆泵设计以降低能耗为目的不采用副叶片结构,如大型磨机底流泵取消了后副叶片,而更大的挖泥陶瓷渣浆泵叶轮则取消了前后副叶片。

5.3.2.6 口环密封

陶瓷渣浆泵口环密封多采用图 5.3-3 的形式。在陶瓷渣浆泵的运行过程中,叶轮高速旋转做功使 A 点压力高于 B 点压力,由于压力差,一小股液体从密封间隙 b 中由 A 点流向 B 点,随后返回叶轮进口。这一泄漏过程不仅造成能量损耗,还会导致口环磨损,对陶瓷渣浆泵性能产生负面影响,因此尽可能减小泄漏量 q 至关重要。

为实现泄漏量最小化,关键在于增强密封间隙的阻尼作用,主要途径是减小密封间隙 b 和增长密封间隙长度。减小密封间隙 b 能直接降低液体泄漏的通道面积,从而减少泄漏量;增加密封间隙的长度,则增加了液体泄漏的阻力,使液体更难通过密封间隙,进一步抑制泄漏。在实际的设计与制造中,陶瓷渣浆泵通常会精心设计密封结构,采用高精度的加工工艺确保密封间隙 b 尽可能小,同时通过巧妙设计密封间隙的形状,增加其长度,以提高密封效果。

陶瓷渣浆泵均设置轴向调整结构,其主要目的是将密封间隙 b 调到最小。在长期运行过程中,口环因磨损导致密封间隙逐渐增大,影响密封效果。此时,轴向调整结构可通过调整口环的轴向位置,使密封间隙恢复到较小的状态,保证陶瓷渣浆泵高效运行。

5.3.3 陶瓷渣浆叶轮的主要几何参数设计

陶瓷渣浆泵在工业生产中承担着输送含固体颗粒浆体的重要任务,叶轮的几何参数设计对泵的性能起着决定性作用。本书围绕无副叶片的闭式叶轮,详细阐述各主要几何参数的设计计算方法,深入探讨每个参数对泵性能的影响,并结合实际案例说明合理设计的重要性,为陶瓷渣浆泵的优化设计提供全面的理论与实践指导。叶轮的主要几何尺寸如图 5.3-6 所示。

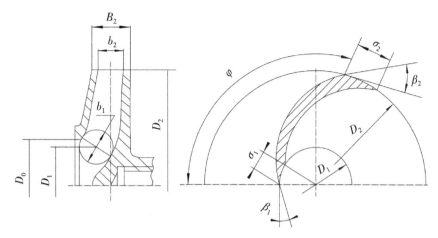

图 5.3-6　叶轮的主要几何尺寸

5.3.3.1　确定叶轮进口直径 D_0

叶轮进口直径 D_0 的确定是陶瓷渣浆泵叶轮设计的关键步骤之一,其计算公式为

$$D_0 = \sqrt{\frac{4Q}{\pi V_0}} \times 1000 \tag{5.3-21}$$

式中:Q——设计流量,$\mathrm{m^3/s}$;

V_0——叶轮进口流速,$\mathrm{m/s}$,一般可取 $V_0 = 2.5 \sim 4.3 \mathrm{m/s}$,小泵取小值,大泵取大值。

叶轮进口直径 D_0 对泵的性能有着多方面的影响。若 D_0 取值过小,会使进口流速过高,导致进口处的压力损失增大,容易引发汽蚀现象,进而损坏叶轮和泵体。汽蚀会使泵的扬程和效率下降,同时产生振动和噪声,严重影响泵的正常运行。反之,若 D_0 取值过大,虽然进口流速降低,汽蚀风险减小,但是会增加泵的尺寸和质量,提高制造成本,还可能降低泵的效率。因此,在确定 D_0 时,需要综合考虑泵的设计流量、输送介质的性质及泵的结构特点等因素,确保选取的数值既能满足输送要求,又能保证泵的高效稳定运行。

5.3.3.2　确定叶片入口直径 D_1

叶片入口直径 D_1 的计算公式为

$$D_1 = K_{D1} D_0 \tag{5.3-22}$$

式中:K_{D1}——经验系数,$K_{D1} = 0.95 \sim 1.0$,当输送的固体颗粒较大时,K_{D1} 取较大值,若对陶瓷渣浆泵的效率要求较高,且固体颗粒较小,K_{D1} 可选取相对较小的值。

D_1 的大小对陶瓷渣浆泵的性能影响显著。若 D_1 过大,会使叶片进口处的液流速度降低。这是因为在流量一定的情况下,入口面积增大,流速自然减小。而较低的液流速度会导致叶轮对液体的做功能力减弱,无法充分将机械能传递给液体,进而使泵的扬程和效率下降。同时,过大的 D_1 还可能使固体颗粒在进口处堆积。由于流速较低,颗粒受到的冲刷作用减弱,容易在入口处聚集,增加磨损的风险,影响陶瓷渣浆泵的正常运行。

反之,若 D_1 过小,液流速度会过高。过高的流速会增加液体在进口处的动能,导致流动损失增大。这部分额外的能量损失会降低陶瓷渣浆泵的效率。而且,高速液流还容易引发汽蚀现象。当液体流速过高时,局部压力会降低,当压力低于液体的汽化压力时,就会产生气泡,这些气泡在随后的流动过程中破裂,对叶轮造成损坏。因此,精确确定 D_1 的值对于保证陶瓷渣浆泵的高效稳定运行至关重要。在实际设计过程中,往往需要结合陶瓷渣浆泵的具体工况,对 D_1 的值进行反复调整和优化,以达到最佳的设计效果。

5.3.3.3 确定叶片入口宽度 b_1

由于陶瓷渣浆泵输送的是含有固体物料的渣浆,为确保较大固体颗粒物能够顺利通过,叶片入口宽度 b_1 需比清水泵大得多,推荐按式(5.3-23)计算。

$$b_1 = K_{b1} \sqrt{Q} \times 1000 \qquad (5.3-23)$$

式中:Q——设计流量,m^3/s;

K_{b1}——经验系数,$K_{b1}=0.20 \sim 0.26$,若渣浆中固体颗粒浓度较高、粒径较大,K_{b1} 应取较大值;反之,若渣浆中固体颗粒浓度较低、粒径较小,K_{b1} 可适当取小值。

叶片入口宽度 b_1 对陶瓷渣浆泵的性能影响显著。若 b_1 过小,较大的固体颗粒可能会在入口处堵塞,增加陶瓷渣浆泵的运行阻力,降低其流量和效率,甚至导致陶瓷渣浆泵体损坏。同时,过小的 b_1 会使入口处液流速度过高,加剧磨损和产生汽蚀的风险。反之,若 b_1 过大,虽然有利于固体颗粒通过,但是会使叶轮进口处的液流速度分布不均匀,导致能量损失增加,同样会降低泵的效率。因此,合理确定 b_1 的数值对于保证陶瓷渣浆泵的正常运行和提高其性能至关重要。

5.3.3.4 确定叶片数 Z

叶片数 Z 的确定较为复杂,不仅与最大固体物粒径有关,还与叶片入口角 β_1 和叶片包角 φ 相关,推荐使用式(5.3-24)计算。

$$Z < \frac{\pi D_1}{b_1 + \sigma_1} \qquad (5.3-24)$$

式中:Z——叶片数,用式(5.3-24)计算出后圆整成整数。一般取 $Z=3\sim5$ 枚;

σ_1——叶片入口边在 D_1 圆上的弧长,mm,其值按式(5.3-25)计算。

叶片数 Z 对陶瓷渣浆泵的性能有着多方面的影响。当 Z 增加时,在一定程度上可以提高陶瓷渣浆泵的扬程,因为更多的叶片能够更充分地对液体做功,将机械能传递给液体。但随着叶片数的增多,叶片间的流道变窄,液体在叶轮内的流动阻力增大,会导致陶瓷渣浆泵的效率降低。此外,过多的叶片还可能使叶轮内部的流场变得复杂,增加固体颗粒在叶片间的磨损。因此,在确定叶片数 Z 时,需要综合考虑多种因素,找到一个既能满足扬程要求,又能保证较高效率的平衡点。

5.3.3.5　确定叶片入口边在 D_1 圆上的弧长 σ_1

叶片入口边在 D_1 圆上的弧长 σ_1 按式(5.3-25)计算。

$$\sigma_1 = \frac{15}{360}\pi D_1 \tag{5.3-25}$$

σ_1 的大小直接影响着叶片入口处的液流分布和固体颗粒的进入情况。若 σ_1 过小,会使叶片入口处的液流相对集中,导致局部流速过高,这不仅会增加流动损失,还容易造成固体颗粒在入口处的拥堵,加剧磨损和汽蚀的发生。反之,若 σ_1 过大,叶片入口处的液流会过于分散,使得叶轮对液体的做功效率降低,影响陶瓷渣浆泵的整体性能。因此,精确计算和合理确定 σ_1 的值,对于保证叶轮入口处的良好流动状态至关重要。σ_1 需要与 D_1 和 Z 相互配合,以满足泵在不同工况下对流量、扬程及固体颗粒通过能力的要求。在实际设计过程中,可能需要根据初步计算结果和实际运行情况,对 σ_1 的值进行微调,以达到最佳的设计效果。

5.3.3.6　计算叶片入口轴面速度 V_{m1}

叶片入口轴面速度 V_{m1} 的计算公式为

$$V_{m1} = \frac{Q}{(\pi D_1 - Z\sigma_1)b_1} \tag{5.3-26}$$

式中:Q——设计流量,m^3/s;

D_1、σ_1、b_1——设计参数,m。

V_{m1}——衡量叶轮入口处液流状态的重要参数,对陶瓷渣浆泵的性能有着直接影响。若 V_{m1} 过大,会导致液体在入口处的动能过大,增加流动损失,同时也会加大固体颗粒对叶片的冲击磨损,降低陶瓷渣浆泵的效率和使用寿命。若 V_{m1} 过小,则无法满足陶瓷渣浆泵的流量要求,导致其输送能力下降。此外,V_{m1} 还与汽蚀现象密切相关。若 V_{m1} 过高,会使入口处的压力降低,当压力低于液体的汽化压力时,就会产生汽蚀现象,损坏叶轮和泵体。因此,在设计过程中,需要根据陶瓷渣浆泵的具体工况,合理调整其他几何参数,以确保 V_{m1} 处于合适的范围,保证泵的高效稳定运行。

5.3.3.7　初定叶片入口安放角 β_1

叶片入口安放角 β_1 的计算公式为

$$\beta_1 = K_{\beta 1}\tan^{-1}\left(\frac{60V_{m1}}{\pi D_1 n}\right) \tag{5.3-27}$$

式中:$K_{\beta 1}$——经验系数,常取 $K_{\beta 1}=1.3\sim2.7$,小泵取小值,大泵取大值。

n——泵转速,r/min。

按式(5.3-27)计算出的值 β_1,仅是初选值,在绘制叶片时,还需要根据绘图设计需要再作修改。

β_1 对陶瓷渣浆泵的性能影响显著。若 β_1 过小,液流进入叶片时的冲击角会过大,导致能量损失增加、陶瓷渣浆泵的效率降低,同时还会加剧固体颗粒对叶片入口处的磨损。而且,过小的 β_1 可能使泵在小流量工况下运行不稳定,容易出现回流等现象。反之,若 β_1 过大,虽然能减少液流进入叶片时的冲击损失,但是会使叶片入口处的排挤系数增大,导致实际过流面积减小,从而影响陶瓷渣浆泵的流量和扬程。此外,过大的 β_1 还可能导致叶轮进口处的压力分布不均匀,增加汽蚀发生的可能性。因此,在初步确定 β_1 后,需要结合绘图设计和实际工况进行细致调整,以优化叶轮的性能。

5.3.3.8 确定叶片出口直径 D_2

叶片出口直径 D_2 的计算公式为

$$D_2=\frac{60K_{u2}\sqrt{2gH}}{\pi n} \tag{5.3-28}$$

式中:K_{u2}——经验系数,无副叶片结构的叶轮,$K_{u2}=0.90\sim0.93$;有副叶片结构的叶轮,$K_{u2}=0.85\sim0.90$;叶片出口宽度 b_2 大时取小值,反之取大值。

D_2——影响陶瓷渣浆泵性能的关键参数之一。D_2 的大小直接决定了叶轮出口处液体的圆周速度,进而影响陶瓷渣浆泵的扬程和效率。当 D_2 增大时,叶轮出口处液体的圆周速度增加,陶瓷渣浆泵的扬程会相应提高。但 D_2 过大也会带来一系列问题,如增加陶瓷渣浆泵的尺寸和质量,提高制造成本;同时会使叶轮的圆周速度过高,加剧磨损和能量损失,甚至可能导致陶瓷渣浆泵的运行不稳定。相反,D_2 过小则无法提供足够的扬程,不能满足实际工况的需求。因此,在确定 D_2 时,需要综合考虑陶瓷渣浆泵的转速、流量、扬程及叶轮的结构特点等多方面因素,选取合适的 K_{u2} 值,以确保 D_2 的准确性,使泵在满足工作要求的同时保持良好的性能。

5.3.3.9 确定叶片出口宽度 b_2

叶片出口宽度 b_2 的计算公式为

$$b_2=K_{b2}b_1 \tag{5.3-29}$$

式中:K_{b2}——经验系数,常取 $K_{b2}=0.80\sim0.90$,若陶瓷渣浆泵的流量较大,为保证液体能够顺利排出,K_{b2} 可适当取大值;若对扬程要求较高,为提高叶轮对液体的做功能力,K_{b2} 可选取相对较小的值。

b_2 对陶瓷渣浆泵的性能有着重要影响。b_2 过小会导致叶轮出口处的过流面积不足,使液体排出不畅,增加流动阻力,降低陶瓷渣浆泵的流量和效率,还可能引发汽蚀现象。而 b_2 过大时,虽然能保证液体顺利排出,但会使叶轮出口处的液流速度分布不均匀,导致能量损失增加,同样会降低陶瓷渣浆泵的效率。此外,b_2 的大小还会影响叶轮的结构强度和制造工艺。因此,在确定 b_2 时,需要在保证陶瓷渣浆泵性能的前提下,兼顾叶轮的结构和制造要求,通过合理选取 K_{b2} 值,确保 b_2 的合理性。

5.3.3.10 确定叶片出口边在 D_2 圆上的弧长 σ_2

叶片出口边在 D_2 圆上的弧长 σ_2 的计算公式为

$$\sigma_2 = \frac{15}{360}\pi D_2 \tag{5.3-30}$$

σ_2 的大小对叶轮出口处的液流分布和固体颗粒的排出情况有着重要影响。若 σ_2 过小,会使叶片出口处的液流相对集中,导致局部流速过高,增加流动损失,同时也会加大固体颗粒对叶片出口处的磨损,影响泵的效率和使用寿命。相反,若 σ_2 过大,叶片出口处的液流会过于分散,使得叶轮对液体的做功效率降低,影响泵的扬程和流量。因此,精确计算和合理确定 σ_2 的值,对于保证叶轮出口处的良好流动状态和泵的稳定运行至关重要。σ_2 需要与 D_2 和 Z 相互配合,以满足泵在不同工况下对流量、扬程及固体颗粒排出能力的要求。在实际设计过程中,可能需要根据初步计算结果和实际运行情况,对 σ_2 的值进行调整,以达到最佳的设计效果。

5.3.3.11 计算叶片出口轴面速度 V_{m2}

叶片出口轴面速度 V_{m2} 的计算公式为

$$V_{m2} = \frac{Q}{(\pi D_2 - Z\sigma_2)b_2} \tag{5.3-31}$$

式中:Q——设计流量,m^3/s;

D_2、σ_2、b_2——设计参数,m。

V_{m2}——衡量叶轮出口处液流状态的重要参数,对泵的性能有着直接影响。若 V_{m2} 过大,会导致液体在出口处的动能过大,增加流动损失,同时也会加大固体颗粒对叶片出口处的冲击磨损,降低泵的效率和使用寿命。若 V_{m2} 过小,则无法满足泵的流量要求,导致泵的输送能力下降。此外,V_{m2} 还与泵的扬程和效率密切相关。合适的 V_{m2} 能够保证液体在叶轮出口处顺利排出,同时使叶轮对液体的做功效率达到最佳状态。因此,在设计过程中,需要根据泵的具体工况,合理调整其他几何参数,以确保 V_{m2} 处于合适的范围,保证泵的稳定高效运行。

5.3.3.12 初定叶片出口安放角 β_2

叶片出口安放角 β_2 的计算公式为

$$\beta_2 = K_{\beta2} \tan^{-1}\left(\frac{120 V_{m2}}{\pi D_2 n}\right) \tag{5.3-32}$$

式中：$K_{\beta2}$——经验系数，常取 $K_{\beta2}=2\sim11$，一般情况下小泵取大值，大泵取小值。

按式(5.3-32)计算出的值 β_2 仅是初选值，在绘制叶片时，还应根据绘图设计需要再作修改。

β_2 对泵的性能影响较大。若 β_2 过小，会使液体在叶轮出口处的绝对速度方向与泵的出口方向偏差较大，导致能量损失增加、泵的效率降低。而且，过小的 β_2 可能使泵在大流量工况下运行不稳定，容易出现回流等现象。反之，若 β_2 过大，虽然能使液体在叶轮出口处的绝对速度方向更接近泵的出口方向，减少能量损失，但是会使叶片出口处的排挤系数增大，导致实际过流面积减小，从而影响泵的流量和扬程。此外，过大的 β_2 还可能导致叶轮出口处的压力分布不均匀，增加汽蚀发生的概率。因此，在初步确定 β_2 后，需要结合绘图设计和实际工况进行优化调整，以实现叶轮性能的最优化。

5.3.3.13 初取叶片包角 φ

叶片包角 φ 是叶片工作面由 D_1 到 D_2 的包角，在此范围内要求从叶片入口安放角 β_1 均匀过渡到叶片出口安放角 β_2（即等变角螺线）。因此，包角 φ 与 D_1、D_2、β_1、β_2 的关系式为

$$\varphi = \frac{\ln(D_2/D_1)}{\ln(\cos\beta_2/\cos\beta_1)}(\beta_1 - \beta_2) \tag{5.3-33}$$

一般 $\varphi = 80°\sim140°$，D_2/D_1 值大时取大值，反之取小值（一般 $D_2/D_1 = 6.2\sim1.7$）。如果用式(5.3-33)计算出的值不能满足 $\varphi=80°\sim140°$，可调整 β_1、β_2 的值，调整后的 β_1、β_2 和相应的 φ 值还应该满足式(5.3-34)的要求。

$$K_\varphi = \frac{(\tan\beta_2 - \tan\beta_1)\varphi C_\varphi}{\ln\dfrac{D_2}{D_1} - \varphi C_\varphi \tan\beta_1} - 1 \tag{5.3-34}$$

式中：K_φ 的理论值为 $0 < K_\varphi < 1$，推荐值 $K_\varphi = 0.84\sim0.96$，

C_φ——弧度换算系数，$C_\varphi = 0.01745$。

叶片包角 φ 对泵的性能有着重要影响。合适的 φ 能够保证液体在叶片间的流动顺畅，使叶轮对液体的做功更加均匀，提高泵的效率。若 φ 过小，液体在叶片间的流动时间过短，叶轮对液体的做功不充分，会导致泵的扬程和效率降低。若 φ 过大，虽然能增加叶轮对液体的做功时间，但是会使叶片长度增加，增加制造难度和成本，同时也会增加液体在叶片间的流动阻力，降低泵的效率。此外，φ 还会影响叶轮内部的流场分布，不合理的 φ 可能导致固体颗粒在叶片间的沉积和磨损加剧。因此，在确定 φ 时，需要综合考虑 D_1、D_2、β_1、β_2 等参数，通过反复调整和验证，确保 φ 处于合适的

范围,以实现泵的最佳性能。

陶瓷渣浆泵叶轮的主要几何参数设计是一个复杂且相互关联的过程,每个参数都对泵的性能有着重要影响。从叶轮进口直径 D_0 到叶片包角 φ 的确定,都需要综合考虑泵的设计流量、扬程、转速、输送介质特性及固体颗粒的情况等多方面因素。在设计过程中,通过合理选取经验系数和精确计算各参数值,并结合实际工况进行优化调整,能够使叶轮的几何参数达到最佳匹配,从而提高陶瓷渣浆泵的水力性能、耐磨性能和运行稳定性,满足工业生产中各种复杂工况的需求。同时,随着技术的不断进步和对陶瓷渣浆泵研究的深入,叶轮几何参数的设计方法也将不断完善和优化,为陶瓷渣浆泵的发展提供更坚实的理论支持和技术保障。

5.3.4　叶轮水力图绘制

5.3.4.1　画叶轮轴面流道图

叶轮轴面流道图是叶轮在轴平面上的投影图,反映了流道在径向和轴向的几何形状(图 5.3-7),主要包括前盖板轮廓线、后盖板轮廓线、叶片进口边和出口边等关键要素。轴面流道图不仅决定了流道的基本形状,还为后续的叶片展开和轴截面图绘制提供基础。

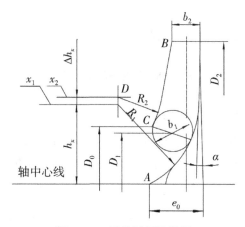

图 5.3-7　叶轮轴面流道图

绘制轴面流道图前,需先根据流量、扬程、转速等确定叶轮的主要几何参数,另图中一些有关尺寸计算方法如下:

$$e_0 = (1.1 \sim 1.5)b_1 \tag{5.3-35}$$

$$\alpha = 0° \sim 2° \tag{5.3-36}$$

$$h_x = 0.125(D_2 + 3D_0) \tag{5.3-37}$$

$$\Delta h_x = (0.05 \sim 0.1)h_x \tag{5.3-38}$$

叶轮轴面流道绘图方法如下：

①取适当的尺寸为 R_1，其圆心在 x_1 线上，自 A 点画圆弧切于 α 角线，得到叶片与后盖板的交线。

②取 $b_1/2$ 为半径，以 D_1 圆上的点为圆心画圆，切于 R_1 弧，得 b_1 圆。

③取适当的尺寸为 R_2，其圆心在 x_2 线上的 D 点，画弧切于 b_1 圆。

④从 B 点画直线切 R_2 弧，得到叶片与前盖板的交线。

⑤从 C 点过 b_1 圆的圆心画直线，得到轴面图中的叶片进口边。

5.3.4.2　画叶轮轴截线流道图

轴截面流道图（平面流道图）是叶轮叶片的展开图，反映了叶片在圆周方向的形状变化（图 5.3-8），采用等变角螺线（近似对数螺线）绘制，能够保证良好的水力性能。

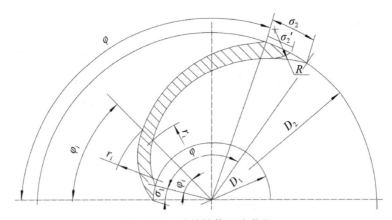

图 5.3-8　叶轮轴截面流道图

叶轮轴截面流道绘图方法如下：

①计算叶片入口边在 D_1 圆上的弧长 σ_1 及叶片出口边在 D_2 圆上的弧长 σ_2。

②计算叶片入口安放角 β_1、叶片出口安放角 β_2 及叶片包角 φ。

③绘图者根据叶片的有关尺寸自行设定 φ_i 值（如取 φ_i 为 $10°,20°,30°\cdots$ 或取 φ_i 为 $15°,30°,45°\cdots$）。

④对每个 φ_i，计算对应的 γ_i 和 β_i，其值由式（5.3-39）、式（5.3-40）计算可得，

$$\begin{cases} \gamma_i = \gamma_1 \left[\dfrac{\cos\left(\beta_1 - \dfrac{\beta_1 - \beta_2}{\varphi}\varphi_i\right)}{\cos\beta_1} \right]^{\frac{\varphi}{\beta_1 - \beta_2}} \\ \gamma_1 = \dfrac{D_1}{2} \end{cases} \qquad (5.3-39)$$

$$\beta_i = \beta_1 - \frac{\beta_1 - \beta_2}{\varphi}\varphi_i \qquad (5.3-40)$$

⑤对叶片出口处叶片背面的修正尺寸,按式(5.3-41)计算。

$$R = {\sigma_2}' = (0.6 \sim 0.7)\sigma_2 \tag{5.3-41}$$

5.3.4.3　过流面积变化检查

过流面积变化检查主要是确保流道在不同位置的过流面积符合设计要求。在叶轮的设计过程中,过流面积的均匀变化对于保证液体在流道内的平稳流动至关重要。如果流道中出现过流面积突变的情况,会导致液体流速突然变化,产生涡流和能量损失,影响陶瓷渣浆泵的性能。

陶瓷渣浆泵叶轮两叶片间流道有效部分的出口与进口面积之比一般为 $1.0 \sim 1.3$,除低比转数陶瓷渣浆泵外,该值一般不宜大于 1.3,否则流道扩散严重,效率下降。

对于扭曲叶片,可按以下步骤进行检查(图 5.3-9):

①在平面图中画出两个相邻叶片的轮廓线和中间流线,从一个叶片进口边 A、B、C 向另一叶片对应流线引垂线交于 A'、B'、C' 三点。

②将 A'、B'、C' 三点投影到轴面投影图相应流线上并连线(A'、B'、C')。

③将平面图上 $AA'(BB')$ 分成若干等份,过分点引垂线。在轴面图中引直线 $OP(BP)$,把轴面图中的 $AA'(BB')$ 分成对应的等分,将分点到 $OP(BP)$ 的距离移到平面图的相应垂线上,则得 $aa'(bb')$ 线。轴面图中的 AB、$A'B'$ 和平面图的 aa'、bb' 四条线围成的面积为 $F_{进}$。

④同理,计算叶轮两叶片间流道有效部分的出口面积 $F_{出}$。

对于圆柱叶片,可按此步骤进行过流面积检查。

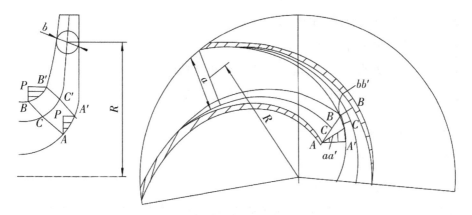

图 5.3-9　扭曲叶片相邻叶片间流道面积检查法

5.3.5 叶轮强度计算

5.3.5.1 叶轮盖板的强度计算

叶轮盖板在工作时，主要承受由离心力引起的应力。当叶轮高速旋转时，盖板各部分都受到离心力的作用，且离心力的大小与旋转半径和材料质量有关。根据力学原理，半径越小的地方，离心力产生的应力越大，所以一般在接近轮毂直径的地方应力达到最大值，其应力 σ 应满足式(5.3-42)要求。

$$\sigma = 82.5\gamma \frac{u_2^2}{g} \leqslant [\sigma] \tag{5.3-42}$$

式中：γ——材料密度，kg/cm^2，常用耐磨合金铸铁的密度为 $\gamma = 0.0078kg/cm^2$；

u_2——叶轮外径的圆周速度，m/s；

g——重力加速度，$g = 9.81m/s^2$；

$[\sigma]$——许用应力，kg/cm^2，可参考表 5.3-2 选取。

表 5.3-2　　　　　　　　　　　　　　材料许用应力

材料代号	KmTBNi4Cr2-GT	KmTBCr9Ni5Si2	KmTBCr26	KmTBCr15Mo3
$[\sigma]/(kg/cm^2)$	550～650	600～750	1100～1900	100～200

5.3.5.2 叶轮盖板厚度 S 的计算

叶轮盖板厚度 S 的计算公式为

$$S = S_2 e^{\left[\frac{\gamma}{g}\frac{w^2}{2}\frac{1}{[\sigma]}\frac{1}{4}(D_2^2 - D_S^2)\right]} \tag{5.3-43}$$

式中：S_2——盖板最大外径处的厚度，cm；

D_2——盖板最大外径，m；

D_S——计算处直径（一般是轮毂与盖板相交处的直径），m；

S——D_S 圆处的盖板厚度，cm；常取值列于表 5.3-3，供参考；

w——叶轮转速，$w = \frac{\pi n}{60}n$，r/min；

g——重力加速度，$g = 9.81m/s^2$；

e——自然底数，e = 2.718；

$[\sigma]$——许用应力，kg/cm^2，可参考表 5.3-3 选取；铸钢材料 $[\sigma] = (0.25～0.33)\sigma_S$，铸铁材料 $[\sigma] = (0.17～0.20)\sigma_b$。

表 5.3-3				计算处直径				（单位：mm）
$D_{出}$	25	50	65	80	100	150	200	250	300
D_S	1～1.2	1.4～1.8	1.5～2.2	1.5～2.2	2～3.5	2.5～4	3～4.5	4.5	4.8

5.3.5.3　叶轮螺纹的强度计算

在现代渣浆泵中，大多采用螺纹连接来传递运转扭矩，将泵轴的动力传递到叶轮上。国际上，大型渣浆泵通常采用 ACME 螺纹标准，这种螺纹具有较高的强度和良好的传动性能，能够满足大型设备对扭矩传递的要求。而 BSW 标准的惠氏粗牙螺纹一般仅应用于小口径渣浆泵，这是因为小口径渣浆泵所需传递的扭矩相对较小，惠氏粗牙螺纹能够满足其使用要求，并且在制造和安装上相对简便。

其螺纹强度的计算介绍如下。

（1）确定轴的最小直径 d_{min}

$$d_{min} \geqslant \sqrt[3]{\frac{97360N_e}{0.2[\tau]n_{max}}} \tag{5.3-44}$$

式中：n_{max}——泵许用最高转速，r/min；

N_e——泵在 n_{max} 转速时的计算功率（或许用最大功率），kW；

$[\tau]$——材料的许用切应力，kg/cm²，可按表 5.3-4 选取。

表 5.3-4	材料许用切应力	
材料	热处理	$[\tau]/(kg/cm^2)$
35	正火	400～500
45	调质 HB=241～286	500～600
40Cr	调质 HB=241～302	700～800
35CrMo	调质 HB=241～285	750～850

确定泵的最小轴径 d 后，即可选取螺纹规格，螺纹的最小直径（轴螺纹的底径）必须大于最小轴径 d。

（2）计算螺纹螺旋角 λ 的正切值 tanλ

$$\tan\lambda = \frac{tZ}{\pi D_E} \tag{5.3-45}$$

式中：t——螺纹的螺距，mm；

Z——螺纹头数；

D_E——螺纹中径，mm。

（3）计算由扭矩形成的螺纹轴向拉力 F_T

$$F_T = \frac{194720 N_c}{D_E n_{max}} \cdot \frac{(\cos\alpha - \mu \cdot \tan\lambda)}{(\mu + \cos\alpha \cdot \tan\lambda)} \tag{5.3-46}$$

式中：D_E——螺纹中径，cm；

α——螺纹牙型角之半；

μ——摩擦系数，$\mu = 0.14$。

（4）螺纹牙的强度校核

$$\tau = \frac{F_T}{K \pi D i_n b} \leqslant [\tau] \tag{5.3-47}$$

式中：D——螺纹公称直径，cm；

b——螺纹牙根宽度，cm；公制（60°）螺纹 $b = 0.87t$，英制（55°）螺纹 $b = 0.79t$；

i_n——旋合圈数，一般 $6 < i_n < 10$；

K——螺纹各圈受力不均系数，当 $\frac{D}{t} < 9$ 时，$K = \frac{5t}{D}$；当 $\frac{D}{t} = 9 \sim 16$ 时，$K = 0.56$。

上述 K 值是内外螺纹均为钢件时的值，耐磨铸铁件应比上述 K 值更小。

$[\tau]$——许用切应力，kg/cm^2，其值见表5.3-5。

表 5.3-5　　　　　　　　　　　　材料许用切应力

材料	$KmTBCr_{26}$		$KmTBCr_{15}Mo_3$	
	铸态	退火态	铸态	退火态
$[\tau]/(kg/cm^2)$	660	750	720	640

5.4　陶瓷渣浆泵压水室的设计

5.4.1　压水室的主要几何参数设计

陶瓷渣浆泵作为工业生产中输送渣浆的重要设备，其压水室是影响泵性能的关键部件之一，合理设计压水室的主要几何参数，能够有效提高泵的水力效率、减少能量损失、降低固体颗粒对泵体的磨损，从而提升陶瓷渣浆泵的整体性能和使用寿命。

5.4.1.1　确定压水室内腔宽度 B_3

压水室内腔宽度 B_3 是指压水室内部与叶轮外径相匹配的轴向宽度，其计算公式为

$$B_3 = B_2 + C \tag{5.4-1}$$

式中：B_2——叶轮外径（D_2）处的宽度（图5.3-6），m；

C——B_2 与压水室内腔相配时的轴向间隙(两侧之和)。其值与工艺制造水平有关,工艺制造水平高时,C 值可取小些,常取 $C=0.005\sim0.02\text{m}$。叶轮外径大时取大值,反之取小值;胶泵应适当取大些。

合理确定压水室内腔宽度,能够为液体在压水室内的流动提供合适的空间,减少流动阻力,提高泵的效率。若 B_3 取值过小,可能会导致叶轮与压水室之间的摩擦增加,不仅会降低陶瓷渣浆泵的效率,还会加速零件的磨损。若 B_3 取值过大,则可能会使压水室内的液体流速降低,影响能量转换效率,甚至可能导致液体在压水室内出现回流现象,进一步降低泵的性能。

5.4.1.2 确定基圆直径 D_3

基圆直径是压水室的重要尺寸参数,直接影响压水室的整体形状和液体在其中的流动路径。合适的基圆直径能够使液体在压水室内的流动更加顺畅,避免出现局部流速过高或过低的区域,从而减少能量损失和固体颗粒的磨损。若基圆直径过大,会使压水室的尺寸增大,增加制造成本,同时可能导致液体在压水室内的流速过低,影响能量转换效率;若基圆直径过小,则可能会限制液体的流动,导致局部压力过高,增加泵体的磨损和能耗。

基圆直径 D_3 的计算公式为

$$D_3 = K_{D_3} \cdot D_2 \tag{5.4-2}$$

式中:K_{D_3}——与泵扬程和固体物占比及粒径有关的经验系数,中低扬程泵 $K_{D_3}=1.06\sim1.08$,高扬程泵 $K_{D_3}=1.1\sim1.12$,固体物粒径大占比大取大值,反之取小值。

5.4.1.3 确定隔舌角 α_3

隔舌角 α_3 的计算公式为

$$\alpha_3 = K_{\alpha_3} \cdot \tan^{-1}\frac{2V_{m2}}{K_{u_2}\sqrt{2gH}} \tag{5.4-3}$$

式中:K_{u_2} 和 V_{m2} 见式(5.3-28)和式(5.3-31);

H——泵的设计扬程,m;

K_{α_3}——与陶瓷渣浆泵扬程和许用流量的偏移量有关,一般取 $K_{\alpha_3}=1.1\sim1.2$,扬程高和许用流量偏移量大取大值,反之取小值。

隔舌角的大小直接影响液体在压水室隔舌处的流动情况。合适的隔舌角能够减少液体在隔舌处的冲击和能量损失,避免出现回流、漩涡等不良流动现象。若隔舌角过大,液体在隔舌处的冲击会加剧,导致能量损失增加、陶瓷渣浆泵的效率降低,同时还会加速隔舌部位的磨损;若隔舌角过小,则可能会使液体在隔舌处的流动不畅,容易出现堵塞、回流现象,同样会影响陶瓷渣浆泵的性能。

5.4.1.4 确定第Ⅷ断面流速 K_{V_3}

第Ⅷ断面流速的计算公式为

$$V_3 = K_{V_3} \frac{\pi D_2 n}{60} \tag{5.4-4}$$

式中：K_{V_3}——经验系数，一般 $K_{V_3}=0.25\sim0.45$。当考虑以提高陶瓷渣浆泵效率为主时，K_{V_3} 取大值；当考虑以提高陶瓷渣浆泵寿命为主时，K_{V_3} 取小值。

第Ⅷ断面流速是衡量压水室内液体流动状态的重要参数之一，与陶瓷渣浆泵的效率和使用寿命密切相关。合适的第Ⅷ断面流速能够在保证陶瓷渣浆泵效率的同时，减少液体对泵体的磨损。若 v_8 过高，虽然可能会提高陶瓷渣浆泵的流量和扬程，但是会增加液体对泵体的冲刷磨损，缩短陶瓷渣浆泵的使用寿命；若 v_8 过低，则会降低陶瓷渣浆泵的效率，无法满足实际工作需求。

5.4.1.5 估算泵舌安放角 θ

泵舌安放角 θ 的计算公式为

$$\theta = 11 \cdot \ln n_s - 11 \tag{5.4-5}$$

式中：n_s——泵的比转数。

注：由于 θ 还受工艺条件和第Ⅷ断面形状尺寸、扩散管形状尺寸的制约，故必要时，可根据这些制约条件修改 θ。

泵舌安放角对压水室内液体的流动方向和分布有重要影响。合适的泵舌安放角能够使液体在压水室内均匀分布，减少流动阻力，提高泵的效率。然而，受实际工艺条件及第Ⅷ断面和扩散管形状尺寸的限制，在实际设计中可能需要对估算的泵舌安放角进行调整。若泵舌安放角不合理，可能会导致液体在压水室内的流动不均匀，出现局部流速过高或过低的区域，进而影响泵的性能。

5.4.1.6 确定第Ⅷ断面面积 F_8

第Ⅷ断面面积 F_8 的计算公式为

$$F_8 = \frac{Q}{V_3} \tag{5.4-6}$$

式中：Q——设计流量，m^3/s。

第Ⅷ断面面积的确定对于保证液体在压水室内的正常流动至关重要。合适的断面面积能够使液体在该断面处保持合适的流速，避免出现流速过高或过低的情况。若第Ⅷ断面面积过大，会导致液体流速过低，影响能量转换效率；若第Ⅷ断面面积过小，则会使液体流速过高，增加能量损失和泵体磨损。

5.4.1.7 确定第Ⅷ断面形状和尺寸

压水室第Ⅷ断面的形状以图5.4-1为多，其有关尺寸可按下列各式计算。

$$h = \frac{F_8 - (B_3 - 2r_8)r_8 - 0.5\pi r_8^2}{B_3} \tag{5.4-7}$$

$$h_{\text{Ⅷ}} = h + r_8 \tag{5.4-8}$$

式中：$r_8 \leqslant 0.5D_{\text{出}}$。其中，$D_{\text{出}}$为泵出口直径，m。

采用式(5.4-8)计算出的$h_{\text{Ⅷ}}$值，还应满足$h_{\text{Ⅷ}} \leqslant D_{\text{出}}$，当不满足此条件时，可修改$V_3$值。

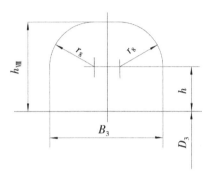

图 5.4-1　压水室第Ⅷ断面的形状

5.4.1.8　计算Ⅰ、Ⅱ断面的高度 $h_{\text{Ⅰ}}$、$h_{\text{Ⅱ}}$

Ⅰ断面的高度$h_{\text{Ⅰ}}$计算公式为

$$h_{\text{Ⅰ}} = \frac{45\pi D_3 \tan\alpha_3}{360} \tag{5.4-9}$$

Ⅱ断面的高度$h_{\text{Ⅱ}}$计算公式为

$$h_{\text{Ⅱ}} = 2h_{\text{Ⅰ}} \tag{5.4-10}$$

5.4.1.9　计算Ⅲ至Ⅷ断面的高度 $h_{\text{Ⅲ}}$ 至 $h_{\text{Ⅷ}}$

Ⅲ至Ⅷ断面的高度计算公式分别为

$$h_{\text{Ⅲ}} = h_{\text{Ⅱ}} + \frac{1}{6}(h_{\text{Ⅷ}} - h_{\text{Ⅱ}}) \tag{5.4-11}$$

$$h_{\text{Ⅳ}} = h_{\text{Ⅱ}} + \frac{1}{3}(h_{\text{Ⅷ}} - h_{\text{Ⅱ}}) \tag{5.4-12}$$

$$h_{\text{Ⅴ}} = h_{\text{Ⅱ}} + \frac{1}{2}(h_{\text{Ⅷ}} - h_{\text{Ⅱ}}) \tag{5.4-13}$$

$$h_{\text{Ⅵ}} = h_{\text{Ⅱ}} + \frac{2}{3}(h_{\text{Ⅷ}} - h_{\text{Ⅱ}}) \tag{5.4-14}$$

$$h_{\text{Ⅶ}} = h_{\text{Ⅱ}} + \frac{5}{6}(h_{\text{Ⅷ}} - h_{\text{Ⅱ}}) \tag{5.4-15}$$

5.4.1.10　关于各断面中的圆角半径 r_i

首先，根据泵出口直径$D_{\text{出}}$，结合式(5.4-7)、式(5.4-8)确定出第Ⅷ断面的圆角半

径 r_8；再根据工艺制造条件确定出隔舌安放角处的圆角半径 r'_s（图 5.4-2 中 $s'-s'$ 断面图所示）；其他断面的圆角半径 r_i，再按均匀过渡计算确定。

5.4.2 绘制压水室图

陶瓷渣浆泵压水室和扩散管图形如图 5.4-2 所示。

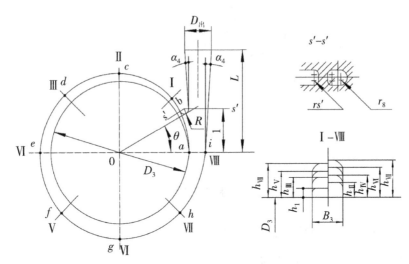

图 5.4-2 陶瓷渣浆泵压水室和扩散管图形

画图步骤如下：

①每间隔 45°画出 I～Ⅷ断面线，以 O 点为圆心画出基圆 D_3。

②基圆 D_3 与Ⅷ断面线的交点为 a，在 I、Ⅱ断面线上分别以 h_I、h_{II} 截得点 b 和 c，用三点连一弧线的几何作图法，画出 $\overarc{abc}$ 弧线。

③画出 θ 角射线，取适当尺寸 R（根据工艺，制作条件，可在 $R=5～30mm$ 选取）画弧（此弧应与 θ 角射线和 $\overarc{abc}$ 弧线相切），则得到隔舌圆角 R。

④用尺寸 h_{III} 到 $h_{Ⅷ}$ 分别在各自的断面线上截得点 d、e、f、g、h、i，用三点连一弧线的几何作图法，分别画出 $\overarc{cde}$、$\overarc{efg}$、$\overarc{ghi}$ 弧线，则得到涡室图。

⑤根据结构需要确定尺寸 L，画出扩散管轴截面图，其中扩散斜角 $\alpha_4=0°～3°$，若所画图不能满足 $\alpha_4=0°～3°$，可调整 L 值和 θ 值。

与清水泵相比，渣浆泵的叶轮与护套在隔舌位置有更大的间距。这是由于渣浆泵必须保证在输送含固体颗粒的浆体时，不会出现固体颗粒在隔舌部位被卡住的情况。在某些小流量工况下，泵腔内出现大量回流，造成局部过度磨损。制造商已经针对这种情况修改了设计，并通过延伸隔舌来产生节流效应以减少流量，称这种蜗壳为小流量蜗壳（图 5.4-3）。这种方法的优点是可以修改内衬形状，而不必更换泵的壳体。更进一步的措施是设计"ReducedEye"（RE）叶轮和前护板结构,RE 叶轮进一步减小了叶轮进口直径,同样提供了一种节流效应,同时泵的前护板喉部直径也需相应修改,以适应减小后的叶轮进口。

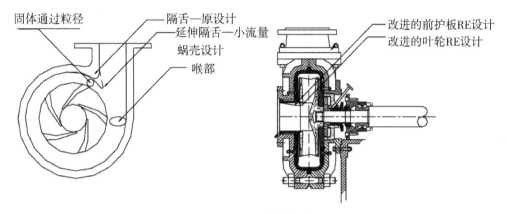

图 5.4-3 小流量蜗壳

5.4.3 压水室强度计算

压水室的断面多采用如图 5.4-4 所示的形状。

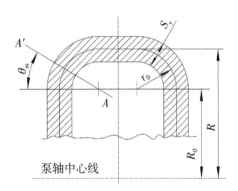

图 5.4-4 压水室的断面形状

5.4.3.1 计算壁厚 S_y

$$S_y = R \frac{P_i}{[\sigma]} \tag{5.4-16}$$

式中: R——如图 5.4-4 所示,一般按Ⅷ断面尺寸计算,mm;

P_i——压水室内的工作压力,kg/cm²;

$[\sigma]$——压水室材料的许用应力,kg/cm²,其取值如表 5.3-2 所示。

运用式(5.4-16)计算得出的 S_y 值,还应进行强度校核。根据校核结果、工艺制造条件,并考虑零件的磨损量,最后可适当加大 S_y 值,但最大值不宜超过 60mm。橡胶或金属内衬的厚度没有明确的经验公式，一般由制造商根据其应用经验确定。建议内衬厚度在叶轮直径的 4%~6%。压水室壁厚 S_y 的常取值如表 5.4-1 所示。

表 5.4-1 　　　　　　　　　　　　压水室壁厚 S_y 的常取值　　　　　　　　　　　（单位：mm）

$D_{出}$	25	50	65	80	100	150	200	250	300
S_y	12~15	15~20	20~30	22~30	25~36	28~38	30~40	32~42	35~45

5.4.3.2　压水室的强度校核

压水室的强度校核可按 MA 鲁吉斯推荐的方法进行，这种方法的基本假设是涡室内的最大应力发生在图 5.4-4 中的 $A-A'$ 断面，其角度 θ_m 可由式(5.4-17)计算。

$$\theta_m = \frac{1.225}{(2K^2)^{1/3}} \times 57.3$$

$$K = \sqrt[4]{12-(1-\mu^2)} \cdot \sqrt{\frac{\alpha\beta}{2}}$$

（5.4-17）

式中：μ——泊松比，即 $\mu = \dfrac{横向应变}{纵向应变}$，钢的泊松比 $\mu \approx 0.3$、铸铁的泊松比 $\mu \approx 0.27$；

α、β——系数，$\alpha = \dfrac{r_0}{R_0}$，如 $\beta = \dfrac{r_0}{S_y}$，其中 r_0、R_0、S_y 如图 5.4-4 所示。

（1）计算 $A-A'$ 断面的轴向应力 σ_1

$$\sigma_1 = \sigma_{1u} + \sigma_{1P}$$

（5.4-18）

式中：$\sigma_{1u} = 1.52 P_i \dfrac{\beta}{\alpha} \sqrt{\dfrac{\beta^2}{\alpha}}$，$kg/cm^2$；

$\sigma_{1P} = P_i \dfrac{\beta}{\alpha}(0.61 \cdot \sqrt[3]{\alpha\beta} + \dfrac{0.41}{\sqrt[3]{\alpha\beta}} + 1.5\alpha)$，$kg/cm^2$；

P——压水室内的工作压力，kg/cm^2。

（2）计算 $A-A'$ 断面的圆周应力 σ_2

$$\sigma_2 = \sigma_{2u} + \sigma_{2P}$$

（5.4-19）

式中：$\sigma_{2u} = \mu\sigma_{1u} - 0.652 P_i \dfrac{\beta}{\alpha} \sqrt[3]{\alpha\beta}$，$kg/cm^2$；

$\sigma_{2P} = P_i \dfrac{\beta}{\alpha}(0.237 \cdot \sqrt[3]{\dfrac{\beta^2}{\alpha}} - \dfrac{0.41}{\sqrt[3]{\alpha\beta}})$，$kg/cm^2$。

（3）计算 $A-A'$ 断面的当量应力 σ_a

1）对于脆性材料

$$\sigma_a = \sigma_1 - \nu\sigma_3$$

（5.4-20）

式中：ν——泊松比，$\nu = \dfrac{抗拉强度}{抗压强度}$，耐磨铸铁的泊松比 $\nu \approx 0.3$；

$\quad\quad\sigma_3$——$A-A'$断面径向应力，$\sigma_3 = -P_i$，kg/cm^2；

2）对于塑性材料

$$\sigma_a = \sqrt{0.5(\sigma_1 - \sigma_2)^2 + (\sigma_2 - \sigma_3)^2 + (\sigma_3 - \sigma_1)^2} \tag{5.4-21}$$

（4）计算安全系数 n

$$n = \frac{\sigma_b}{\sigma_a} \geqslant 4 \tag{5.4-22}$$

式中：n——安全系数，对于塑性材料，n 的下限值通常取 1.65～1.9；

$\quad\quad\sigma_b$——材料的抗拉强度，其取值如表 5.4-2 所示。

表 5.4-2　　　　　　　　　　　材料的抗拉强度

材料代号	KmTBNi4Cr2-GT	KmTBCr26	KmTBCr15Mo3
$\sigma_b/(kg/cm^2)$	2720～3340	5600～9600	1000(低碳)～485(高碳)

5.5　陶瓷渣浆泵 CFD 仿真分析方法

5.5.1　模型建立

5.5.1.1　陶瓷渣浆泵基本参数

渣浆泵设计要求，设计扬程 $H = 66m$，设计流量 $Q = 7600m^3/h$，转速 $n = 500$ r/min，$\eta = 89\%$，$NPSHr = 10m$。根据相关参考资料和设计经验，叶轮叶片数选择 5 枚和 4 枚，副叶轮叶片数 16 枚，背叶片 12 枚。渣浆泵的压水室形式选择准螺旋形，压水室断面形状为矩形。陶瓷渣浆泵水力如图 5.5-1 所示。

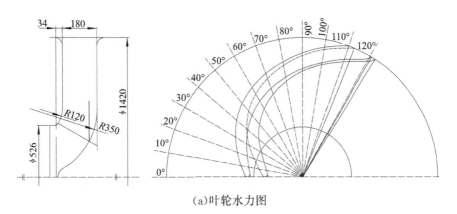

（a）叶轮水力图

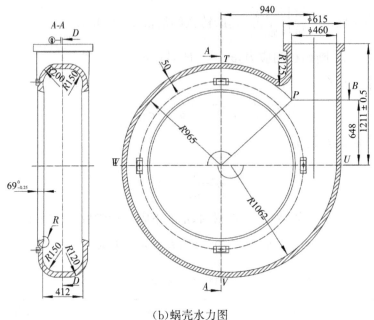

（b）蜗壳水力图

图 5.5-1　陶瓷渣浆泵水力图

5.5.1.2　全流道三维模型建立

陶瓷渣浆泵属于旋转式流体机械。根据陶瓷渣浆泵的结构特点，可将泵的全流道分为 3 个区域，即吸入管流道区域、叶轮流道区域和压水室流道区域，其中吸入管流道区域与叶轮流道区域作为一个整体处理。本书使用三维建模软件 CREO 分别建立叶轮流道区域和压水室流道区域的三维几何模型，并将三维几何模型组装在一起，得到陶瓷渣浆泵全流道的三维几何模型。叶轮实体、叶轮水体、压水室水体等三维模型如图 5.5-2 所示。为确保流体充分发展且流动稳定，不影响计算结果，将模型泵的进、出口水体分别进行了延长处理。

（a）叶轮叶片实体　　　　　　　　　　（b）叶轮实体

(c)4 叶片叶轮水体　　　(d)蜗壳水体　　　(e)压水室水体装配图

图 5.5-2　叶轮实体、叶轮水体、压水室水体等三维模型

5.5.1.3　网格模型建立

在对陶瓷渣浆泵流场进行计算之前,需对泵三维全流道几何模型进行离散化处理生成计算网格。由于陶瓷渣浆泵全流道是复杂的不规则三维区域,其网格生成是极其困难的过程。采用 ICEM 软件对各水体进行网格划分,由于模型水体结构复杂且计算涉及固液两相流,故采用六面体结构网格。最终确定的泵壳水体网格数为3632068,进口水体网格数为 379904,4 叶片叶轮水体的网格数为 1278440,11 叶片副叶轮水体的网格数为 120576,10 叶片背叶片流道水体的网格数为 363150,出口段水体的网格数为 188094,全流体域网格总数为 5962232,总节点数为 6171608,经检查,网格质量均在 0.3 以上。本模型的各流体域网格及装配体网格如图 5.5-3 所示。

(a)叶轮结构网格　　　(b)蜗壳水体结构网格　　　(c)渣浆泵全流体计算域

图 5.5-3　各流体域网格及装配体网格

5.5.2　数值计算基本理论

5.5.2.1　计算流体动力学控制方程

（1）连续性方程

在计算流体动力学中,质量守恒定律由连续方程来描述,可被表述为:单位时间

内流体单元体中质量的增量,等于同一时间间隔内流入该单元体的净质量,其数学表达:

$$\frac{\partial \rho}{\partial t} + \frac{\partial (\rho u)}{\partial x} + \frac{\partial (\rho v)}{\partial y} + \frac{\partial (\rho w)}{\partial z} = 0 \qquad (5.5\text{-}1)$$

引入矢量符号 $\mathrm{div}(\alpha) = \dfrac{\partial \alpha_x}{\partial x} + \dfrac{\partial \alpha_y}{\partial y} + \dfrac{\partial \alpha_z}{\partial z}$,式(5.5-1)可写为

$$\frac{\partial \rho}{\partial t} + \nabla \cdot \rho u = 0 \qquad (5.5\text{-}2)$$

式中:t——时间;

    ρ——密度;

    u,v 和 w——速度矢量 u 在 x,y 和 z 3 个方向上的分量。

(2)N-S 方程

在计算流体动力学中,动量守恒定律由 N-S 方程来描述,可被表述为:单元体中流体的动量相对于时间的变化率等于外界作用在该单元体的各种力之和,其数学表达形式:

$$\frac{\partial (\rho u)}{\partial t} + \mathrm{div}(\rho u u) = -\frac{\partial P}{\partial x} + \frac{\partial \tau_{xx}}{\partial x} + \frac{\partial \tau_{yx}}{\partial y} + \frac{\partial \tau_{zx}}{\partial z} + F_x \qquad (5.5\text{-}3a)$$

$$\frac{\partial (\rho v)}{\partial t} + \mathrm{div}(\rho v u) = -\frac{\partial P}{\partial y} + \frac{\partial \tau_{xy}}{\partial x} + \frac{\partial \tau_{yy}}{\partial y} + \frac{\partial \tau_{zy}}{\partial z} + F_y \qquad (5.5\text{-}3b)$$

$$\frac{\partial (\rho w)}{\partial t} + \mathrm{div}(\rho w u) = -\frac{\partial P}{\partial z} + \frac{\partial \tau_{xz}}{\partial x} + \frac{\partial \tau_{yz}}{\partial y} + \frac{\partial \tau_{zz}}{\partial z} + F_z \qquad (5.5\text{-}3c)$$

式中:P——流体单元体上的压力;

    τ_{xx},τ_{xy} 和 τ_{xz}——单元体表面上黏性应力 τ 的分量;

    F_x,F_y 和 F_z——单元体上的作用力。

(3)能量方程

能量守恒定律是所有存在热交换的流体都必须满足的基本定律,在计算流体动力学中由能量方程描述,可被表述为:单元体中能量的增加率等于进入单元体中经热流量与体力、面力对单元体所做功的总和,其数学表达形式:

$$\frac{\partial (\rho T)}{\partial t} + \mathrm{div}(\rho u T) = \mathrm{div}\left(\frac{k}{c_p} \mathrm{grad}T\right) + S_T \qquad (5.5\text{-}4)$$

式中:c_p——比热;

    T——温度;

    k——流体导热系数;

    S_T——流体的内热源与因液体黏性作用使流体机械能转化为热能的部分,又

被称为黏性耗散项。

5.5.2.2 控制方程的离散

在使用 CFD 技术处理指定的问题前,需先将要处理的区域离散化,离散的过程是将计算区域内连续的空间经处理划分成多个细小的子区域,统计出各子区域的节点,最终生成网格。再将划分子区域后的网格离散化,实现偏微分方程格式的控制方程转换为各节点的代数方程组。

区域离散的本质是用一组个数有限的点来代替原有的连续空间,在反映问题本质的情况下减少计算机的工作量,通过把计算区域划分成多个互不重叠的子区域,得到划分后子区域的节点位置和与该节点相对应的控制体积。

节点表示为控制体积;控制体积定义为应用控制方程的最小几何单位或守恒定律的最小几何单位。

通常情况下,节点就是控制体积,由于控制体积和划分后的子区域在某些情况下并非完全重合,因此在区域离散化前,由坐标轴和与之相对应的直线或者曲线族划分得到的小区域被称为子区域。在进行模型离散前,需要先划分网格得到网格区域,用网格节点存储离散化的物理量。

5.5.2.3 湍流数值模拟方法及湍流模型

直接数值模拟和间接数值模拟为湍流数值计算的两种方法。目前主要利用 Reynolds 时均法和大涡模拟解决工程问题。大涡模拟是介于直接数值模拟和间接数值模拟之间的一种直接模拟方法,在进行湍流流动模拟时,采用不同的模型对大于网格尺度的湍流流动及小尺度涡对大尺度运动的影响进行模拟。这弥补了 Reynolds 平均法所疏漏的非稳态特性,对计算机硬件的要求仍比较高,但仍被认为是湍流数值模拟发展的方向。大多人认为模拟湍流运动可用瞬时 N-S 方程,但受其非线性特性的限制,湍流中用解析方法求得有关三维时间的细节问题极其困难,且这些细节在解决实际问题面前显得意义不大。相比湍流所引起的平均流场的变化工程应用更看重整体效果。Reynolds 时均法是通过某种模型在时均化的 N-S 方程中来体现出瞬态的脉动量。目前这种数值方法应用最为广泛并且最适于湍流模拟。Reynolds 时均法用平均量和脉动量两者之和来对瞬时速度分量和瞬时压力分量进行表述,即

$$u_i = \overline{u_i} + u_i{'}, p = \overline{p} + p'$$ (5.5-5)

雷诺平均 N-S 方程组的另一种表示形式如下:

$$\frac{\partial}{\partial x_j}(u_j) = 0$$ (5.5-6)

$$\frac{\partial \overline{u_i}}{\partial t} + \overline{u_j} \frac{\partial \overline{u_i}}{\partial x_j} = -\frac{1}{\rho} \frac{\partial \overline{p}}{\partial x_j} + \frac{\partial}{\partial x_j}(v \frac{\partial \overline{u_i}}{\partial x_j} - \overline{u_i{'} u_j{'}})$$ (5.5-7)

式中：$-\overline{u_i{'}u_j{'}}$——时均化而增加的湍流脉动附件项，称为雷诺应力。

目前工程湍流计算中主要采用 Reynolds 时均法，依据对雷诺应力作出的假设不同，可分为 Reynolds 应力模型和涡黏模型两类。涡黏模型引入涡黏系数将湍流应力表示成湍流黏度的函数。涡黏系数是由 Boussinesq 提出的。实际工程中，对各种流动进行初步分析，然后合理的选择湍流模型。本项目稳态计算选用标准的 k-ε 湍流模型，瞬态求解时选用 SST k-ω 湍流模型。

（1）标准 k-ε 模型

把紊流黏性与紊动能和耗散率相联系，建立与涡黏性的关系，这种模型在工程上被广泛采纳。标准的 k-ε 方程形式为

$$\frac{\partial(\rho k)}{\partial t}+\frac{\partial}{\partial x_j}(\rho u_j k)=\frac{\partial}{\partial x_j}\left[\left(\mu+\frac{\mu_t}{\sigma_k}\right)\frac{\partial k}{\partial x_j}\right]+P_k-\rho\varepsilon+P_{kb}$$

$$\frac{\partial(\rho\varepsilon)}{\partial t}+\frac{\partial}{\partial x_j}(\rho u_j\varepsilon)=\frac{\partial}{\partial x_j}\left[\left(\mu+\frac{\mu_t}{\sigma_\varepsilon}\right)\frac{\partial\varepsilon}{\partial x_j}\right]+\frac{\varepsilon}{k}(C_{\varepsilon1}P_k-C_{\varepsilon2}\rho\varepsilon+C_{\varepsilon1}P_{\varepsilon b})$$

$$(5.5\text{-}8)$$

式中：k，ε——湍动能和湍流耗散率；

P_t——湍动能生成项；

μ_t——湍流黏性系数，模型常数分别为 $C_{\zeta1}=1.44$，$C_{\zeta2}=1.92$，$C_\zeta=1.3$，$\sigma_k=1.0$，$C_\mu=0.09$。

（2）SST k-ω 模型

为克服标准 k-ω 模型在求解自由剪切流动时过分依赖自由来流等问题，Menter 对标准的 k-ω 湍流模型进行了改进，得到了剪切应力输运模型（Shear Stress Transport），简称 SST k-ω 模型，具体如下：

$$\frac{\partial}{\partial t}(\rho k)+\frac{\partial}{\partial x_i}(\rho k u_j)=\frac{\partial}{\partial x_j}\left(\Gamma_k\frac{\partial k}{\partial x_j}\right)+G_k+Y_k \qquad (5.5\text{-}9)$$

$$\frac{\partial}{\partial t}(\rho\omega)+\frac{\partial}{\partial x_i}(\rho\omega u_j)=\frac{\partial}{\partial x_j}\left(\Gamma_\omega\frac{\partial\omega}{\partial x_j}\right)+G_\omega-Y_\omega+D_\omega \qquad (5.5\text{-}10)$$

式中：G_ω——比耗散率生成项；

Γ_k 和 Γ_ω——k 和 ω 的有效扩散项；

Y_k 和 Y_ω——湍流引起的 k 和 w 的耗散项；

D_ω——交叉扩散项。

5.5.2.4 Zwart-Gerber-Belamri 空化模型

发生空化的流体是具有压缩性的混合物形式，其流动会形成质量和动量界面连续条件不断变化的两相流。目前，直接模型和平均化模型是分析空化现象的主要方

法。当前研究人员广泛采用的模型主要有直接模型中的欧拉法(单相界面追踪空化模型)、平均化模型中的 1 方程模型(基于均质多相输运方程的空化模型)和 0 方程模型(基于均质多相状态方程的空化模型)。

经典的空化模型主要有两种形式:一种是球形空泡模型,该模型主要适用于汽泡空化的形成;另一种是自由流线方法,该模型主要适用于含有附着空穴和充满蒸汽的尾迹流动。从空泡输运方程出发推导空化模型的主要过程如下:

静止不可压牛顿流体的 Rayleigh-Plesset 方程形式为

$$R_B \frac{\mathrm{d}^2 R_B}{\mathrm{d}t^2} + \frac{3}{2}\left(\frac{\mathrm{d}R_B}{\mathrm{d}t}\right)^2 + \frac{4\nu}{R}\frac{\mathrm{d}R_B}{\mathrm{d}t} + \frac{2\nu}{\rho_L R_B} = \frac{p_v(t) - p(t)}{\rho_l} \tag{5.5-11}$$

式中:R_B——球形汽泡半径;

T——表面张力;

p_v——汽化压力;

p——外部的液体压力;

ρ_l——液体密度。

式(5.5-11)左边为球形空泡的半径变化函数。右边的表达式不仅反映了汽化压力与局部静压的关系,也是 Rayleigh-Plesset 方程在空泡生长过程中的主导项。该公式的建立没有考虑到流体热力学效应对空化问题的影响,汽化压力 p_v 可近似代替空泡的内部压力 p_B。

ANSYS CFX 软件已将 Z-G-B 空化模型集成至自身函数库内。为便于数值求解,将式(5.5-11)简化为如下形式:

$$\frac{\mathrm{d}R_B}{\mathrm{d}t} = \sqrt{\frac{2}{3}\frac{p_v - p}{\rho_l}} \tag{5.5-12}$$

从而可以得到单个汽泡的质量变化速率:

$$\frac{\mathrm{d}m_B}{\mathrm{d}t} = \rho_v \frac{\mathrm{d}V_B}{\mathrm{d}t} = 4\pi R_B^2 \rho_v \sqrt{\frac{2}{3}\frac{p_v - p}{\rho_l}} \tag{5.5-13}$$

气体体积分数 α_v 与 N_B 之间的关系可以用式(5.5-14)表示。

$$\alpha_v = N_B V_B = \frac{4}{3}\pi R_B^3 N_B \tag{5.5-14}$$

式中:N_B——单位体积内空泡数。

单位体积内空泡数与单个空泡的质量变化速率的乘积为可单位体积内总的相间质量传递速率 m_t。

$$m_t = N_B \frac{\mathrm{d}m_B}{\mathrm{d}t} = \frac{3\alpha_v \rho_v}{R_B}\sqrt{\frac{2}{3}\frac{p_v - p}{\rho_l}} \tag{5.5-15}$$

空化的发展将使气体体积分数增加,流体内成核的密度随之减少,则蒸发过程中可以用 $\alpha_{nuc}(1-\alpha_v)$ 代替 α_v。$Z\text{-}G\text{-}B$ 空化模型的表达式为

$$m=\begin{cases}-F_e\dfrac{3\alpha_{nuc}(1-\alpha_v)\rho_v}{R_B}\sqrt{\dfrac{2}{3}\dfrac{p_v-p}{\rho_l}} & (p<p_v)\\[4mm] F_c\dfrac{3\alpha_v\rho_v}{R_B}\sqrt{\dfrac{2}{3}\dfrac{p-p_v}{\rho_l}} & (p>p_v)\end{cases} \tag{5.5-16}$$

式中:α_{nuc}——空化核体积分数;

$\quad F_{vap}$——汽化经验校正系数;

$\quad \alpha_{nuc}$——核分数,$\alpha_{nuc}=5\times10^{-4}$;

$\quad F_e$——介质蒸发系数,$F_e=50$;

$\quad F_c$——介质凝结系数,$F_c=0.01$。

假定空泡半径保持为 $R_B=10^{-6}m$。介质蒸发系数与凝结系数相差极大,其原因是空化中蒸发、凝结的速度不一致。

5.5.2.5 边界条件

基于 ANSYS CFX 软件,首先对模型泵进行清水模拟。液体设置为连续相,采用 $k\text{-}\varepsilon$ 湍流模型,湍流强度设为 5%,壁面粗糙度设为 0.0125mm,壁面条件中固壁对水的作用假设为无滑移,计算过程中不考虑液体重力,采用压力进口和速度出口的边界条件。其中,叶轮水体、副叶轮水体和背叶片水体为旋转流体域,进口段水体、压水室水体及出口段水体为静止流体域。流体域之间的动静耦合面采用 Frozen Rotor 交界面,Reference Pressure 设置为 1atm,平均残差 RMS 的收敛精度设置为 1×10^{-5}。非定常计算中,动静交界面设置为 Transient Rotor Stator 模式,主陶瓷渣浆泵的转速 500r/min,计算时叶轮每转 3°作为一个时间步长,时间步长 $\Delta t=0.001s$,每 120 个时间步长叶轮旋转一周,总计算时间 0.84s,残差的收敛精度为 1×10^{-4}。由于计算过程中采用湍流模型,求解格式采用收敛性好的迎风(upwind)模式。

固液两相模拟与清水工况模拟较为相似,但其前处理更为复杂,需要设置的参数更多。固液两相模拟参考清水密度选取为 998.5kg/m³。由于颗粒体积浓度较小,流体域浆体密度为 1374kg/m³,固体颗粒的密度为 3200kg/m³,固体颗粒体积浓度 17%,固体颗粒直径 0.17mm。进口边界条件为压力入口,设为 100kPa,并分别给定流体相和固体颗粒离散相的体积分数;出口边界条件为速度出口;固壁边界条件中,固相粒径设置为 0.17mm,液相和固相的固壁条件均采用无穿透、无滑移边界条件,近壁区内对涡黏性系数采用衰减函数,壁面速度为零。由于固液两相流中固体颗粒体积浓度大于 10%,两相流模型选择双欧拉模型,固体颗粒采用离散相零方程

(Dispersed phase zero equation)，其黏度设为一个无关紧要的微小量，相间拖曳力采用 Gidaspow 模型，阻力系数设为 0.44，并选用双向耦合的计算方法。

5.5.3 计算结果分析

5.5.3.1 不同介质对陶瓷渣浆泵外特性的影响

图 5.5-4 和图 5.5-5 分别为清水工况和浆体工况下陶瓷渣浆泵的外特性曲线。从图 5.5-4 中可以看出，清水工况中在设计工况下模型泵的水力效率最高，为 85.4%，随流量增加效率缓慢降低，模型泵的高效区为 $0.7Q_0 \sim 1.5Q_0$。当流量大于 $1.5Q_0$ 时，效率明显陡降。清水介质工况下，在关死点扬程为 88.5m，随流量增加扬程曲线平缓下降，设计工况（$1.0Q_0$）泵的扬程为 69.6m，陶瓷渣浆泵的轴功率随流量增大线性增加，当流量大于 $1.3Q_0$ 时，轴功率的增长趋势开始降低。从图 5.5-4(b) 还可以看出，在流量为 $0 \sim 1.5Q_0$，副叶轮和背叶片的功率为 $100 \sim 130kW$，较为稳定；当流量大于 $1.5Q_0$ 时，副叶轮和背叶片的功率开始增大至 200kW。

当模型泵的输送介质为浆体时，泵的扬程和效率均明显降低，设计工况下模型泵的效率降低至 78.7%，扬程降低至 64.5m，关死点扬程降至 78m。可以看出，在浆体工况下，模型泵的高效区明显变窄，缩小至 $0.9Q_0 \sim 1.4Q_0$，高效区向大流量工况偏移，且扬程曲线在 $0.7Q_0$ 工况出现驼峰。模型泵的轴功率曲线更加平滑，在流量为 $0 \sim 1.6Q_0$ 时间，轴功率随着流量的增大线性增长。相比于清水工况，输送介质为固液两相的浆体时，模型的外特性曲线变化趋势整体相似，但扬程和水力效率均出现明显降低。

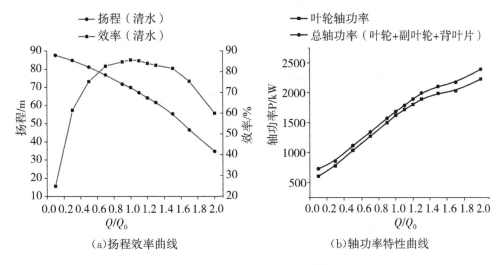

(a)扬程效率曲线   (b)轴功率特性曲线

图 5.5-4 清水介质下外特性

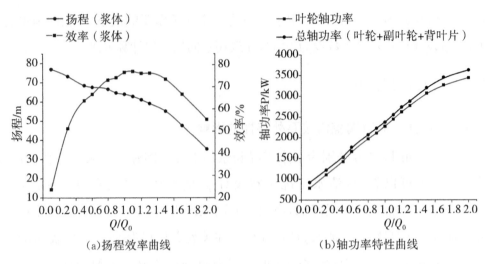

(a)扬程效率曲线   (b)轴功率特性曲线

图 5.5-5 浆体介质下(固液两相)外特性

图 5.5-6 是陶瓷渣浆泵在清水工况和浆体工况下的轴向力特性曲线。在清水介质中,在设计工况下叶轮的轴向合力约为 20kN,随着流量增加,整个叶轮轴向推力由"+"变"—",当流量大于 $0.3Q_0$ 时,随着流量增加,绝对轴向力逐渐增大;当流量大于 $1.5Q_0$ 时,随着流量的增加绝对轴向力急剧增大。可以看出,叶轮流体域的轴向力是整个叶轮轴向力的最大组成部分,在关死点叶轮流体域的轴向力约为 $-20kN$,在设计工况下轴向推力为 $-40kN$,当流量为 $1.5Q_0$ 时,轴向推力达到 $-66kN$。在全流量区间内,副叶轮的轴向推力为 $-300\sim-450kN$,背叶片的轴向反推力为 $22\sim33kN$,可以看出在小流量区间背叶片可以起到明显的平衡叶轮流体域轴向力的作用。在浆体工况,轴向推力的变化规律基本相似,其中背叶片所产生的轴向反推力为 $30\sim40kN$(全流量区间),设计工况下叶轮流体域的轴向合力约为 18kN,小于清水工况,但是随着流量的增加,叶轮所产生的轴向推力急剧增大。

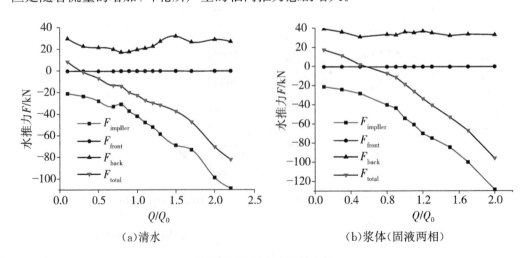

(a)清水   (b)浆体(固液两相)

图 5.5-6 轴向力特性曲线

注：$F_{impller}$ 为叶轮流体域的轴向推力，F_{front} 为副叶轮流体域的轴向推力，F_{back} 为背叶片流体域的轴向推力，F_{total} 为整个叶轮流体域的轴向合力，"＋"代表轴向力方向与进口段流体流动方向相反，反之为"－"。

5.5.3.2　陶瓷渣浆泵的空化特性

采用 ANSYS CFX 对陶瓷渣浆泵的清水工况进行定常空化计算。边界条件进口为静压进口，出口为速度流量出口，固壁处采用无滑移边界条件；通过使用 SST k-ω 湍流模型封闭控制方程进行单相定常计算，空化计算则需要添加 Zwart-Gerber-Belamri 模型与湍流模型配合封闭；25℃时水的汽化压力为 3170Pa，由于真实空化过程中空泡体积随流动状态的不同而变化，现阶段水蒸气在流动过程中运动变化规律还未彻底掌握，此处对气泡进行简化处理，定义气泡直径为 2×10^{-6}m，并假设空泡在空化发展过程中始终保持球形。空化模拟中进口处水的体积分数为 1，气泡体积分数为 0。陶瓷渣浆泵纯液相工况及空化工况下数值计算求解收敛精度均设置为 1×10^{-5}。

图 5.5-7 为在不同进口压力下陶瓷渣浆泵的空化特性曲线。当泵进口汽蚀余量 $NPSH = 10$m 时，泵的扬程为 68.5m，没有下降趋势，与设计工况的扬程值相比下降了 1.4%，说明该陶瓷渣浆泵的空化性能满足设计要求。当 $NPSH = 9$m 时，泵的扬程为 67.8m，基本没有下降，说明泵内没有发生空化或发生了轻微空化，但不至于影响到泵的外特性；当 $NPSH = 8.93$m 时，陶瓷渣浆泵扬程下降至 66.8m，扬程下降了 3%，此时泵内已出现了明显空化，工程上一般将该工况称为临界汽蚀点；当 $NPSH = 8.87$m（$P = 43$kPa）时，扬程下降了约 31%，此时泵内空化已十分严重；在泵进口压力进一步减小至 30kPa 时，计算的泵扬程几乎为 0，陶瓷渣浆泵叶轮流道已被气相完全占据，发生了严重空化。

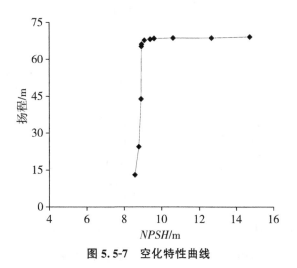

图 5.5-7　空化特性曲线

　　图 5.5-8 为不同进口压力条件下叶轮径向截面气体体积分数分布云图,分别对应了图 5.5-7 中的 $NPSH=7.54$、8.56、8.87(严重空化)、$NPSH=8.93$(不严重空化)、$NPSH=9.58$、10.61(空化初生)的情况。从图 5.5-8 中可以看出,在 $P=60kPa$ 和 $50kPa$ 时,部分流道有气相分布,主要位于叶轮叶片进口吸力面,随着进口压力的降低,叶轮流道内气相分布范围逐渐扩大,空化区域的分布受叶片的影响大。当进口压力下降至 $43.5kPa$ 时,叶轮一个流道进口被气相完全堵塞,其余流道进口位置部分堵塞;当压力继续下降至 $43kPa$、$40kPa$ 和 $30kPa$ 时,4 个叶轮流道均被堵塞。可以看出,随着进口压力的降低,空化区域从吸力面向压力面发展,从叶轮进口向叶轮出口发展,直至占据整个叶轮流道。

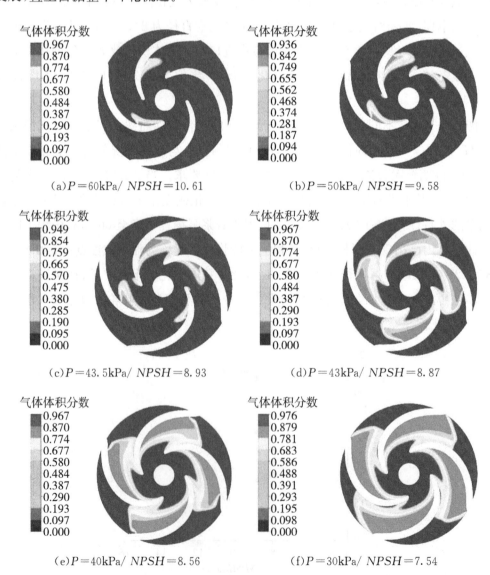

图 5.5-8　不同进口压力条件下叶轮径向截面气体体积分数分布云图

5.5.4 陶瓷渣浆泵内部流场流态分布

图 5.5-9 是陶瓷渣浆泵分别在小流量工况、设计流量工况和大流量工况下径向截面的压力分布图,图 5.5-10 是陶瓷渣浆泵在不同流量工况下轴向截面的压力分布图。从图 5.5-10 中可以看出,随着流量的增大,叶轮流道内叶轮旋转时产生的压力场呈对称,局部高压区域明显减少;从泵的进口到出口,流体的静压均匀地增加,压力梯度变化较为明显。叶轮内静压增加是由于叶轮对流体做功,泵壳内静压增大是因为二者均能将部分的速度能转化为压力能;由于压力是均匀增大,表明过流部件的水力性能是较好。从图 5.5-9 可以看出,随着流量的增加,泵内压力整体降低,在小流量和设计流量工况下,泵内部高压区主要分布在蜗壳流体域内的外缘壁面附近及蜗壳出口扩散段,而在大流量工况下,蜗壳出口扩散段的高压区发生转移,即随着流量的增加,蜗壳内的高压区由出口扩散段向蜗壳内部转移。还可以看出,在叶轮流道进口靠近吸力面处产生负压,且随着流量的增加,负压区域扩大并向进口段转移。叶片工作面的压力比叶片背面的要大,前盖板侧的压力比后盖板侧的高,叶片进口背面侧压力达到最低值,这是汽蚀最容易发生的地方。

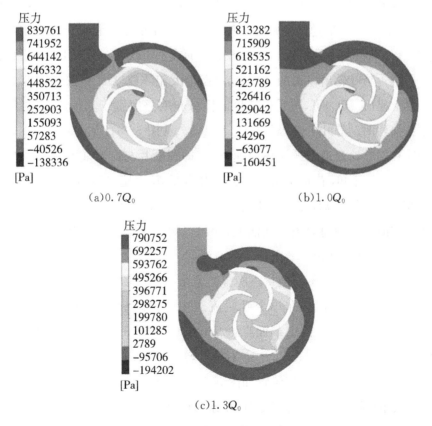

(a)$0.7Q_0$

(b)$1.0Q_0$

(c)$1.3Q_0$

图 5.5-9 径向面静压分布

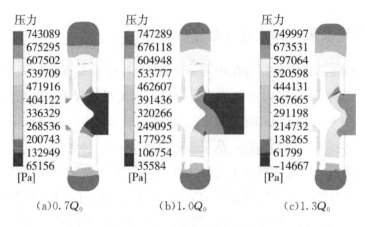

压力	压力	压力
743089	747289	749997
675295	676118	673531
607502	604948	597064
539709	533777	520598
471916	462607	444131
404122	391436	367665
336329	320266	291198
268536	249095	214732
200743	177925	138265
132949	106754	61799
65156	35584	−14667
[Pa]	[Pa]	[Pa]
(a)0.7Q_0	(b)1.0Q_0	(c)1.3Q_0

图 5.5-10　垂直截面静压分布

图 5.5-11 是陶瓷渣浆泵分别在小流量工况、设计流量工况和大流量工况下径向截面的速度分布云图，图 5.5-12 是陶瓷渣浆泵在不同流量工况下轴向截面的速度分布云图。从图 5.5-12 中可以看出，陶瓷渣浆泵的速度云图呈现不完全对称分布，泵内部区域流场存在明显区别，随着流量增大，叶轮流道内叶轮旋转产生的速度场呈对称性。在小流量工况和设计流量工况下，叶轮流道内靠近隔舌附近对应蜗壳第一至第三截面的区域出现明显的低速区，速度为 $0\sim10\mathrm{m/s}$，其他流道的速度分布为 $15\sim25\mathrm{m/s}$；随着流量增大，低速区向蜗壳流体域移动。在小流量和设计流量工况下的这种不等值分布，说明在隔舌附近的压力流道内形成了二次流。还可以看出，泵内部高速区出现在隔舌与叶轮出口边的动静交界处，最大流体速度大于 $30\mathrm{m/s}$，形成高速射流。大流量工况($1.3Q_0$)下，隔舌处速度云图分布明显区别于其他工况，说明该处流道内存在更强烈的动静叶干涉等复杂流动现象。从图 5.5-12 可以看出，在陶瓷渣浆泵的背叶片和副叶轮流道内的流体流速较低，即背叶片与副叶轮对流体介质做功很小，结合图 5.5-6 可知，背叶片的主要作用为平衡叶轮产生的轴向推力。结合图 5.5-9 和图 5.5-12 可知，在副叶轮流道内，副叶片出口边压力大于进口边，说明流体从副叶轮与前盖板的间隙内存在泄流，而出口边流速低于进口边且低于叶轮的转速，说明副叶轮的高速旋转有效阻止了液流泄漏。

为了获取不同工况下不同流量点陶瓷渣浆泵内部流场中特定位置的瞬态流动特性，监测流体静压变化情况，在单个叶轮流道中间由进口依次布置监测点 PY1～PY3、在蜗壳内部沿螺旋线依次布置监测点 $PAi(i=1\sim3)$、PBi、PCi、PDi 和 PEi，且各监测点周向均匀分布。其中，PA_1 对应叶轮出口，PA_2 对应副叶轮出口，PA_3 对应背叶片出口，各监测点具体设置位置如图 5.5-13 所示。监测叶轮流道及蜗壳流道内瞬态压力变化情况，从而分析引起压力脉动的主要因素及压力脉动的分布变化规律。

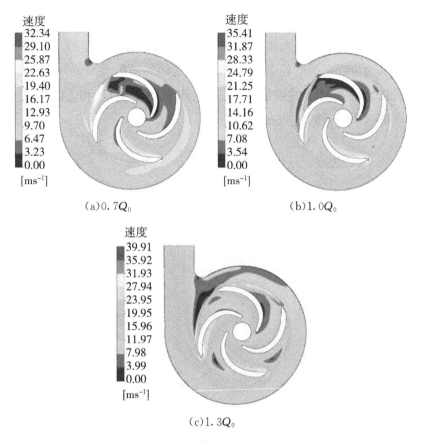

(a)0.7Q_0 (b)1.0Q_0

(c)1.3Q_0

图 5.5-11 径向面速度分布

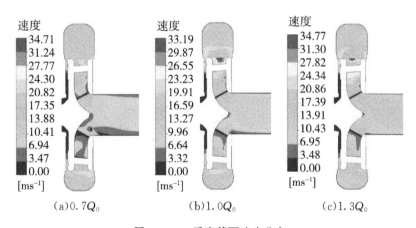

(a)0.7Q_0 (b)1.0Q_0 (c)1.3Q_0

图 5.5-12 垂直截面速度分布

本书是为了对比分析不同工况及不同流量下陶瓷渣浆泵内压力脉动情况,因此仅对流体域内的几个代表性监测点进行研究。图 5.5-14 和图 5.5-15 分别为陶瓷渣浆泵在设计流量工况下泵内部各监测点的压力脉动波形图和频谱图。由图 5.5-14 可以看出,叶轮和蜗壳内各监测点的脉动波形均随叶轮旋转呈现周期性变化,在叶轮内监测点 PY_1、PY_2 和 PY_3 的周期压力波形有 1 个波峰、1 个波谷,蜗壳及出口扩散

段内监测点 PA_1、PB_1、PC_1、PD_1 和 PE_1 的周期波形有 4 个波峰、4 个波谷,其中 PA_1、PB_1、PC_1、PD_1 的每个大波峰又包含 1 个小波峰和 1 个小波谷,且小波波幅远小于大波波幅,这可能是副叶轮、背叶片与隔舌之间的动静干涉所导致。PA_1 点的压力波幅明显最大,达 67kPa,然后依次是 PB_1、PD_1、P_{out}、PE_1 和 PC_1,结合图 5.5-12 可知,蜗壳内部远离隔舌的监测点波幅最小。

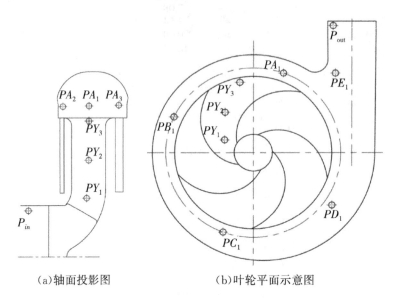

(a)轴面投影图   (b)叶轮平面示意图

图 5.5-13　监测点设置

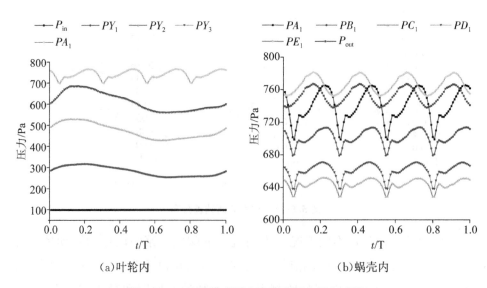

(a)叶轮内   (b)蜗壳内

图 5.5-14　陶瓷渣浆泵内监测点瞬态压力时域

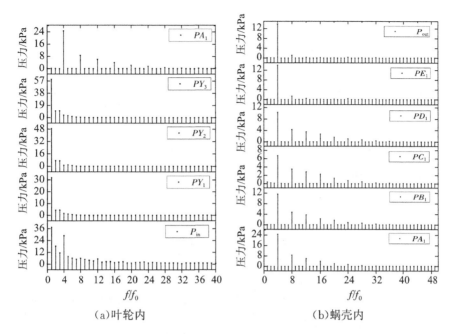

(a)叶轮内　　　　　　(b)蜗壳内

图5.5-15　陶瓷渣浆泵内监测点瞬态压力频域

从图5.5-14频谱特性上可以看出,叶轮流道内监测点的主频(第一脉动频率)为1倍轴频($f_0 = 500/60 = 8.333\text{Hz}$),且靠近叶轮出口处的$PY_3$最大,振幅达60kPa。蜗壳内的监测点的主频为4倍转频(为泵轴的转动频率和叶片数之积),第二、三脉动频率依次为2倍叶频和3倍叶频,即转频和转子与蜗壳隔舌之间的动静干涉作用为压力脉动源。与图5.5-14对应,蜗壳内部各监测点主频振幅最大的为PA_1点,振幅为24.5kPa,然后依次是PB_1、PD_1、P_{out}、PE_1和PC_1。泵进口监测点的压力波动很小,最大脉动幅值仅为37Pa。

为了获取副叶轮和背叶片对蜗壳内部压力脉动的影响,分别对叶轮和副叶轮和背叶片出口的压力进行监测,分别对应图5.5-13(a)的PA_1、PA_2和PA_3监测点。从图5.5-16(a)可以看出,PA_1、PA_2和PA_3监测的时域变化曲线整体一致,其中监测点PA_2和PA_3的波动略小于PA_1,PA_2和PA_3时域曲线的次波峰明显减弱。从图5.5-16(b)可以看出,PA_1、PA_2和PA_3的主频均为4倍轴频(叶频),第二、三脉动频率均为2倍叶频和3倍叶频,PA_1、PA_2和PA_3在4倍轴频位置处的脉动幅值依次为24.6kPa、22.6 kPa和18 kPa。

对比分析不同工况、不同流量下陶瓷渣浆泵内压力脉动情况(图5.5-17)。通过图5.5-14至图5.5-16的分析,选择PA_1和P_{out}作为特征监测点,分别监测特征点在$0.7Q_0$、$1.0Q_0$和$1.3Q_0$流量工况下的压力脉动情况。可以看出,不同流量下监测点P_{out}的压力波动规律相同,一个周期内均有5个波峰波谷,但是波动区间相差很大,在$0.7Q_0$、$1.0Q_0$和$1.3Q_0$流量下的波动基准压力分别对应838kPa、752kPa和

652kPa。而监测点 PA_1 在 3 个流量工况下的基准压力十分接近，分别对应 751kPa、740kPa 和 710kPa。PA_1 在不同流量工况下的波幅接近相等，而 P_{out} 的时域波幅随流量的增加而增大，PA_1 和 P_{out} 的监测点波峰相位差约为 30°。从图 5.5-17（b）可以看出，在不同流量工况下监测点 PA_1 和 P_{out} 的第一脉动频率均为 4 倍轴频（叶频），第二脉动频率均为 2 倍叶频，PA_1 在 1 倍、2 倍、3 倍和 4 倍叶频处均出现压力脉动，脉动幅值逐渐减小，而 P_{out} 的压力脉动均集中在 1 倍叶频和 2 倍叶频处，主频处幅值远大于谐波处脉动幅值。与时域图相对应，P_{out} 在主频处的压力脉动幅值随流量的增加而增大，而 PA_1 在不同流量下的主频处脉动幅值基本相等。

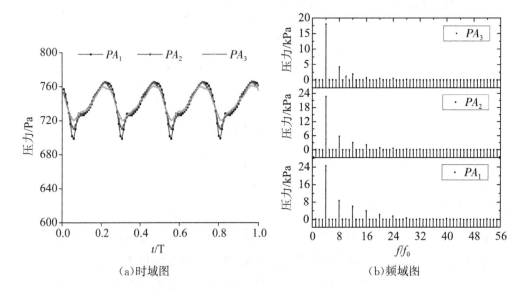

（a）时域图　　　　　　　　　　（b）频域图

图 5.5-16　陶瓷渣浆泵内监测点瞬态压力时域频域图

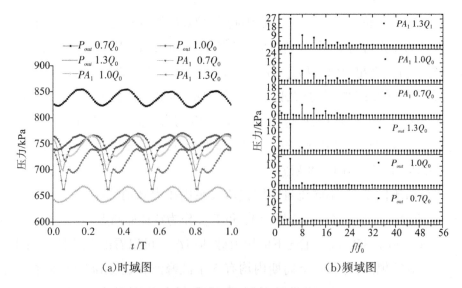

（a）时域图　　　　　　　　　　（b）频域图

图 5.5-17　陶瓷渣浆泵内监测点瞬态压力时域频域图

图 5.5-18(a)为叶轮、副叶轮和背叶片一个旋转周期所受径向力旋转时域图，图 5.5-18(b)为每条曲线分别代表着不同流量点叶轮旋转一个周期所受径向合力的大小。从图 5.5-18(a)可以看出，在设计流量工况副叶轮和背叶片所产生的径向力远小于叶轮部分，径向力占比小于 10%。可以看出，叶轮旋转一周径向力在径向面呈现出明显的四边形分布，叶轮每旋转 90°径向力出现一次波峰波谷，造成这种分布规律的原因是叶轮为 4 叶片布置，叶轮叶片与蜗壳隔舌相干涉的作用。还可以看出，副叶轮和背叶片所产生的径向力与叶轮径向力存在一定的相位差。从图 5.5-18(b)可以看出，随流量的增加叶轮所受径向力整体降低，在设计流量工况下，径向合力为 25.9～33.3kN，在 $0.7Q_0$ 流量工况下，径向合力为 30.3～36.7kN，在 $1.3Q_0$ 流量工况下，径向合力为 22.8～32.5kN。

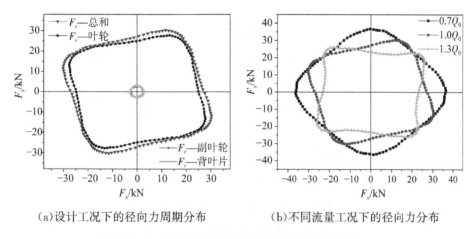

（a）设计工况下的径向力周期分布　　　（b）不同流量工况下的径向力分布

图 5.5-18　陶瓷渣浆泵转子部件所受径向力周期分布

陶瓷渣浆泵的设计口环间隙为 2mm，在前盖板上设有副叶片，叶片结构为直叶片，叶片数为 16，图 5.5-19 为 3 个流量工况下副叶轮在一个旋转周期内的流量变化。流量为正，说明流量从口环方向流至蜗壳，这主要是高速旋转副叶片对间隙流体做功。间隙流量随叶轮的选择呈周期性变化，在 $0.7Q_0$ 工况，最大间隙流量为 10.2 m^3/h，最小间隙流量为 5.6 m^3/h，间隙流量平均为 7.9m^3/h；在 $1.0Q_0$ 工况，最大间隙流量为 7.9m^3/h，最小间隙流量为 3.6 m^3/h，间隙流量平均为 5.8m^3/h；在 $1.3Q_0$ 工况，最大间隙流量为 9.3m^3/h，最小间隙流量为 4.4 m^3/h，间隙流量平均为 6.72m^3/h。在 $0.7Q_0$、$1.0Q_0$ 和 $1.3Q_0$ 工况，平均泄漏量占比分别为 0.149%、0.076% 和 0.068%。可知在增设了副叶片后，在 3 种要求工况下前盖板口环泄漏量均小于 0.2%，即副叶片的增设使得口环泄漏量接近 0。结合图 5.5-6，在流量为 0.1～$2.2Q_0$ 内副叶轮间隙流产生的水推力为 0.3～0.5kN，远小于叶轮内流体产生的轴向力 21N～100kN，可忽略不计。

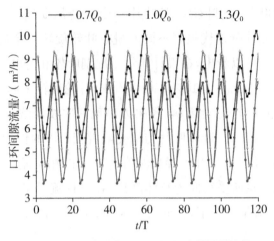

图 5.5-19　陶瓷渣浆泵口环泄漏流量周期变化

图 5.5-20 和图 5.5-21 为陶瓷渣浆泵分别在 $0.7Q_0$、$1.0Q_0$ 和 $1.3Q_0$ 流量工况下轴向面和径向面固体分布云图。泵内部的固液两相分布还比较均匀,高固含率主要分布在靠近蜗壳的壁面处,在叶轮流道内部叶片压力面的固含率高于叶片吸力面,后盖板附近固含率高于前盖板,在副叶轮和背叶片的流体域固含率明显低于其他区域。从叶轮的固相体积浓度分布来看,在叶轮流道进口附近固相体积浓度分布还比较均匀,叶轮的转动使得固相的体积浓度分布发生了变化,颗粒在从叶轮进口运动至出口的过程中偏向叶轮的压力面和后盖板侧,颗粒几乎贴着压力面和后盖板前进至叶轮出口,甚至撞击叶轮压力面和后盖板。当固体颗粒随液流流至叶轮的入口处之后,动方向由轴向到径向变化,在惯性力和离心力的作用下,颗粒易于在后盖处集中。因而颗粒总是对靠近后盖板的叶轮头部碰撞严重,导致该处磨损最为严重。

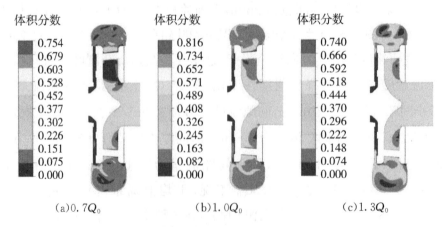

(a)$0.7Q_0$　　　　　　(b)$1.0Q_0$　　　　　　(c)$1.3Q_0$

图 5.5-20　陶瓷渣浆泵轴向面固体体积分数分布云图

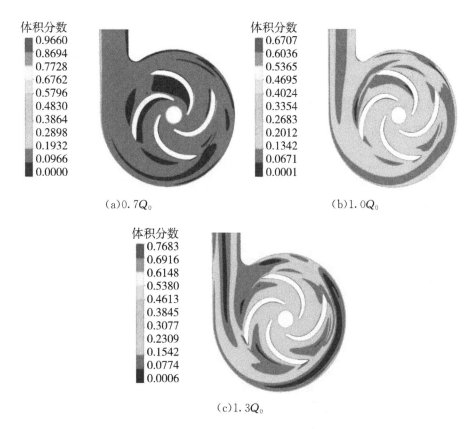

(a)0.7Q_0

(b)1.0Q_0

(c)1.3Q_0

图 5.5-21 陶瓷渣浆泵径向面固相体积分数分布云图

随着流量的增大,叶轮流道内固液分布更加均匀,而蜗壳流体域出现较为明显的固液分离现象。蜗壳流道内固相颗粒体积浓度在壁面附近较高,尤其在远离隔舌的第三断面至第七断面的区间及蜗壳的出口扩散段内,这主要是离心力的作用导致颗粒沉积。蜗壳壁面上的颗粒沉积层对壁面产生磨蚀。由于离心力作用,颗粒以较大径向速度挤压到蜗壳壁面,并沿壁面向泵体出口运动,这种沿蜗壳壁面的切削滑动会使蜗壳周壁磨穿。

图 5.5-22 和图 5.5-23 为陶瓷渣浆泵分别在 0.7Q_0、1.0Q_0 和 1.3Q_0 流量工况下的轴向面和径向面固体颗粒速度分布云图。固体颗粒的相对速度从叶轮进口到出口不断增大,靠近蜗壳隔舌处的叶轮流道内存在明显的低速区,陶瓷渣浆泵固体颗粒的速度云图呈现不对称分布,与清水工况下的流体速度分布规律一致,这主要是颗粒受水流的携带作用运动,其速度接近于水的速度。在大流量工况下,蜗壳流道内第一至第三截面区域出现明显低速区,速度为 0～10m/s,其他流道的速度为 15～25m/s。在蜗壳隔舌附近,固体颗粒运动紊乱,冲击现象明显,并伴有回流现象。可以看出,随着流量增加,叶轮内固体颗粒速度趋向对称均匀分布。对比图 5.5-11 和图 5.5-22 可以看出,在固液两相流中,由于固体颗粒的存在,液相相对速度场发生变化,其出口速

度比单液相时减小。叶轮进口处固体颗粒和液体的速度几乎相同,速度差异在叶轮出口处最大,其主要原因是固体颗粒的相对粒径小,固相颗粒惰性较好。还可以发现,叶轮流道内固体颗粒的运动速度比液相大,这是由于固相密度大于液相,在叶轮流道中固相受离心力作用。在蜗壳内部,离心力使固体颗粒撞击蜗壳壁面,并沿蜗壳周壁向出口方向运动。

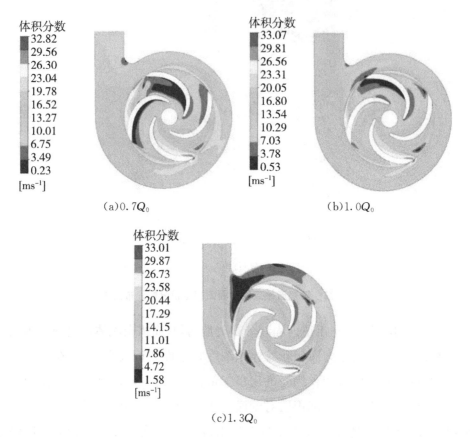

图 5.5-22　陶瓷渣浆泵轴向面固体体积分数分布云图

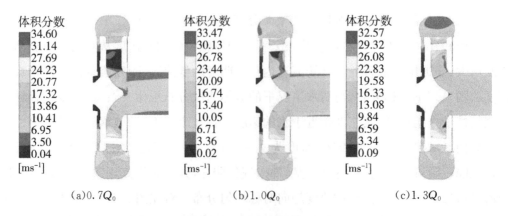

图 5.5-23　陶瓷渣浆泵轴向面固体体积分数分布云图

5.6 陶瓷渣浆泵轴的设计

陶瓷渣浆泵在工业领域承担着输送高浓度、高硬度渣浆的艰巨任务,其轴作为核心部件,肩负着传递动力与支撑叶轮等关键组件的重任。轴的设计质量直接决定了泵运行的可靠性与使用寿命。在复杂且严苛的工况下,轴需承受多种载荷的联合作用,因此,科学、严谨的轴设计流程涵盖了精准的载荷计算、严格的强度校核以及结合实际的工程计算示例等关键环节。

5.6.1 轴的载荷计算

5.6.1.1 载荷类型与来源

陶瓷渣浆泵轴主要承受径向、轴向和扭矩这三类性质不同但相互关联的载荷,陶瓷渣浆泵轴受力分析如图 5.6-1 所示。

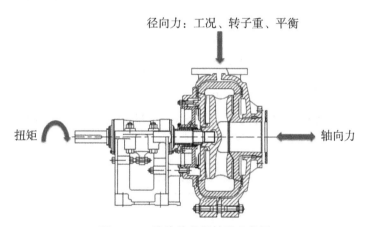

图 5.6-1 陶瓷渣浆泵轴受力分析

（1）径向载荷

叶轮在高速旋转过程中,自身质量分布不均以及渣浆对叶轮的不均匀冲刷,会产生大小和方向持续变化的离心力,这是径向载荷的关键构成部分。此外,渣浆在泵腔内的流动并不均匀且稳定,其对叶轮的作用力存在径向分量。同时,泵体两端的轴承在支撑轴系时产生的反力,也加入径向载荷的行列。这些不同来源的径向载荷叠加,形成了轴所承受的总径向载荷。

（2）轴向载荷

轴向载荷主要源自两个方面:一方面,叶轮工作时,其前后两侧存在明显的压力差,这一压力差会产生一个指向叶轮吸入口方向的轴向力,这是因为叶轮出口处压力高于进口处,压力差作用于叶轮轮毂及叶片两侧,进而形成轴向推力;另一方面,渣浆在泵内的轴向流动会对叶轮产生反冲力,进一步增大轴向载荷。对于采用副叶轮平衡轴向力的特殊结构陶瓷渣浆泵,副叶轮产生的轴向力方向与主叶轮的轴向力方向相反,能够抵消轴向载荷。

(3)扭矩载荷

扭矩载荷由电机输出的功率通过联轴器传递至泵轴而产生。电机的额定功率、转速以及泵的传动效率等因素共同决定了轴所承受的扭矩大小。

5.6.1.2 载荷计算方法

(1)计算功率

$$N_C = \frac{N_Z}{\eta_P} \tag{5.6-1}$$

式中:N_Z——陶瓷渣浆泵的轴功率;

η_P——三角带传动时,三角带的传递效率,一般可取 0.95。

(2)最小轴径

$$d_{\min} = \sqrt[3]{\frac{97360 N_C}{0.2 [\tau] n_{\max}}} \tag{5.6-2}$$

式中:$n_{\max}$——泵许用最高转速,r/min;

$[\tau]$——泵轴材料的许用切应力,kg/cm^2,泵轴材料的许用切应力如表 5.6-1 所示。

表 5.6-1 泵轴材料的许用切应力

泵轴材料	$[\tau]/(kg/cm^2)$
35	780
45	870
35CrMo、40Cr	1260
20CrMnTi	1300
38CrMoAl	1400

(3)计算泵轴扭矩 M

$$M = \frac{97360 N_C}{\eta_{\max}} \tag{5.6-3}$$

(4)计算叶轮径向力 P_j

1)计算叶轮离心力 F_C

$$F_C = 11.2 \times 10^{-10} G_C n_{\max}^2 \frac{D_2}{2} \tag{5.6-4}$$

式中：G_C——允许叶轮的最大静不平衡质量，g；

　　　D_2——叶轮外径，mm。

2)计算叶轮水力附加径向力 F_R

$$F_R = 0.36\left[1-\left(\frac{Q_允}{Q_设}\right)^2\right]D_2 B_2 H S_m \tag{5.6-5}$$

式中：$Q_允$——偏离设计点的许用流量，m^3/h；

　　　$Q_设$——泵设计点流量，m^3/h；

　　　D_2——叶轮外径，m；

　　　B_2——叶轮在 D_2 圆上的宽度，m；

　　　H——泵设计点扬程，m；

　　　S_m——许用渣浆密度，kg/m^3。

3)计算叶轮径向力 P_j

$$P_j = F_R + F_C + W_I \tag{5.6-6}$$

式中：W_I——叶轮的质量，kg。

(5)计算泵轴弯矩 M'

$$M' = P_j l \tag{5.6-7}$$

式中：l——叶轮流道中心至前轴承支点的距离，cm。

(6)计算泵的轴向力 F_A

1)计算单级泵轴向力 F_{Ad}

单级用泵时的轴向力 F_{Ad} 的方向一般是指向泵的吸入端(由副叶片给予平衡者除外)，其值推荐采用式(5.6-8)计算。

$$F_{Ad} = KHS_m \frac{\pi}{4}(D_0^2 - D_S^2) \tag{5.6-8}$$

式中：H——泵设计点扬程，m；

　　　S_m——许用渣浆密度，kg/m^3；

　　　D_0——叶轮进口直径，m；

　　　D_S——叶轮轮毂(或轴套)直径，m；

　　　K——经验系数，其值与有无副叶片和副叶片具体尺寸有关。无副叶片时，$K \approx 0.6$；有副叶片且前后副叶片尺寸相同时，$K \approx 0.2 \sim 0.28$。

2)计算串联用泵时的轴向力 F_{AC}

串联用泵时的轴向力 F_{AC}，推荐采用式(5.6-9)计算，其方向也由式(5.6-9)判断(即 F_{AC} 为正值时，轴向力指向泵尾端；F_{AC} 为负值时，轴向力指向泵的吸入端)。

$$F_{AC} = (i-1)H_i S_m \frac{\pi}{4} D_S^2 - F_{Ad} \tag{5.6-9}$$

式中：i——泵串联级数；

H_i——串联泵的单级扬程，m。

（7）计算由扭矩形成的螺纹轴向拉力 F_T

一般渣浆泵叶轮与泵轴的连接均采用螺纹连接，这样其做功扭矩形成的螺纹轴向力 F_T 的公式为

$$F_T = \frac{2M \tan(\alpha + \rho)}{d_2} \tag{5.6-10}$$

式中：M——泵轴扭矩，N·m，扭矩越大，F_T 一般也越大；

α——螺纹牙型半角，rad，常见三角形螺纹牙型角 60°，半角就是 30°，换算成弧度约是 $\frac{\pi}{6}$；

ρ——摩擦角，rad，与螺纹间摩擦系数 μ 有关，$\rho = \arctan\mu$；螺纹材料不同、表面粗糙程度不一样，μ 就不同；润滑好的钢制螺纹 $\mu = 0.10 \sim 0.15$；

d_2——是螺纹中径，m，标准螺纹的中径能在手册查到。

（8）计算泵轴轴伸端径向力 F_P

1）直联传动时轴伸端的径向力 F_P

$$sF_P = W_{\mathrm{II}} \tag{5.6-11}$$

式中：W_{II}——泵联轴器的质量，kg。

2）三角带传动时轴伸端的径向力 F_P

①计算三角带拉力 F_b。

$$F_b = \frac{4M}{D_P} \tag{5.6-12}$$

式中：D_P——电机槽轮的有效直径，cm。

②计算三角带拉力形成的轴伸端的径向力 F_P。

三角带向上拉时：

$$F_P = F_b - W_P \tag{5.6-13}$$

三角带侧向平拉时：

$$F_P = F_b \tag{5.6-14}$$

5.6.1.3 动态载荷的量化分析

（1）产生原因

渣浆因固体颗粒分布不均、流动不稳定，导致泵内压力周期性脉动，形成动态径

向和轴向载荷;叶轮制造、安装存在的不平衡质量,在高速旋转时产生离心惯性力,增大轴的动态载荷。

(2)分析方法

采用数值模拟与实验测试的结合方法。数值模拟通过 CFD 软件建立泵的流固耦合模型,模拟渣浆流动获取压力脉动数据,加载到轴的有限元模型中进行应力应变计算;实验测试在泵运行时,用应变片、加速度传感器监测轴的应力、振动响应,验证模拟结果。

(3)影响程度

在恶劣工况下,动态载荷引起的轴应力幅值可达静态载荷应力值的 30%~50%,严重影响轴的疲劳寿命。

5.6.1.4　特殊工况下的载荷修正

(1)高浓度渣浆工况

渣浆浓度升高使密度和黏度增大,导致轴的径向、轴向载荷显著增加(浓度从30% 提高到 60% 时,径向载荷增加 50%~80%,轴向载荷增加 80%~120%)。需引入浓度修正系数,通过实验拟合系数与浓度的函数关系,准确计算载荷。

(2)高硬度渣浆工况

高硬度颗粒冲刷加剧叶轮和轴的磨损,改变轴表面粗糙度,造成局部应力集中、实际应力升高。计算载荷时需考虑磨损对轴力学性能的影响,修正材料许用应力。

(3)高温高压工况

高温高压使轴材料的弹性模量降低、屈服强度下降,温度变化引发轴热膨胀。若轴系设计不当,热应力与其他载荷叠加威胁安全。需依据材料在不同温度下的力学性能参数,结合热膨胀理论综合计算并修正载荷。

5.6.2　轴的强度校核

轴的强度校核是确保陶瓷渣浆泵安全可靠运行的关键环节。通过对轴在各种载荷作用下的应力分析,判断其是否满足强度要求,为轴的设计优化提供依据。

5.6.2.1　材料选择与许用应力

轴材料的选择直接影响其强度和使用寿命。对于陶瓷渣浆泵轴,考虑到其工作环境恶劣,承受较大载荷以及渣浆的冲刷磨损,通常选用高强度、高耐磨性的合金钢,如 40Cr、35CrMo 等。以 40Cr 钢为例,其经过调质处理后,具有良好的综合力学性能,屈服强度约为 785MPa,抗拉强度约为 980MPa。

许用应力的确定需综合考虑材料性能、载荷性质以及安全系数等因素。一般情况下,安全系数为 1.5～2.5,具体数值根据泵的使用工况、重要程度等确定。对于陶瓷渣浆泵轴,由于其工作条件较为恶劣,安全系数通常取较大值。

此外,为了进一步提高轴的表面硬度和耐磨性,可对轴进行表面处理,如氮化处理、高频淬火等。经过氮化处理的轴,表面硬度可显著提高,形成一层硬度高、耐磨性好的氮化层,有效提高轴的抗疲劳强度和耐磨性能。

5.6.2.2 应力计算

(1)叶轮轮毂断面处轴断面 d_1 的强度校核

1)计算弯曲应力 σ_{b1}

$$\sigma_{b1} = \frac{32 P_j l_1}{\pi d_1^3} \tag{5.6-15}$$

式中:l_1——叶轮流道中心至轮毂断面的距离,cm;

  D_1——轮毂断面处轴的直径,cm。

2)计算拉应力 σ_{t1}

$$\sigma_{t1} = \frac{4(F_A + F_T)}{\pi d_1^2} \tag{5.6-16}$$

3)计算扭剪应力 τ_1

$$\tau_1 = \frac{16M}{\pi d_1^3} \tag{5.6-17}$$

4)d_1 轴断面的强度校核

$$\tau_{m1} = \sqrt{\tau_1^2 + 0.25(\sigma_{b1} + \sigma_{t1})^2} \leqslant [\tau_m] \tag{5.6-18}$$

(2)前轴承支点处轴断面 d_2 的强度校核

1)计算弯曲应力 σ_{b2}

$$\sigma_{b2} = \frac{32M'}{\pi d_2^3} \tag{5.6-19}$$

式中:d_2——前轴承支点处轴的直径,cm。

2)计算拉应力 σ_{t2}

$$\sigma_{t2} = \frac{4(F_A + F_T)}{\pi d_2^2} \tag{5.6-20}$$

3)计算扭剪应力 τ_2

$$\tau_2 = \frac{16M}{\pi d_2^3} \tag{5.6-21}$$

4)d_2 轴断面的强度校核

$$\tau_{m2} = \sqrt{\tau_2^2 + 0.25(\sigma_{b2} + \sigma_{t2})^2} \leqslant [\tau_m] \qquad (5.6\text{-}22)$$

(3)后轴承支点处轴断面 d_3 的强度校核

1)计算弯曲应力 σ_{b3}

$$\sigma_{b3} = \frac{32F_P l_r}{\pi d_3^3} \qquad (5.6\text{-}23)$$

式中：l_r——后轴承支点至泵联轴器(或泵槽轮)重心平面的距离，cm；

  d_3——后轴承支点处轴的直径，cm。

2)计算扭剪应力 τ_3

$$\tau_3 = \frac{16M}{\pi d_3^3} \qquad (5.6\text{-}24)$$

3)d_3 轴断面的强度校核

$$\tau_{m3} = \sqrt{\tau_3^2 + 0.25\sigma_{b3}^2} \leqslant [\tau_m] \qquad (5.6\text{-}25)$$

完成结构设计后，有条件的话可以对轴承做动力模态分析，从而进行优化改进。

5.6.2.3 应力合成与校核

在弯扭组合作用下，通常采用第四强度理论(畸变能理论)进行强度校核。该理论认为，无论材料处于何种应力状态，只要畸变能密度达到材料在单向拉伸屈服时的畸变能密度，材料就会屈服。根据第四强度理论，当量应力 $\sigma_{eq} = \sqrt{\sigma_b^2 + 3T^2 + \sigma_a^2}$（当轴向应力较小时，可忽略不计，简化为 $\sigma_{eq} = \sqrt{\sigma_b^2 + 3T^2}$）。将计算得到的当量应力 σ_{eq} 与许用应力 $[\sigma]$ 进行比较，若 σ_{eq} 不大于 $[\sigma]$，则轴满足强度要求；反之，则需要对轴的结构尺寸或材料进行调整。

5.6.2.4 疲劳寿命评估

在实际运行中，陶瓷渣浆泵轴承受交变载荷，容易发生疲劳破坏。因此，对轴进行疲劳寿命评估至关重要。

疲劳寿命评估通常基于材料的 S—N 曲线(应力—寿命曲线)，该曲线反映了材料在不同应力水平下的疲劳寿命。对于陶瓷渣浆泵轴，由于其承受的载荷较为复杂，需通过雨流计数法等对载荷时间历程进行统计分析，将其转化为一系列应力循环，并确定每个循环的应力幅值和平均应力。

根据 Miner 线性累积损伤理论，当材料承受多个不同应力水平的循环载荷时，其疲劳损伤呈线性累积。设材料在应力水平 σ_1 下循环 n_1 次，在应力水平 σ_2 下循环 n_2 次，以此类推，当各应力水平下的循环次数与对应疲劳寿命 N_1、N_2 等的比值之和达到 1 时,材料发生疲劳破坏,即 $\sum\limits_{i=1}^{k}\dfrac{n_i}{N_i}=1$,其中 k 为应力水平的个数。通过计算累积损伤值,可评估轴在给定工况下的疲劳寿命。

此外,轴的表面质量、加工工艺以及结构设计等因素对疲劳寿命影响显著。表面粗糙度越低、加工工艺越精细,轴的疲劳寿命越高;合理的结构设计,如避免应力集中、采用过渡圆角等措施,也能有效提高轴的疲劳寿命。例如,在轴的台阶处采用较大半径的过渡圆角,可使应力集中系数降低 30%~50%,从而显著提升轴的疲劳寿命。

5.6.3 计算示例

5.6.3.1 工程背景与参数设定

以某卧式单级陶瓷渣浆泵为例,用于矿山尾矿输送,输送 45% 浓度、平均粒径 0.5mm 的矿渣浆,渣浆密度 $1.8t/m^3$。陶瓷渣浆泵关键参数如表 5.6-2 所示。

表 5.6-2　　　　　　　　　　　　陶瓷渣浆泵关键参数

参数	数值
设计流量 $Q_设$	$120m^3/h$
最大流量 Q_{max}	$150m^3/h$
设计扬程 H	30m
最大流量对应扬程 H_{Qmax}	35m
叶轮外径 D_2	400mm
叶轮宽度 B_2	60mm
叶轮进口直径 D_0	180mm
叶轮轮毂直径 D_S	80mm
叶轮质量 W_l	50kg
叶轮最大静不平衡质量 G_C	10g
电机功率	75kW
转速 n	1470r/min
叶轮到前轴承距离 L	20cm
叶轮到轮毂断面距离 L_1	10cm
后轴承到联轴器重心距离 L_r	30cm

泵轴材料选用 40Cr,调质处理后许用切应力 $1260kg/cm^2$,许用剪切应力 $1260kg/cm^2$。采用三角带传动,传动效率 0.95,电机槽轮直径 250mm,泵联轴器质量 15kg。

5.6.3.2 轴的载荷计算

(1)计算功率 N_C

根据公式 $N_C = \dfrac{Q_{max} \cdot H_{Q_{max}} \cdot S_m}{102 \cdot \eta \cdot \eta_P}$，估算泵效率 $\eta = 0.65$。

代入参数：$N_C = \dfrac{150 \times 1000/3600 \times 35 \times 1.8}{102 \times 0.65 \times 0.95} \approx 43.2\text{kW}$。

(2)计算最小轴径 d_{min}

由 $d_{min} = \sqrt[3]{\dfrac{97360 N_C}{0.2[\tau] n_{max}}}$，$n_{max} = 1470\text{r/min}$，可得 $d_{min} = \sqrt[3]{\dfrac{9550 \times 43.2}{0.2 \times 1260 \times 1470}} \approx 1.98\text{cm}$。

(3)计算泵轴扭矩 M

依据 $M = 9550 \times \dfrac{N_C}{n_{max}}$，计算得，$M = 9550 \times \dfrac{43.2}{1470} \approx 279.7\text{kg} \cdot \text{cm}$。

(4)计算叶轮径向力 p_j

1)叶轮离心力 F_C

由 $F_C = \dfrac{G_C \times D_2 \times n_{max}^2}{900 \times 10^6}$，可得 $F_C \approx 9.8\text{kg}$。

2)水力附加径向力 F_R

设 $Q_{允} = 130\text{m}^3/\text{h}$，根据 $F_R = 0.136 \cdot \dfrac{Q_{允}^2 - Q_{设}^2}{Q_{设}} \cdot \dfrac{D_2 \cdot B_2 \cdot H \cdot S_m}{1000}$，可得，$F_R \approx 20.7\text{kg}$。

3)叶轮径向力 P_j

$$P_j = \sqrt{F_C^2 + F_R^2} + W_I \approx 73.7\text{kg}$$

(5)计算泵轴弯矩 M'

$$M' = P_j \cdot L = 73.7 \times 20 = 1474\text{kg} \cdot \text{cm}$$

(6)计算泵的轴向力 F_A

无副叶片，$K = 1$，由 $F_{Ad} = \dfrac{\pi}{4} S_m g (D_0^2 - D_S^2) H K$ 可得，$F_{Ad} \approx 11143.6\text{kg}$

(7)计算螺纹轴向拉力 F_T

假设通过公式计算得 $F_T = 100\text{kg}$。

(8)计算轴伸端径向力 F_P

1)三角带拉力 F_b

$$F_b = \frac{200 \cdot M}{D_P} = 2237.6\text{kg}$$

2)轴伸端径向力 F_P

侧向平拉时,$F_P = \sqrt{W_{II}^2 + F_b^2} \approx 2237.7\text{kg}$。

5.6.3.3 轴的强度校核

(1)叶轮轮毂断面 d_1

设 $D_1 = 3\text{cm}$,经计算:

弯曲应力 $\sigma_{b1} \approx 279.7\text{kg/cm}^2$;

拉应力 $\sigma_{t1} \approx 1583.4\text{kg/cm}^2$;

扭剪应力 $T_1 \approx 52.7\text{kg/cm}^2$。

按 $\sqrt{\sigma_{b1}^2 + 4 \cdot T_1^2} + \sigma_{t1}$ 不大于 $[T_m]$ 校核,结果为 2528.6kg/cm^2 大于 1260kg/cm^2,该断面不满足强度要求,需调整轴径重新计算。

(2)前轴承支点断面 d_2

设 $D_2 = 4\text{cm}$,按对应公式计算应力并校核(过程略),判断是否满足强度要求。

(3)后轴承支点断面 d_3

设 $D_3 = 4\text{cm}$,同样计算应力并校核(过程略),确定该断面强度是否达标。

5.7 陶瓷渣浆泵轴封的设计与应用

5.7.1 密封技术的发展及趋势

5.7.1.1 密封技术的发展

在 18 世纪至 20 世纪 80 年代,常规的金属渣浆泵均采用接触式密封,如最早的填料密封、副叶轮＋填料密封、唇口密封、机械密封。虽然工业革命带来了技术进步、材料革新、工艺优化以及结构升级,但是接触式密封的原理和本质并未发生变化,这些密封形式通过不断改进优化,其寿命和安装的便利性有了质的飞跃,至今仍在市场广泛应用。

(1)填料密封

填料密封始于 18 世纪后期,是一种允许少量泄漏、结构简单、易于维护且方便拆卸和更换、可适应较恶劣工况环境的形式。世界第一台陶瓷泵为 20 世纪 70 年代日本 Nikkiso 制造的第一台商业化的氧化铝陶瓷渣浆泵,采用纯填料密封形式,通过定期调整压盖压力补偿磨损间隙,达到延长寿命的效果。但是这种密封通常需要较高的轴封水压。

(2)副叶轮＋填料密封

副叶轮＋填料密封的形式在 20 世纪初期已在流体力学领域开展研究,其原理是利用离心力在泵轴处形成反向压力,减少浆液向轴封水的压力,避免外泄。随着选矿行业、泵材料及技术的发展,对轴封的耐磨需求越来越高,加上矿山的环境恶劣,水的供应无法满足泵的需求,在 20 世纪中叶,德国 KSB 作为世界碳化硅陶瓷泵生产技术的先驱,率先在陶瓷渣浆泵中采用副叶轮＋填料的组合式密封,该密封的优点是副叶轮降低填料处压力,填料密封依然作为密封保障,显著延长了轴封的使用寿命,节约了水源。自这种密封形式出现后,各大泵厂家开始争先恐后地将其应用在自己的泵产品上。20 世纪 60—70 年代,Warman 渣浆泵在全球矿山行业广泛应用,副叶轮＋填料密封成为其标准配置之一。我国首先使用厂家为石家庄工业泵厂,其 SP 系列泵型率先使用该组合式密封。

(3)唇口密封

唇口密封的发展与渣浆泵的发展比较类似,同样属于材料的演变史。唇口密封起源 1920—1930 年,最早的唇口密封由合成橡胶(如丁腈橡胶 NBR)制成,最初用于汽车水泵和低速工业设备,但其耐磨损和耐高压性能有限,20 世纪 40 年代,氟橡胶(FKM)和聚氨酯(PU)材料的出现,提升了唇形密封的耐腐蚀性和耐磨性,为渣浆泵等高磨损工况的应用奠定了基础。1950—1960 年,唇口密封首次尝试用于渣浆泵的辅助密封,尤其是在轴承箱密封和低压轴封部位。早期渣浆泵将唇口密封作为第二道密封,与填料密封或副叶轮组合使用,防止外部杂质进入轴承箱。最早使用并形成规模的厂家是日本荏原(EBARA)和沃漫(WAMAN),沃漫的"K"形密封结构采用"K"形密封圈替代填料。

(4)机械密封

机械密封最早称为端面密封,相比副叶轮＋填料、唇口等密封形式具有寿命长、泄漏率小、不需要频繁维护、能满足高速高压设备等优质特性。机械密封最早起源于二战时期,因石油化工和舰船工业对可靠性密封的要求较高,美国公司克兰(Crane Packing)在 1940 年推出首个商业化机械密封产品,采用碳—陶瓷摩擦副和弹簧加载设计,显著降低泄漏率。随着材料的不断升级和改进,硬质合金和石墨等耐磨材质有效延长了端面磨损寿命。1950年,我国开始仿制苏联的机械密封,主要用于水泵。1950—1960年,机械密封成为石化、核电等高端行业的标准配置,后续发展出双端面密封、平衡型密封等复杂结构。国际组织(如API、ISO)制定的机械密封设计规范,推动了其全球化应用。机械密封的发展是材料科学、机械设计与工业需求共同推动的结果,如今已成为流体机械不可或缺的部件。机械密封正式用于陶瓷渣浆泵大约在2010年,保定亿嘉特种陶瓷制造公司制造的化工用陶瓷离心泵采用了机械密封的形式。山东章鼓在2024年申请了陶瓷渣浆泵机械密封专利,优化了密封结构以应对渣浆介质的腐蚀和磨损问题。汉江弘源碳化硅陶瓷泵最先推出使用机械密封的LVT系列的化工流程泵,常用的摩擦副材质为无压烧结碳化硅(SSiC)、反应烧结碳化硅(RBSiC)、硬质合金(YG6/YG8)、石墨。

我国第一台陶瓷渣浆泵由石家庄工业泵厂(现强大泵业)和沈阳水泵厂在20世纪80—90年代通过联合仿制改进国外技术研发,推出我国首台氧化铝陶瓷衬里渣浆泵。初期采用陶瓷贴片衬里(非整体陶瓷),主要增强蜗壳、叶轮等易磨损部位的耐磨性,延长寿命,根据不同的工位采用纯填料密封或早期非集装式机械密封。这一举动标志着我国在高耐磨泵领域实现自主化突破,为后续碳化硅陶瓷泵的发展奠定基础。直到2013年,汉江弘源碳化硅特种陶瓷有限责任公司推出首台碳化硅陶瓷渣浆泵,其过流件的使用寿命为普通金属的5~10倍,标志着陶瓷渣浆泵技术进入新阶段。这一标志直接对轴封的使用效果提出了更高的要求,轴封的使用好坏直接决定了泵整体使用效果的好坏,这样就对泵厂家的考核更为严格。

5.7.1.2 密封技术的趋势

由于接触密封都存在介质摩擦、机械磨损等结构特性,导致维护成本高、易泄漏等缺点。20世纪末出现了干气密封和磁力密封两种非接触式密封。

(1)干气密封

20世纪70年代末,英国约翰克兰(John Crane)公司基于气体动压轴承原理,在机械密封动环上加工螺旋槽(动压槽),通过气体润滑实现非接触运行,首次成功将干气密封应用于海洋平台气体输送设备,解决了传统密封在高速压缩机中的泄漏问题。随着技术慢慢成熟和发展,干气密封逐步推广至天然气管道、石化、航空等领域,同时发展出单端面、双端面、串联式等多种干气密封形式,以适应不同工况需求。成都一通密封有限公司是我国最早将干气密封技术应用于泵设备的企业之一。1996年,该公司成功设计干气密封并应用于大庆石化总厂化工二厂的石油化工泵;1999年,该公司又将其应用于低温乙烯泵。干气密封的特点:使用气膜密封,厚度约$3\mu m$,摩擦极小;气膜压力随工况自动平衡,稳定性高;无须润滑油系统,降低运行成本。干气密封的诞生解决了高速压缩机轴封的难题,成为现代工业中高效、可靠的密封方案,尤其适用于高压、高速、易燃易爆介质的场合。

(2)磁力密封

磁力密封(Magnetic Seal)是一种利用磁场作用实现密封的技术,主要包括磁流体密封和磁力耦合密封两种形式。20 世纪 60 年代中期,美国 NASA 首次将磁流体密封应用于宇航服的可动部件密封,解决了太空环境下的真空密封问题。早期磁流体采用水银基磁性液体,但由于毒性和化学稳定性差,逐渐被酯基磁流体取代,20 世纪 70 年代,日本和美国开始研究磁流体密封在硬盘驱动器轴承上的应用,以减少摩擦和噪声。德国 Dickow 是较早将磁力密封技术应用于离心泵的厂家之一,其 KML 系列磁力驱动离心泵符合 API 685 标准,适用于化工和石化行业。国内的温州石一泵阀制造有限公司的 CQ 磁力离心泵较早采用了磁力密封技术,以静密封取代动密封,解决了传统机械密封的泄漏问题。20 世纪 80 年代,中国上海机械学院(现上海理工大学)研发了磁粉密封技术,用于往复式机械(如活塞泵),解决了传统聚四氟乙烯密封的泄漏问题,成功研制了国产磁流体,并应用于半导体制造设备和真空系统。磁力耦合密封(如磁力驱动泵)在化工行业的推广主要由威海汇鑫化工机械有限公司引领,该公司在 20 世纪 80 年代开始研发并推广磁力传动密封技术,特别是在磁力反应釜和磁力驱动泵等设备上的应用,成为国内该领域的先驱企业。浙江索孚科技开发了一体化磁力密封搅拌系统,适用于高压加氢反应釜,解决了传统密封的泄漏和磨损问题;并集成智能监测技术,实时检测磁场强度和密封状态,提高可靠性。陶瓷离心泵采用磁力密封(磁力驱动技术)是一种高效、无泄漏的解决方案,特别适用于化工、制药、电镀等需要耐腐蚀、高纯度或危险介质输送的领域。

根据现在推行的绿色矿山,智能矿山的要求,对密封的要求也越来越高,轴封形式的结构需要紧跟时代的步伐。未来,组合式密封、智能检测式的密封集成体系越来越普及,比如陶瓷泵结合磁力密封的优势就比较突出:陶瓷材料的高硬度减少磨损,陶瓷泵的过流件寿命长,非接触式密封无机械摩擦,完全静密封,介质零泄漏,可以从根本上实现泵全生命周期的一个循环。再借鉴智能化检测软件,实行在线实时监控,通过智能集成 PLC 控制系统检测问题、解决问题,实现无人值守、智能化、自动化、大型化生产是未来泵和轴封发展的目标和趋势。

5.7.2 常见密封形式及特点

常见的密封形式在上面已经叙述,每种密封形式都有各自的结构特点和优劣势。

以下主要讲述一下弘源公司碳化硅陶瓷渣浆泵常见的密封形式和特点。

5.7.2.1 唇口密封特点

唇口密封又称旋转轴唇形密封,是通过对可变截面的柔性密封圈唇口施加于轴套表面的径向力,使柔性唇口与轴套过盈配合,起到密封的作用来防止流体泄漏。目前,弘源公司主要运用的唇口密封有螺旋密封和"K"形密封。

(1)螺旋密封

1)螺旋密封结构特点

螺旋密封结构特点如图5.7-1所示。

由副叶轮、螺旋密封组件、螺旋密封减压盖组成一套密封组件。

与其他接触式传统密封形式相比,螺旋密封的轴套区别于其他轴套的关键在于轴套上面均布螺旋槽(图5.7-2)。

2)螺旋密封原理

螺旋密封结构如图5.7-3所示,螺旋轴套跟轴旋转,一方面在外接轴封水的压力下把轴封水往前推,平衡密封圈1承受泵腔的压力;另一方面通过螺旋槽将轴封水向后输送至密封圈2/3处,冷却后从出口排出;密封圈与轴套为过盈配合,在径向压力作用下,与轴套紧密贴合形成密封,达到零泄漏。

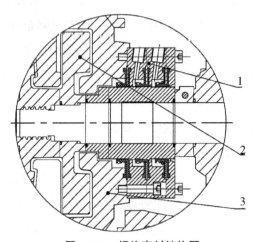

图5.7-1 螺旋密封结构图

1—螺旋密封组件;2—副叶轮;3—螺旋密封减压盖

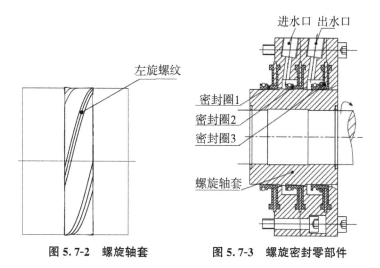

图 5.7-2 螺旋轴套　　　图 5.7-3 螺旋密封零部件

3）螺旋密封的优缺点

①优点。

螺旋密封因其可靠稳定的结构能形成零泄漏的状态，其中密封圈唇口部分内嵌软金属圈，一方面保证了密封圈较好的随动性；另一方面加强了唇口的承压强度，相较于其他唇口密封更好地发挥密封的效果。而且压板和密封圈均可制作成分半结构，在装配空间足够情况下可实现快速拆装和更换，达到较长的使用寿命，相较于其他使用在选矿工位上的轴封形式，螺旋密封具有寿命长、结构可靠，拆装便利等优点，甚至可实现陶瓷泵全生命周期的更换，是目前弘源公司申请实用性专利并大力推广的陶瓷渣浆泵新型轴封形式。

②缺点。

螺旋密封属于唇口密封的一种，使用工况环境完全取决于密封圈的材质特性，比如温度受限，承压能力受限，一般要求压力小于 0.8Mpa，转速小于 1480r/min，温度小于 70℃。所以弘源公司也一直在这方面不断地改进和探索，希望在未来能根据材料的发展不断地进行优化和创新。

4）螺旋密封的结构优化

因螺旋密封寿命直接取决于螺旋密封圈的材质以及性能，而螺旋密封圈的作用又要求材质大多为软橡胶，所以遇到选矿等磨蚀性强的工位寿命还是受限，对拆装更换的便利性又提出了更高的要求，弘源公司在开始运行这一轴封结构时便考虑到了这一点，在结合实际使用特点后研发了分半式的螺旋密封，将压板和密封圈均设计成分半的结构，达到更换时无须拆卸过流件即可满足更换密封圈的要求，有效延长了轴封的使用寿命，向陶瓷泵部件全生命周期循环迈出了极其重要的一步。此结构已申请发明专利。

（2）"K"形密封

1）"K"形密封的结构特点

带轴封水"K"形密封如图 5.7-4 所示，带轴封水的"K"形密封主要由副叶轮、"K"形密封减压盖和"K"形密封圈、水封环、"K"形密封压盖等组件组成。因其比填料材料具有更好的随动性，能在外界压力和泵腔压力双重压力下与轴套表面紧密贴合形成密封。不用像传统填料一样需要数次压紧达到密封的效果，大大减少了人工的检修和巡视的成本支出。目前广泛用于一些现场检修人员稀缺或者客户对轴封要求不高的场合。

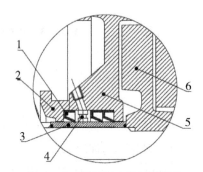

图 5.7-4　带轴封水"K"形密封

1—"K"形密封圈；2—"K"形密封压盖；3—轴套；4—水封环；5—"K"形密封减压盖；5—副叶轮

无轴封水"K"形密封如图 5.7-5 所示，无轴封水的"K"形密封主要由副叶轮、"K"形密封减压盖和"K"形密封圈、"K"形密封压盖等组件组成。因其靠介质进行冷却，所以不用外接轴封水，主要用于水源匮乏或轴封水质含杂质和磨蚀性颗粒的工况条件，但要求介质的温度不高于 70℃。

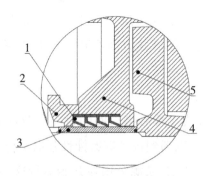

图 5.7-5　无轴封水"K"形密封

1—"K"形密封圈；2—"K"形密封压盖；3—轴套；4—"K"形密封减压盖；5—副叶轮

2）"K"形密封的原理

工作时，副叶轮带动浆体旋转产生离心力，"K"形密封圈受到来自介质侧的压力,唇口与轴套紧密贴合形成密封,从而阻止液体向外泄漏。带轴封水的"K"形密封结构轴封水主要平衡介质侧的压力和冷却"K"形密封与轴套摩擦带来的热量;无轴封水的"K"形密封依靠介质自身进行冷却,此时无须轴封水也能实现较好的密封效果。无轴封水的"K"形密封主要用于缺水或者水质量不好的区域,一般要求尽量使用带轴封水的"K"形密封,以延长轴封的使用寿命。

3)"K"形密封的优势和不足

①"K"形密封的优势。

a. 耐磨耐腐性:主要使用的密封圈材质为耐磨耐腐的氟橡胶,具有较好的耐磨性和耐腐蚀性,能适应输送含固体颗粒的料浆、含杂质的污水等腐蚀性介质的工况,如在化工、污水处理行业中表现良好。

b. 密封结构简便可靠:相比机械密封和螺旋密封等结构,"K"形结构简单紧凑,安装和维护较为方便,降低了维修成本和难度。购买成本也较低。

②"K"形密封的不足。

a. 使用寿命有限:"K"形密封圈唇口为了保持良好的随动性,是无金属骨架加强的,所以容易磨损、老化和失效,导致停车时出现泄漏现象,需要定期检查和更换,增加了维护工作量和成本。

b. 密封压力有限:"K"形密封依靠副叶轮产生的离心力形成负压密封,其所能承受的密封压力有限,一般不适用于高压工况,而机械密封等类型则可以在较高压力下保持良好的密封性能。

c. 不适用于高精度场合:"K"形密封的密封精度相对较低,对于一些要求严格控制泄漏量,或者对介质纯度要求极高的高精度场合,如制药、食品饮料等行业,"K"形密封可能无法满足要求,而机械密封等能实现更精确的密封控制。

4)"K"形密封的拆卸优化

"K"形密封的拆卸优化与螺旋密封的结构优化属于同一种性质,因"K"形密封圈结构简单,唇口无骨架,回弹性大,故可成开口式"Y"形密封圈结构,满足不用拆卸过流件即可更换过流件的效果。

5.7.2.2 填料密封

(1)填料密封的结构特点

在轴套与填料箱之间用弹性填料填塞环缝的压紧式密封,是世界上使用最早的一种密封装置。填料密封结构简单、成本低廉、拆装方便,至今仍应用较广。填料密封结构如图 5.7-6 所示。

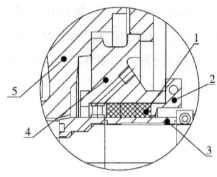

图 5.7-6 填料密封结构

1—填料;2—填料压盖;3—轴套;4—填料箱;5—后护板

填料装在填料箱和轴套之间,填料压盖通过螺栓预紧力的作用使软填料产生轴向压缩变形,同时引起填料产生径向膨胀的趋势,而填料的膨胀又受到填料箱内壁与轴套表面的阻碍作用,使其与两表面之间产生紧贴,间隙被填塞达到密封。即填料是在变形时依靠合适的径向力紧贴轴套和填料箱内壁表面,以保证可靠的密封。为了使填料有足够的润滑和冷却,延长轴封的使用寿命和效果,要求与水封环入口接进的水压大于泵腔压力 35KPa。

(2)填料泄漏途径

①流体穿透填料本身的缝隙而出现渗漏,一般情况下,只要填料被压实,这种渗漏通道便可堵塞避免泄漏。高压下,可采用流体不能穿透的软金属或塑料垫片和不同编织填料混装的办法防止渗漏。

②流体通过填料与箱壁之间的缝隙而泄漏,由于填料与箱壁内表面间无相对运动,压紧填料较易堵住泄漏通道。

③流体通过软填料与运动的轴套(转动或往复)之间的缝隙而泄漏。

(3)密封原理

1)轴承效应

填料与轴表面的贴合、摩擦。也类似于滑动轴承,故应有足够的液体进行润滑,以保证密封有一定的寿命,即"轴承效应"。

2)迷宫效应

但由于加工等,轴表面总有些粗糙度,其与填料只能是部分贴合,而部分未接触,这就形成了无数个不规则的微小迷宫,当有一定压力的流体介质通过轴的表面时,将被多次引起节流降压作用,这就是多维的"迷宫效应",正是凭借这种效应,使流体沿轴向流动受阻而达到密封的作用。

3）综合效应

良好的软填料密封即是"轴承效应"和"迷宫效应"的综合,但是压紧力对于这两种效应起着至关重要的作用:适当的压紧力使轴与填料之间保持必要的液体润滑膜,可减少摩擦磨损,延长使用寿命。压紧力过小,泄漏严重,而压紧力过大,则难以形成润滑液膜,密封面呈干摩擦状态,磨损严重,密封寿命将大大缩短。

4）允许泄漏率

填料密封的受力状况不合理;另外整个密封面较长,摩擦面积大,发热量大,摩擦功耗也大,如散热不良,则易加快填料和轴表面的磨损。因此,为了改善摩擦性能,使软填料密封有足够的使用寿命,则允许介质有一定的泄漏量,保证摩擦面上的冷却与润滑。填料密封的允许泄漏率如表 5.7-1 所示。

表 5.7-1　　　　　　　　　填料密封的允许泄漏率

允许泄漏率 /(mL/min)启动	轴径/mm			
	25	40	50	60
启动 30min	24	30	58	60
正常运行	8	10	16	20

注:转速 3600r/min,介质压力 0.1～0.5MPa。

（4）填料材质的种类和应用

填料是以各种纤维、金属等浸出材料和润滑剂、黏接剂等辅助材料组合而成,不论任何材质,都应具备如下基本性能。

①有一定的塑性变形回弹力,在压紧力的作用下与轴套紧密接触。

②有足够的化学稳定性,不能污染介质。填料中的浸渍剂不被介质溶解。

③自润滑性良好、耐磨、摩擦系数小。

④填料应具备足够的浮动弹性,以补偿轴少量偏心的位移。

⑤制造简单,拆卸方便。

目前,市面上常见的盘根有天然类纤维、合成纤维、石墨类、金属类、复合型等填料。表 5.7-2 是不同填料的特性和适用工况介绍。

表 5.7-2　　　　　　　　　不同填料的特性和适用工况

种类	材质	特性	适用工况	备注
天然纤维类	棉纤维＋油脂	耐温≤100℃	清水泵、农业灌溉	易腐烂,寿命短
	麻纤维＋石墨	耐温≤150℃	低速污水泵、船舶尾轴密封	不耐酸碱,吸水膨胀

种类	材质	特性	适用工况	备注
合成纤维	芳纶纤维	耐温≤250℃	渣浆泵、矿山尾矿输送	$Pv≤2.5$
	PTFE 纤维	耐腐蚀,耐磨	化工泵 (硫酸、盐酸输送)	耐温≤260℃
	碳纤维	耐温≤400℃	高温油泵、压缩机轴封	成本高
石墨类	膨胀石墨	耐温 −200～600℃	高温蒸汽阀门、 核电主泵	
	石墨+金属丝	抗压强度提升 3 倍	高压力泵,串联泵	
	核级石墨	纯度≥99.99% 抗辐射	纯度≥99.99% 抗辐射	造价高
金属类	铅箔+石棉	耐温≤450℃	蒸汽轮机轴封	需预加热软化
	铅箔+石墨	导热系数高	燃油泵、 火箭发动机涡轮泵	避免与碱性 介质接触
	铜丝编织	导电性好	防爆电机轴封、 电解设备	需镀镍防氧化
复合型	碳纤维+陶瓷微珠	耐磨性提升 5 倍	高速离心机	耐磨
	石墨烯+氟橡胶	摩擦系数≤0.03, 零泄漏	半导体超纯水输送泵	分子级密封界面

(5)填料密封在陶瓷泵的应用

我司陶瓷泵常用盘根为金属增强型石墨盘根,主要以增强的金属丝材质为304石墨线为原料精工编织而得,适用于高温高压条件下的动密封。除少数的强氧化剂外,还能用于密封热水、过热蒸气、热传递流体、氨溶液、碳氢化合物、低温液体等介质,主要用于高温、高压、耐腐蚀介质下阀门、泵、反应釜的密封,也是独特的万用密封盘根。

填料密封需要加轴封水冷却,轴封水除保证足够的水压外,还要保证足够的水量。一般来说,对于填料密封的泵在运行时轴封水压要求大于泵出口压力 35kPa,轴封水量根据不同泵型号不同接口尺寸而不一样。轴封水压如表5.7-3所示。

密封形式	轴封水压	轴封水量			
		G1/4	G3/8	G1/2	G3/4
填料密封	泵出口压力+0.035MPa	1~1.5	1.5~2	2~3	3~5

表 5.7-3 轴封水压 (单位:m³/h)

注:范围取值包含上下限。

5.7.2.3 副叶轮密封

(1)副叶轮密封原理

副叶轮密封包含副叶片(叶轮背筋片)、副叶轮和停车密封结构,副叶轮密封结构要求副叶轮反压大于泵腔介质压力,满足泵运行时不泄漏的作用,叶轮背筋片的作用是平衡轴向力,减小泵腔介质压力,停车时副叶轮密封不起作用,就通过停车密封中的填料达到密封的作用。副叶轮实际是一个小离心泵叶轮,靠其产生的压头顶住主叶轮出口的高压液体向外泄漏,副叶轮密封结构如图 5.7-7 所示。

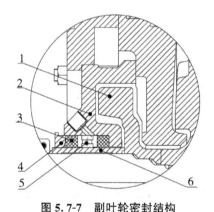

图 5.7-7 副叶轮密封结构

1—副叶轮;2—减压盖;3—填料;4—填料压盖;5—水封环;6—轴套

后护板上背筋片的作用是消除液体的旋转,若无背筋片,副叶轮后盖板侧的液体跟随一起旋转,压力呈抛物线规律分布。后护板侧下部的压力小于副叶轮外径处的压力,无法完全形成密封。若有背筋片,则可防止液体旋转,后护板侧下部压力和副叶轮外径处的压力差不多,提高了副叶轮的封堵压力。

(2)副叶轮密封特点

①运转时无泄漏,不存在机械磨损,可靠性高,寿命长。

②适合各种苛刻条件下的介质密封,如密封高温、强腐蚀和含固体颗粒的介质。副叶轮动力密封在防止有毒、有害原料的泄漏,解决三废,减少环境污染等方面开辟了新途径,特别是在输送含砂介质方面效果更显著。

③叶轮背筋片和副叶轮密封都要消耗一定的附加功率,该功率值主要消耗在副叶轮(副叶片)与液体的相互作用上,一般需增加功率5%～10%。

④仅适用于低压密封,泵扬程一般在50m以下。若扬程较高,则可采用背筋片加副叶轮密封或平衡孔加副叶轮密封。由于平衡孔加副叶轮密封结构简单,应用范围广,节省能源,故在工厂的旧泵改造中不失为一种比较合理的结构形式。

⑤仅在泵运转时起作用,因此应配备停车密封装置。

⑥副叶轮本身的轴向力指向左方可平衡主叶轮的一部分轴向力。

5.7.2.4　副叶轮＋填料组合密封

(1)定义

副叶轮＋填料密封是组合式密封,集合了副叶轮的减压原理以及填料的密封原理,使密封的效果更稳定,目前弘源陶瓷渣浆泵在选矿无腐蚀的常规工位上一般都选用副叶轮＋填料的密封方式,综合性价比较高,如图5.7-8所示。

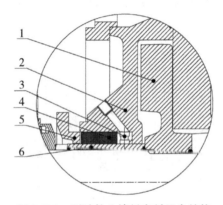

图 5.7-8　副叶轮＋填料密封组合结构

1—副叶轮;2—减压盖;3—水封环;4—填料;5—填料压盖;6—轴套

(2)原理

泵在运转时,副叶轮产生与主叶轮方向相反的压力,抵消一部分轴向力,延长轴承寿命,还可降低密封处的压力。填料主要靠填料压盖给的压紧力进行密封。

5.7.2.5　机械密封

(1)机械密封定义

机械密封又称端面密封,机械密封是一种用于旋转流体机械的轴封装置,至少由一对垂直于旋转轴线的端面组成,在流体压力及补偿机构弹力(或磁力)的共同作用下,以及辅助密封圈的配合下,该对端面保持贴合并相对滑动,构成防止流体泄漏的装置,双端机械密封结构如图5.7-9所示。

（2）机械密封结构及原理

轴通过轴套、传动座和推环,带动动环旋转,静环固定不动,依靠介质压力和弹簧力使动静环之间的密封端面紧密贴合,阻止介质的泄漏。摩擦副表面磨损后,在弹簧的推动下实现补偿。为防止介质在动环与轴之间泄漏,装有动环密封圈,而静环密封圈则阻止了介质沿静环和压盖之间的泄漏。

（3）机械密封失效

机械密封的泄漏是轴封的常见问题,要分析机械密封泄漏的原因首先要确定机械密封的泄漏点,典型机械密封泄漏点如图 5.7-10 所示。

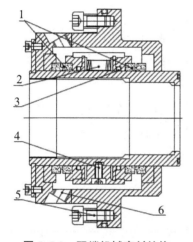

图 5.7-9　双端机械密封结构

1—端面摩擦副:动环、静环;2—弹性元件:弹簧或波纹管;3—辅助密封圈:"O"形圈、"V"形圈;4—传动件:传动销、转动键、传动环、传动座等;5—紧固件:紧定螺钉、弹簧座、压盖、组装套、轴套;6—密封辅助冲洗系统

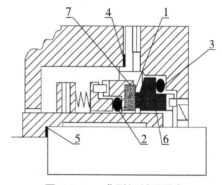

图 5.7-10　典型机封泄漏点

1—摩擦副端面;2—动环辅助密封;3—静环辅助密封;4—机箱与机封结合面;5—轴和轴套之间;6、7—摩擦副微气孔及锁装件配合面

（4）机械密封的形式与分类

1)平衡状态可分为平衡型和非平衡型

机械密封中平衡型和非平衡型是根据流体介质对机封摩擦副的有效作用面积与摩擦副面积之比来划分确定。摩擦副面积是指动、静环端面接触的环带面积。

①平衡型。

能部分或全部平衡液体压力对端面的作用,结构比较复杂。优点有:能使介质作用在密封端面上的压力减小;平衡型机械密封端面上所受的力随介质压力的升高变化较小,适用于高压密封;对于一般液体可用 0.7～4.0MPa,甚至可达 10MPa。

②非平衡型。

不能平衡液体压力对端面的作用,容易引起磨损,结构简单。适用于液体压力低的场合,对于一般液体可用于密封压力不大于 0.7MPa;对于润滑性差及腐蚀性液体可用于压力不大于 0.3MPa。

2)机械密封按照安装方式可分为外装式和内装式

①外装式。

静环位于密封端盖(或相当于密封端盖的零件)外侧(即背向主机工作腔一侧)的机械密封。可直接观察密封端面的磨损情况,用于强腐蚀、易结晶、低压介质机需要安装调试方便的场合。

②内装式。

静止环安装于密封压盖(或相当于密封端盖)内侧(即面向主机工作腔的一侧)的机械密封。由于摩擦受力状态好,冷却和润滑效果好而较多采用,用于安装精度高的场合。

内装式密封受力情况较好,比压随介质压力的增加而增加,其泄漏方向与离心力方向相反,因此大多情况下均采用内装式,只有当介质腐蚀性极强且又不考虑压双密封时,才选用外装式机械密封。

3)按介质的泄漏方向分为外流式和内流式

①外流式。

介质泄漏方向与离心力方向一致为外流式密封,可用于高速、低压场合。外流式如图 5.7-11 所示。

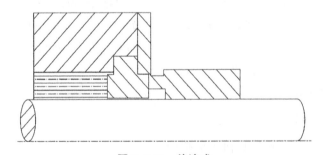

图 5.7-11　外流式

②内流式。

介质泄漏方向与离心力方向相反为内流式密封,离心力起着阻碍流体泄漏的作用,故泄漏量少,密封可靠。

4)按照冲洗方式分类,遵循《离心泵和转子泵用轴封系统》相关要求。

①单端机械密封。

单端分为 P62、P32、P02 方式,P62 为外冲洗,P32 为内冲洗,P02 为无水冲洗方案。

a. P62 单端机械密封如图 5.7-12 所示,P62 单端外冲洗方案要求轴封水压一般不大于 0.1MPa。其主要用于单端面密封的辅助(支持)系统,冲洗水的目的是冲走动密封组件周围聚积的含固体颗粒的介质。

应用领域:氧化铝、湿法冶炼、化工、脱硫等。

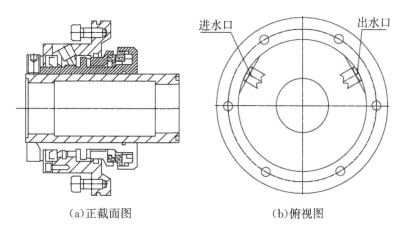

(a)正截面图   (b)俯视图

图 5.7-12 P62 单端机械密封

b. P32 单端机械密封如图 5.7-13 所示,P32 单端内冲洗方案的特点是冲洗水会流入泵送流体中,与输送浆液混合。常用于选矿行业对浆体介质性能没有高要求的场合。

应用领域:选矿、串联泵工位、湿法冶炼前段。

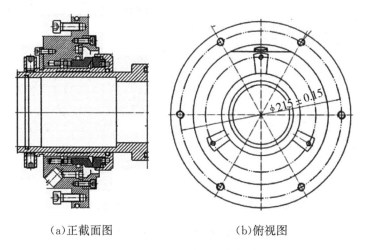

(a)正截面图   (b)俯视图

图 5.7-13 P32 单端机械密封

c. P02 单端机械密封如图 5.7-14 所示,冲洗方案 P02 的密封腔是封闭,没有冲洗液循环。

应用场景:介质含固量不大于35%。温度不大于60℃。

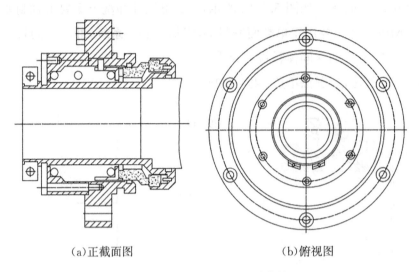

(a)正截面图   (b)俯视图

图 5.7-14　P02 单端机械密封

②双端机械密封。

P54 双端机械密封如图 5.4-15 所示,其用于加压双端面密封。外部流体源向密封提供清洁流体作为隔离液,轴封水压力高于泵送流体压力。

冲洗方案 P54 通常用于泵送流体温度高,或含有固体颗粒,或者内循环装置不能提供足够冲洗流速的场合。

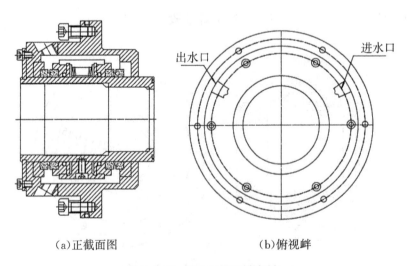

出水口   进水口

(a)正截面图   (b)俯视衅

图 5.7-15　P54 双端机械密封

③组合机封。

P32+P62 组合机械密封如图 5.7-16 所示,高压冲洗水压力需大于泵腔压力0.05~0.2MPa,低压冲洗水压力为 0.05MPa。高压冲洗水从 P32 内冲洗入口冲入泵腔,高压水流能快速冲走机械密封摩擦副附近的固体颗粒,并带走热量。从而减轻浆液中的颗粒对机械密封的磨蚀,降低摩擦副的温度,改善机械密封运行环境,延长机封寿命。低压冲洗水从 P62 外冲洗入口进入机械密封腔,然后从 P62 外冲洗水出口流出,在此过程中能更好地对机械密封的摩擦副、弹性元件起到降温与润滑的作用。

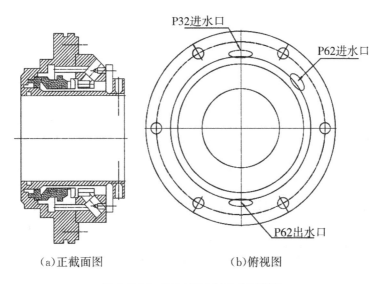

(a)正截面图　　　　　　　　(b)俯视图

图 5.7-16　P32＋P62 组合机械密封

(5)机械密封材质的选择

1)摩擦副材料

渣浆泵机械密封的摩擦副材料通常有 SiC(常压烧结和反应黏合)、SSiC、硬质合金、氧化铝陶瓷、石墨(浸锑石墨和浸呋喃树脂石墨)。

强腐蚀工位摩擦副都是 SiC-SiC,氧化铝工位上面用硬质合金。

动静环材料宜采用碳化钨/碳化钨,或碳化硅/碳化硅,当颗粒易于阻塞密封腔时,须采用辅助装置经过过滤或分离后的冲洗液冲洗端面。

2)介质端接液材质

基体金属材料常见有 XCr13、304、316L、2205、2507,对于酸含量较高的还需用到904L、20 号合金、哈氏合金 C、钛材等。

一般腐蚀性选择 304 和 316L,带有磷酸或 Cl^- 选 2205 或 2507(抗 Cl^- 含量更高),磨蚀性为主,腐蚀性为辅的选 2Cr13 或 3Cr13,如氧化铝工位金属材质 2Cr13。

特殊说明:

对于酸性介质以硫酸系为主的工况,硫酸质量浓度不小于 40%,温度不小于50℃时,首选材质为 904L 和 20 号合金。

对于酸性介质以盐酸系为主的工况,盐酸浓度不小于 2%,温度不小于 25℃时,首选材质为哈氏合金 C。

对于酸性介质含氢氟酸的工况,浓度较高时,首选材质为蒙乃尔合金。

3)密封圈材料

在没有外冷的条件下,机械密封的最高使用温度一般取决于辅助密封材料的安全使用温度,密封圈材料性能如表 5.7-4 所示。

表 5.7-4　　　　　　　　　　　密封圈材料性能表

材料	安全使用温度/℃	硬度(邵氏硬度 A)	备注
丁腈橡胶(NBR)	−30~100	65~75	矿物油、汽油、磷酸等
硅橡胶(MVQ)	−40~200	25~90	碱、氨水、丁醇等
乙丙橡胶(EPR)	−10~160	75~80	碱、重铬酸钾、过氧化氢、氨水等
氟橡胶(FPM)	−30~180	70~90	热油、无机酸、丁醇、氯族溶剂等
聚四氟乙烯(PTFE)	−100~220	80~95	酸、碱、溶剂等
阿弗拉斯(Aflas)	−15~250	75~85	强酸、强碱、高温水蒸气
全氟醚橡胶(FFKM)	−40~250	70~90	强酸、强碱、有机溶剂

注:酮类溶剂等介质不能用氟橡胶,矿物油不能用三元乙丙橡胶。

5.7.3　填料密封的设计计算

与填料相配合的零部件有填料箱、填料、填料压盖、轴套。填料密封设计计算除填料外,主要为填料箱尺寸的设计计算。

5.7.3.1　填料箱的设计计算

(1)填料箱尺寸选择

填料箱的填料密封尺寸如图 5.7-17 所示,其各尺寸可按式(5.7-1)至式(5.7-3)和表 5.7-5 至表 5.7-7 进行选择。

$$D = (1.2 \sim 1.4)d \tag{5.7-1}$$

$$\xi = 0.5E \quad t = (2 \sim 2.5)E \tag{5.7-2}$$

$$\delta_1 = \delta_2 = 0.5 \sim 0.75 \text{mm} \tag{5.7-3}$$

式中:D——填料箱内径,mm;

d——轴套外径,mm;

E——填料宽度,mm;

L——填料箱长度,mm。

填料内径参考《轴向吸入离心泵装软填料的空腔尺寸》(ISO 3069—1974),如图 5.7-18 和表 5.7-5 所示。

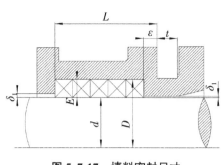

图 5.7-17　填料密封尺寸　　　　图 5.7-18　填料密封

表 5.7-5					密封腔尺寸						（单位:mm）
d_1	18	22	25	30	33	38	45	50	55	60	70
d_3	34	38	41	45	49	58	65	70	75	85	95

填料宽度 E 轴套外形尺寸根据表 5.7-6 进行选取。

表 5.7-6			填料宽度 E			（单位:mm）
d	≤20	20～35	35～50	50～75	75～110	110～200
E	5.0	6.4	9.5	12.7	15.9	19～25.4

注:范围取值包含上限不含下限。

填料根数按被密封介质压力根据表 5.7-7 进行选择。

表 5.7-7		填料根数			
介质压力/MPa	0.1	0.1～3.5	3.5～7	7～10.2	＞10.2
填料根数	3,4	3,4	3,4	3,4	＞8

注:范围取值包含上限不含下限。

（2）轴向压紧力计算

轴向压紧力 F 的计算公式为

$$F = \pi \cdot d \cdot E \cdot n \cdot \mu \cdot P_m \tag{5.7-4}$$

式中:n——填料圈数（4～8 圈）；

　　　P_m——介质压力；

　　　μ——摩擦系数（石墨填料取 0.1）。

（3）端面比压 PV 校核

滑动速度:

$$V = \frac{\pi \times d \times N}{6000} \tag{5.7-5}$$

式中:N——泵转速。

$$PV = Pm \times V \leqslant [PV]_{材料} \tag{5.7-6}$$

常见填料材质端面比压范围值如表 5.7-8 所示。

表 5.7-8　　　　　　　　　　　常见填料材质端面比压范围值

填料材质	端面比压	适用工况	极限比压值
石墨＋金属丝	0.7～1.0	高温、高压及腐蚀性介质工况	1.2
石棉纤维＋浸渍剂	0.3～0.6	温度≤80℃	1.0～1.5
石墨纤维编织	0.5～1.2	高温蒸汽(≤400℃)、弱腐蚀介质	3.0～5.0
PTFE 纤维编织	0.2～0.8	强酸(硫酸、盐酸)、碱液(≤200℃)	2.0～3.5
芳纶纤维＋橡胶	0.4～1.0	含颗粒介质(如渣浆)、高磨蚀工况	1.5～2.5
碳纤维＋石墨浸渍	0.8～1.5	高压(≤10MPa)、高速轴封(如压缩机)	15～20
金属箔片(不锈钢)	1.0～2.0	超高温(≤600℃)、核电站主泵	2530
膨胀石墨(柔性石墨)	0.3～0.7	腐蚀性气体(如氯气)、低温液化气(−200～＋500℃)	4.0～6.0

比压优化原则:

低压工况。取下限值(如 PTFE 纤维选 0.3MPa),避免过度压缩导致填料硬化。

高压工况。接近上限(如碳纤维选 1.2MPa),确保密封性但需配合冷却系统。

动态修正系数如表 5.7-9 所示。

表 5.7-9　　　　　　　　　　　　　动态修正系数

工况因素	比压调整系数	示例
含固体颗粒	0.7～0.9	渣浆泵芳纶填料比压需降至 0.3～0.7MPa
高频振动	1.1～1.3	压缩机石墨纤维填料需提高至 0.6～1.4MPa
温度＞200℃	0.8～0.9	高温蒸汽用金属箔片比压限 1.6MPa

含颗粒介质如陶瓷渣浆泵的填料通常设计成 45°斜切口且相邻两根切割错开分布,强制泄漏介质走"之"字形路径,显著延长泄漏阻力,斜切口结构使盘根在压紧时产生轴向分力,促进填料径向膨胀,更均匀地贴合轴表面,密封接触压力提升 15%～20%,尤其适合低速重载工况。

5.7.4　副叶轮密封的设计计算

副叶轮密封的设计计算包含几何参数和压力参数。

5.7.4.1　几何参数

几何参数主要是指副叶轮的主要尺寸,包含直径、叶片数量、叶片宽度、叶片角度等的设计。

1)副叶轮叶片直径 D_2 的确定

副叶轮直径通常根据泵的叶轮直径 D_1 以及轴向力平衡等因素来确定,一般取 $D_2 = (0.3 \sim 0.6)D_1$。

2)副叶轮叶片数量 n 的确定

副叶轮的叶片数量为 6～16 片,叶片数量越多,流动越平稳,但是制造工艺复杂,成本更高,叶片数量较少,流动阻力就越小,但是流量可能不均匀,可根据具体的泵性能要求和经验来选择。

3)副叶轮叶片 d 的确定

对于叶轮直径为 100～300mm 的小型工业泵,副叶轮宽度通常为 10～30mm。例如,一些小型清水离心泵,其副叶轮宽度可能为 15～20mm。这是因为小型泵的流量和压力相对较小,所需的密封力也较小,较窄的副叶轮能满足密封要求,同时还能降低成本和减小泵的整体尺寸;当叶轮直径为 300～600mm 的中型工业泵时,副叶轮宽度一般为 30～60mm。以常见的中型化工流程泵为例,为保证在较高压力和流量下的密封效果,副叶轮宽度可能会取 40～50mm,这样可以提供足够的密封面积和密封力,防止介质泄漏;对于叶轮直径大于 600mm 的大型工业泵,副叶轮宽度可能会超过 60mm,甚至在 100mm 以上。如大型的矿用排水泵,由于其工作压力高、流量大,需要较大宽度的副叶轮来产生足够的离心力,以实现良好的密封性能,其副叶轮宽度可能为 80～120mm。

4)副叶轮的角度设计

副叶轮的常见形状大致有 4 种,即前弯叶片、进口部分斜 30°角而后为径向直叶片、与泵主叶轮一样为后弯叶片(入口角小于 90°)、与叶轮背筋片一样为径向直叶片。副叶轮的入口角一般为 15°～30°,出口角为 20°～45°。叶片角度影响流体在副叶轮中的流动方向和速度变化,进而影响扬程和效率,需通过理论分析和实验验证来优化。

5.7.4.2 压力参数

(1)叶轮盖板背筋片压力计算

叶轮盖板背筋片形状尽量采用径向直叶片或跟叶轮叶片一致的后弯式,如图 5.7-19 所示,背筋片数量 4～10 片,宽度 5～10mm,背筋片与前后护板之间的间隙不宜过大,一般取 0.3～3mm。

背筋片主要受平衡轴向力,轴向力的计算公式为

$$F = \frac{3}{8}(A_e - A_h)\frac{(\mu_e^2 - \mu_h^2)}{2}\rho \tag{5.7-7}$$

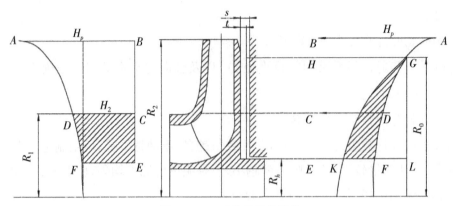

图 5.7-19　叶轮盖板背筋片

背筋片除平衡轴向力外,还能减小轴封前介质的压力,背筋片下部(密封腔)的液体压力可以通过式(5.7-8)计算。

$$H_{EK} = H_p - \frac{\omega^2}{8g}(R_2{}^2 - R_e{}^2) - \frac{\omega'^2}{2g}(R_e{}^2 - R_h{}^2) \tag{5.7-8}$$

液体角速度:

$$\omega' = \frac{\omega}{2}\left(1 + \frac{t}{s}\right) \tag{5.7-9}$$

密封腔前的压头:

$$H_{EK} = H_p - \frac{\omega^2}{8g}\left[R_2{}^2 - R_e{}^2 + \left(\frac{s+t}{s}\right)(R_e{}^2 - R_h{}^2)\right] \tag{5.7-10}$$

式中:A_e——以 R_e 为半径的圆的面积;

　　　A_h——以 R_h 为半径的圆的面积。

(2)副叶轮密封计算

副叶轮密封要求副叶轮产生的压力大于泵腔介质的压力,才能在泵运行时阻止浆液的泄漏,如图 5.7-20 所示。

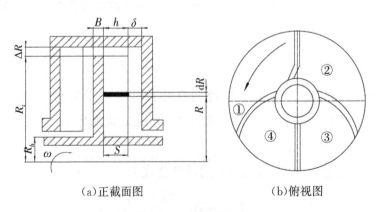

(a)正截面图　　　　　　(b)俯视图

图 5.7-20　副叶轮密封

叶片与侧壁的轴向间隙为 0.8~1.2mm,叶轮的外缘径向间隙为 1.0~1.3mm,间隙越小,密封的能力就越好。

计算副叶轮的密封压力,需在叶轮中取一微元半径 dR 环,当泵在运行时,副叶轮周围的介质压力将与密封腔内液体的离心压力相平衡,即

$$\int_{P_h}^{P_e} \mathrm{d}p = \int_{R}^{Re} \rho\omega^2 R\,\mathrm{d}R \tag{5.7-11}$$

$$P_e - P_h = \omega^2(R_e^2 - R_h^2)\rho \tag{5.7-12}$$

副叶轮产生的理论压头为

$$H_t = \frac{\omega^2}{2g}(R_e^2 - R_h^2) = \frac{1}{2g}(\mu_e^2 - \mu_h^2) \tag{5.7-13}$$

要求副叶轮产生的压力 H_t 大于泵腔介质压力 H_{EK}。

实际上,需要考虑浆体黏度和副叶轮叶片与后护板的间隙影响,实际的密封压力总是小于以上的计算数据,其相差程度可用系数 K 表示,即

$$H = \frac{K}{2g}(\mu_e^2 - \mu_h^2) \tag{5.7-14}$$

式中:K——经验系数,与副叶轮结构有关,一般当副叶轮叶片与后护板的间隙大于 3mm 时,K 取 0.75~0.85;当间隙小于 3mm 时,K 取 0.85~0.9。

(3)泄漏流量的计算

泄漏流量是衡量副叶轮密封的重要指标,与密封间隙、压差、流体黏度等因素有关,通过密封间隙的流量可根据泊肃叶定律进行近似计算。

$$Q = \frac{\pi\delta^4\Delta H}{128\mu L} \tag{5.7-15}$$

$$\Delta H = H_1 - H \tag{5.7-16}$$

$$H_1 = H_0 + \rho gh \tag{5.7-17}$$

式中:ΔH——副叶轮前后侧的压力差;

H_0——泵入口压力;

h——扬程;

ρ——介质密度。

(4)停车密封

副叶轮密封的特点是泵只在运行时副叶轮起密封作用,停机时副叶轮不工作,无法起到密封作用,为防止停车时介质泄漏,需增加停车密封结构。停车密封与普通填料密封结构一样,泵在停车时,盘根处于压紧状态,阻止介质泄漏。

停车密封的结构和设计与纯填料的密封设计基本一致,可参照填料密封的设计计算公式。

5.7.5 机械密封的设计计算

5.7.5.1 密封端面液体压力分布规律

机械密封端面间的液体压力分布规律是影响密封性能的关键因素。端面摩擦副的最佳工作状态是半液体摩擦。液体处于全面接触面积中,并认为摩擦副间隙内液体流动的阻力沿径向不变,这样间隙内的压力按照线性变化。

5.7.5.2 载荷系数和平衡系数

(1)载荷系数 K

$$K = \frac{\text{动环承受介质压力的有效面积} B}{\text{密封端面接触面积} A} = \frac{d_2^{~2} - d_2}{d_2^{~2} - d_1^{~2}} = \frac{B}{A} \qquad (5.7\text{-}18)$$

载荷系数表示作用到环上的压力加到密封端面上的程度,若已知密封环尺寸,K 值就比较容易计算得出。

(2)平衡系数 β

$$\beta = \frac{\text{减荷面积}}{\text{密封端面接触面积}} = \frac{A - B}{A} = 1 - K \qquad (5.7\text{-}19)$$

平衡系数 β 代表介质产生的比压,在接触端面上的减荷程度,通过改变 β 可使端面比压控制在合适范围内,以扩大密封使用的压力范围。

$K \geqslant 1(\beta \leqslant 0)$ 为非平衡型;$0 < K < 1(0 < \beta < 1)$ 为平衡型;$K = 0(\beta = 1)$ 为完全平衡型;$K < 0(\beta > 1)$ 为过平衡型,如图 5.7-21 所示。

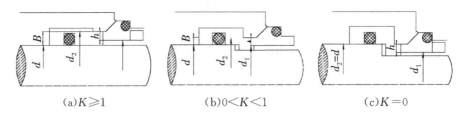

(a)$K \geqslant 1$ (b)$0 < K < 1$ (c)$K = 0$

图 5.7-21　机封平衡和非平衡示意图

β 为 $0.15 \sim 0.45 (K = 0.85 \sim 0.55)$,黏度大的介质选小的 β 值,介质压力越大,β 值越加大。

5.7.5.3 端面的反压和比压

(1)反压系数

反压指密封端面间隙内液体试图推开端面的力,如图 5.7-22 所示。假定密封介质压力为 P_j,当端面间隙内压力呈直线分布时,依据相似三角形原理,可确定任意半

径 R 处的压力 P,这一过程通过对密封端面间隙内压力分布规律的研究来明确反压相关特性。

$$\frac{P}{P_j} = \frac{R - R_1}{R_2 - R_1} \quad P = P_j \frac{R - R_1}{R_2 - R_1} \tag{5.7-20}$$

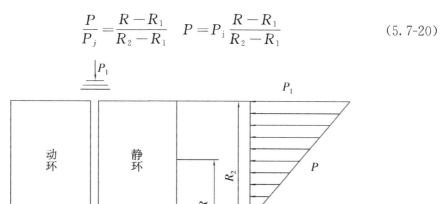

图 5.7-22 密封端面的反压力

端面总的反推力 Q 公式为

$$Q = \int_{R_1}^{R_2} 2\pi R dR P_j \frac{R - R_1}{R_2 - R_1} = \frac{\pi}{3} P_j (R_2 - R_1)(2R_2 + R_1) \tag{5.7-21}$$

密封间隙中液体的平均压力 P_m 和介质压力 P_j 之比为反压系数,用 λ 表示,三者之间的关系为

$$\lambda = \frac{P_m}{P_j} \tag{5.7-22}$$

因为密封端面的反推力 Q 应等于端面的平均压力和面积之乘积,则

$$Q = \frac{\pi}{3} P_j (R_2 - R_1)(2R_2 + R_1) = P_m (R_2{}^2 - R_1{}^2)\pi \tag{5.7-23}$$

$$P_m = \frac{P_j}{3} \frac{(R_2 - R_1)(2R_2 + R_1)}{R_2{}^2 - R_1{}^2} = \frac{P_j(2R_2 + R_1)}{3(R_2 + R_1)} \tag{5.7-24}$$

$$\lambda = \frac{2R_2 + R_1}{3(R_2 + R_1)} \tag{5.7-25}$$

实际的 λ 数值与密封端面的压力分布态势紧密相连,即与密封表面品质、接触面宽度、介质黏稠度以及泄漏状况等相关。鉴于影响 λ 值的因素繁杂众多,当介质为清水时,给出如下建议:内装式密封的 λ 取值为 0.5;外装式密封的 λ 取值为 0.7。

(2)端面比压

1)内装单端面机械密封比压

端面比压指的是密封端面上单位面积所承受的平均压紧力。以动环的受力情形为例(可参考图5.7-23),作用在动环上的力包含弹簧力 P_t、介质作用力 P_j、动环移动时产生的摩擦力 P_f(因数值极小,常可忽略不计)、端面反推力 Q 以及静环对动环施加的作用力 T。由力的平衡条件,可得

$$P = \frac{静环对动环的反作用力\ T}{密封端面接触面积\ A} = \frac{P_t + P_j - Q - P_f}{A} \quad (5.7\text{-}26)$$

$$P_t = p_t A = p_t \frac{\pi}{4}(d_2{}^2 - d_1{}^2) \quad (5.7\text{-}27)$$

$$P_j = p_j B = p_j \frac{\pi}{4}(d_2{}^2 - d^2), Q = p_m \frac{\pi}{4}(d_2{}^2 - d_1{}^2) = \lambda p_j A \quad (5.7\text{-}28)$$

式中:p_j——弹簧比压;

　　　p_m——密封端面平均压力。

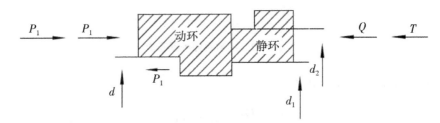

图 5.7-23　动环受力

由此

$$p = p_t + p_j(K_内 - \lambda) \quad K_内 = \frac{d_2{}^2 - d^2}{d_2{}^2 - d_1{}^2}, \lambda = 0.5 \quad (5.7\text{-}29)$$

2)外装式的比压

与内装式机封类似,依据动环受力情况,利用力的平衡条件来推导外装的比压,如图5.7-24所示。

$$p = p_t + p_j(K_外 - \lambda), K_外 = \frac{d^2 - d_1{}^2}{d_2{}^2 - d_1{}^2} = \frac{B}{A} \quad (5.7\text{-}30)$$

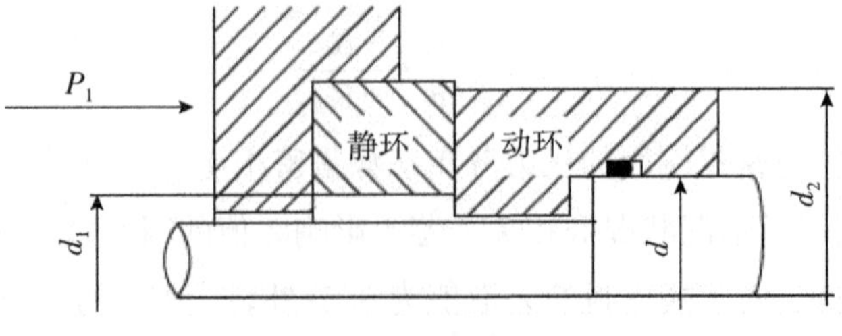

图 5.7-24　外装式机封比压

3)双端面机封比压

双端面机封大气端的结构和受力与前述内装单端面机封相同,如图5.7-25所示

示,现分析介质端动环受力,从而得到比压,动环受力如下。

①弹簧力。

$$P_t = p_t A = p_t \frac{\pi}{4}(d_2^2 - d_1^2) \tag{5.7-31}$$

②封液总压力。

$$P_{mi} = p_{mi} B = p_{mi} \frac{\pi}{4}(d_2^2 - d^2) \tag{5.7-32}$$

③介质作用力。

$$P_f = f p_c \upsilon A \tag{5.7-33}$$

④摩擦力 P_f(可忽略不计)。

⑤端面反推力 Q=介质反推力 Q_j+封液反推力 Q_{mi}。

$$Q = \frac{\pi}{4}\lambda(p_j + p_{mi})(d_2^2 - d_1^2) = \lambda(p_j + p_{mi})A \tag{5.7-34}$$

由动环受力平衡条件,可得

$$p = \frac{T}{A} = \frac{P_t + p_{mi}B - p_j B' - \lambda(p_j + p_{mi})A}{A} \tag{5.7-35}$$

设 $K = \dfrac{B}{A}, K' = \dfrac{B'}{A}$,则

$$p = \frac{T}{A} = \frac{P_t + p_{mi}KA - p_j K'A - \lambda(p_j + p_{mi})A}{A} \tag{5.7-36}$$

$$p = p_t + p_{mi}(K - \lambda_内) - p_j(K' + \lambda_外)$$

式中: $K = \dfrac{d_2^2 - d^2}{d_2^2 - d_1^2}, K' = \dfrac{d_1^2 - d^2}{d_2^2 - d_1^2}$。

因为 K' 实际为负值,式(5.7-36)第3项用"+"号,这样 K' 可用绝对值代入:

$$p = p_t + p_{mi}(K - 0.5) + p_j(K' - 0.7) \tag{5.7-37}$$

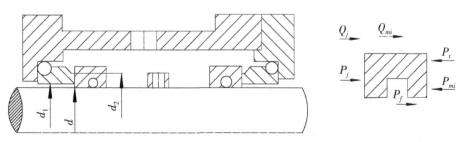

图 5.7-25 双端面机械密封受力

4)比压的选择

端面比压对于密封的运行状况起着关键作用。若比压过大,会出现干摩擦现象,进而引发发热问题,同时摩擦程度加剧,功率损耗也会随之增加;若比压过小,容易发生泄漏情况。以下是选择比压时需遵循的准则:首先,端面比压不能低于端面反推力。一旦低于此值,密封面就会打开,无法达成有效密封;其次,端面比压也不能小于密封间隙内液体的汽化压力。若小于该压力,介质便会开始蒸发,这同样会对密封效果产生不良影响。再者,要确保间隙液膜能够在实现最小泄漏的前提下,于摩擦面上发挥润滑功效。

比压的数值一般处于 $p=0.05\sim0.3$MPa,常用的区间是 $0.1\sim0.2$MPa。对于那些介质压力较高、具备良好润滑性能且摩擦副材料优质的情况,可以选用相对较大的比压。这是因为在这种情形下,较大比压能够更好地保障密封效果,同时也能承受较高的工作负荷。相反,对于润滑性能欠佳,以及像液态烃这类容易挥发的介质,应当选取较小的比压。这是为了避免因比压过大引发介质过度蒸发或加剧摩擦等不良状况。

此外,由弹性元件在端面上所产生的比压,与结构形式、被密封介质的种类以及压力等因素相关。在启动和停车过程中,为保证密封的可靠性,以及补偿端面的磨损等情况,弹簧需要产生一定的比压。不同结构形式所推荐的比压在表 5.7-10 中有详细说明。通过综合考量这些因素,能够更为科学合理地选定端面比压,从而保障密封装置稳定、高效地运行,最大程度地减少泄漏风险,延长设备的使用寿命。

表 5.7-10　　　　　　　　　不同结构形式弹簧的比压

密封形式	一般介质	低黏度介质	高黏度介质	适用工况
内装式	0.3~0.6	0.2~0.4	0.4~0.7	常用于清洁、无颗粒、腐蚀性较弱介质
外装式	0.15~0.4	0.1~0.3	0.2~0.5	适用于强腐蚀、高黏度、易结晶或颗粒介质
单弹簧式	0.2~0.5	0.15~0.35	0.3~0.6	适用于轴径较小、密封要求不特别高场合
多弹簧式	0.3~0.65	0.2~0.45	0.4~0.75	适用于轴径较大、高速、高压及对密封要求高场合
平衡型	0.25~0.6	0.18~0.45	0.35~0.7	适用于高压、高速工况
非平衡型	0.4~0.8	0.3~0.6	0.5~0.9	适用于低压、低速、清洁介质工况

5)端面摩擦副的 p_v 值

在正常运转时,密封端面上的摩擦力由两部分构成。其一为端面间的液体摩擦力,与液体的滑动速率相关;其二为粗糙表面的固体摩擦力,与端面所受压力有关。鉴于此,比压与滑动速度的乘积,成为决定摩擦副端面材料适用范畴的关键参数。从理论层面来讲,滑动表面的摩擦系数 μ 也需纳入考量。

p_v 值的许用数值与摩擦副的材质、光洁程度、介质特性,以及密封的直径、宽度等因素相关。端面产生的热量以及摩擦功率,均与 p_v 值呈正比。许用 $[p_v]$ 值是将密封失效时的极限 p_v 值除以安全系数所得。表 5.7-11 中列出了不同摩擦副对应的许用 $[p_v]$ 值。通过对 p_v 值及其相关因素的研究和把控,能够更合理地选用摩擦副材料,保障密封端面在适宜的工作条件下运行,减少因摩擦产生的不良影响,提升密封装置的可靠性与使用寿命。

表 5.7-11 不同摩擦副复印的需用比压值

摩擦副	SiC 石墨	SiCSiC	WC 石墨	WCWC	WC 青铜	氧化铝石墨	氧化铬石墨
P_v/[(MPa·m)/s]	18	14.5	7~15	4.4	2	3~7.5	15

6)机械密封的功率消耗

机械密封的功率损耗涵盖密封端面的摩擦功率 P_f 以及旋转组件对液体的搅拌功率 P_s。通常而言,搅拌功率相较于摩擦功率要小很多,并且精确计算较为困难,故而一般可不予考虑。不过,对于高速机械密封,搅拌功率及其可能引发的不良影响则不容小觑,必须加以考量。

密封端面的摩擦功率常借助式(5.7-38)进行近似计算。

$$P_f = f p_c \upsilon A f \tag{5.7-38}$$

式中:P_f——端面摩擦功率,W;

p_c——端面比压,MPa;

υ——密封端面平均线速度,m/s;

A——密封端面接触面积,mm^2。

f——密封端面摩擦系数,其数值受诸多因素影响,表 5.7-12 列出了不同情况时摩擦系数 f 取值范围。

表 5.7-12 摩擦系数 f 的取值范围

摩擦情况	全液膜材	混合摩擦	边界摩擦	干摩擦
摩擦系数	0.001~0.05	0.005~0.1	0.05~0.15	0.1~0.6

当用普通机械密封且无试验数据时,采用 $f=0.1$ 进行估算。

5.7.5.4 密封端面的尺寸确定

①定义密封端面由动环与静环两个部件构成,动环和静环的材料通常采用一软一硬的搭配方式。为使密封端面更高效地运行,常将其设计成一窄一宽,即软质材料制成窄环,硬质材料制成宽环,如此可让窄环均匀磨损,避免嵌入宽环。若动环和静

环均选用硬质材料,那么密封端面都做成窄环,且端面宽度保持一致。

　　端面直径应尽量减小,目的是降低摩擦端面的线速度。在材料强度与刚度满足要求的前提下,端面宽度 b 应尽可能取较小值。因为 b 值过大存在诸多弊端,会致使端面润滑和冷却效果变差,还会增加端面磨损、泄漏量以及功率损耗,同时也会加大加工量。

　　在机封标准中用的石墨环、碳化硅环(SiC)、硬质合金环(WC)、青铜环的端面宽度 b 所取值如表 5.7-13 所示。

表 5.7-13　　　　　　　　　　　不通过材料的摩擦副端面取值

材料	平衡型				非平衡性			
	石墨	SiC	WC	青铜	石墨	SiC	WC	青铜
A	3	2.5	2	2	3	2.5	2	3
轴径 d	b							
16	3	2	2	3	2.5	2	2	2
18								
20								
25	4	2.5	2.5	4	3	2.5	2.5	2.5
28								
30								
35								
40		3				3		
45	5			5	4			
50		3.5				3.5	2.75	2.75
55								
60								
70	5.5	4		5.5	5		4	
80	6	4.5	3		5.5	4.5	3	3
85								
90								
100		5	3.5		6	5		
110								
120								

　　②宽环比窄环的 b 值大 $1\sim3$mm,窄环高度 h 值的确定主要依据材料的强度、刚度和耐磨损能力,通常为 $2\sim5$mm。如石墨环、填充四氟环、青铜环这些标准中高度 h 值取 3mm,硬质合金环则取 2mm。

③在间隙方面,如图 5.7-26 所示,静环内径 D_0 与轴径的间隙($D_0 - d$)一般为 $1\sim3$mm。当轴径为 $\varphi16\sim100$ 时,标准石墨环、青铜环、填充四氟塑料环的间隙取 2mm;轴径为 $\varphi110\sim120$mm 时同样取 2mm。而硬质合金环轴径为 $\varphi16\sim100$ 时取 2mm,轴径在 $\varphi110\sim120$ 时取 3mm。

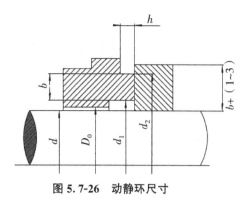

图 5.7-26　动静环尺寸

④在确定了密封面宽度 b 值与间隙后,就可依据轴径 d 来确定端面内径 d_1 和外径 d_2。端面内径 d_1 的确定方式为轴径加上间隙,之后再额外增加 $0\sim1$mm,具体数值取决于加工难易程度。例如,硬质合金加工难度大,取 0;若加工较为方便,则取 1mm。

确定端面外径 d_2 时,通过公式 $d_2 = d_1 + 2b$ 计算可得。当软环的端面内径、外径确定后,硬环的尺寸与之存在差异。硬环的端面内径相较于软环内径要小 $1\sim3$mm,而其外径则比软环外径大 $1\sim3$mm。如此一来,在动静环尺寸的确定过程中,依据不同材料特性和既定公式,逐步明确各部分尺寸参数,确保动静环在实际应用中的适配性。

5.7.5.5　密封圈尺寸的确定

密封圈材料主要有橡胶和四氟塑料两种。为实现二者的通用性,其设计尺寸保持一致,即橡胶“O”形圈和四氟塑料“V”形圈在直径方向上的名义尺寸相同,使得两圈能够互换使用。不过,为保障密封性能,二者制造公差有所差异。并且,根据轴径的不同,密封圈有着不同的断面尺寸,具体可参照图 5.7-27。

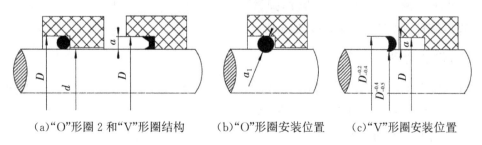

(a)“O”形圈 2 和“V”形圈结构　　(b)“O”形圈安装位置　　(c)“V”形圈安装位置

图 5.7-27　密封安装尺寸和压缩量

橡胶“O”形密封圈通常安装在动环或静环上。在安装时,“O”形圈需具备一定压缩量,压缩量通过公式$(a_1 - a)/a_1$计算,具体压缩值可查看表 5.7-14。经验表明,当压缩量为 10% 时,能够密封的介质压力可达 3.92MPa。但需注意,若压缩变形量过大,不仅安装困难,还会使摩擦阻力增大,进而降低密封圈使用寿命。为确保密封性能并便于控制制造公差,标准规定其变形量应为 6%～10%。另外,橡胶“O”形圈的内径一般比轴径小 0.5～1.5mm 。这样在不同条件下对密封圈各参数的精准把控，能够有效保障密封效果与设备的稳定运行。

表 5.7-14　　　　　　　　　　　　密封圈安装尺寸

名称	轴径 d/mm		
	16～28	20～80	85～120
安装尺寸 a	4	5	6
"O"形圈压缩量%	6～10	6～9	6～8.5

四氟塑料"V"形圈采用自封闭式密封结构，依靠两边的密封唇实现密封。其独特之处在于，随着介质压力升高，密封性能会更好。不过，为保证在低压环境下也有良好密封效果，"V"形圈尺寸有特定要求。

"V"形圈需与支撑环一同安装，安装时使两边密封唇紧贴两个环形密封表面。在尺寸方面，其内径必须小于轴径，外径则要大于安装尺寸。按照标准规定(图 5.7-2)，"V"形圈内径比轴径尺寸小 0.4～0.5mm ，外径比安装处尺寸大 0.4～0.8mm 。这样的尺寸设定，能确保"V"形圈在不同压力条件下，都能稳定发挥密封作用，保障设备的密封性能和正常运行。

5.7.5.6　弹簧尺寸的确定

弹簧在机械密封中扮演着关键角色，主要作用为赋予密封端面一个初始压力，并在端面出现磨损时，能推动动环或静环产生轴向位移来进行补偿。在此过程中，要求弹簧力的衰减幅度极小，一般在使用期限内，弹簧力减少量为 10%～20% 。如此一来，密封端面的比压变化能维持在较小的范围，进而保证端面始终具备良好的密封性能。为实现机械密封结构的紧凑性，弹簧需尽量缩短。与一般压力弹簧相比，机封中使用的弹簧具有节距大、圈数少的特点。

(1)弹簧的种类

机械标准中采用的弹簧主要有大弹簧、并圈弹簧和小弹簧 3 种类型。大弹簧和并圈弹簧规格相同，二者的差异仅在死圈(也称作并圈或支承圈)数量不一样，并且两种弹簧的高度差等同于死圈数。大弹簧的有效圈数存在 3 圈和 2.5 圈这两种情况，总圈数分别为 7 圈和 6.5 圈。死圈安装在弹簧座上时，其过盈量会依据直径的不同，处于 1～2mm 。

小弹簧则是以 8～18 个为一组，每组安装在特定轴径上。小弹簧的钢丝直径有 0.8mm 和 1mm 两种规格，工作圈数为 12 圈，总圈数为 18.5 圈。不同轴径下，小弹簧的相关尺寸可查阅表 5.7-15。不同类型的弹簧，依据各自特性在机械密封中发挥着不可或缺的作用，共同保障着密封系统的稳定运行。

表 5.7-15   不同轴径下的弹簧尺寸参照标准

轴径 d/mm		16	25	40	50	60	70	80	90	100	110	120
大弹簧丝径/mm		1.6	2.5	4	5		6		7		8	
并圈弹簧丝径/mm		1.6	2.5	4	5		6		7		8	
并圈弹簧过盈量/mm		1				1.5				2		
小弹簧	弹簧数	8		10	8	10	12	15		18		
	丝径/mm	0.8										

（2）弹簧计算

在机械密封系统中，弹簧的计算是确保其正常工作的重要环节。通常，首先要依据选定的弹簧比压来确定弹簧力 P_t。具体做法是将弹簧比压乘以端面接触面积，通过这样的计算就能得出弹簧力 P_t 的数值。

得到弹簧力 P_t 后，接下来需要根据弹簧所选用的材料，以及预先假定的弹簧尺寸，包括弹簧中径 D、弹簧丝直径 d、弹簧有效圈数 n 等参数，进一步展开计算。这一步骤的关键在于校核弹簧的扭转应力 τ，必须确保该扭转应力小于弹簧材料的许用应力 $[\tau]$。这是因为若扭转应力超过许用应力，弹簧在工作过程中就可能出现过度变形甚至失效的情况，从而影响机械密封的性能。

同时，还需对弹簧的承载能力进行考量。弹簧允许极限负荷 P_3 应大于 1.25 倍的弹簧力 P_t，即 $P_3 > 1.25 P_t$。这样的要求是为了给弹簧留出足够的安全裕度，保证在各种工况下，弹簧都能稳定地提供所需的弹力，维持密封端面的正常比压，进而保障机械密封结构能够可靠地运行，防止因弹簧承载能力不足而出现密封失效等问题。

机械密封除以上主要元件的计算外，还有辅助元件和冷却冲洗的计算和介绍，这里不再赘述。

5.7.6 其他密封形式的计算与应用

5.7.6.1 螺旋密封

螺旋密封的尺寸如图 5.7-28 所示。

螺旋密封的轴套螺纹旋向决定了泵送方向，螺纹旋向的确定比较简单，但是容易出错，若是旋向不正确，不仅起不到密封的作用，还会加剧泄漏。螺旋的旋向可用左右手法则判定：四指指向泵轴旋转方向，拇指指向低压侧（托架侧），右手满足则为右旋，左手满足则为左旋螺纹。

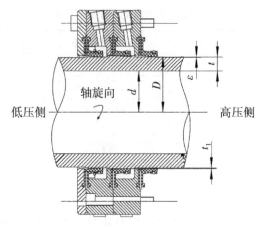

图 5.7-28　螺旋密封尺寸

陶瓷渣浆泵一般为左旋螺纹。

螺旋密封的轴套壁厚 $t=D-d\,(15\leqslant t)$。

螺旋密封圈与轴套之间的过盈间隙 $\varepsilon=1.5\sim3\text{mm}$。

轴套螺旋温度高度 $t_1=0.5\sim1.5\text{mm}$。

轴套螺旋纹条数为 $4\sim8$，一般离心泵 4 条足够，挖泥泵因为水量要求较大，常选择 6 条和 8 条。

螺旋密封圈常见材质为橡胶，不同的介质选用不同的橡胶材质，但承压能力不足，推荐用于扬程不大于 50m 的工况。若扬程较高，则寿命会降低。

5.7.6.2　浮动环密封

（1）结构

进口压力为 $0.102\sim1.122\text{MPa}$，出口压力达 3.16MPa，工作温度为 $120℃$，型号是 8ShR-2.6，转速为 2960r/min，配备电机功率 290kW。此泵在填料腔内设置了四道浮动环，在浮动环中间布置水封环，最外层添加一道 13×13 的石棉橡胶填料。其中，浮动环以及垫片采用四氟塑料材质，其余零件则由普通铸铁制成。在正常运行时，浮动环一般无须更换，若出现密封问题，通常只需拧紧或更换填料就能解决。

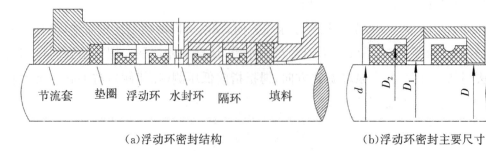

（a）浮动环密封结构　　　　　　　（b）浮动环密封主要尺寸

图 5.7-29　浮动环密封简图

（2）浮动环密封的计算

1）浮动环尺寸计算和选取

高压侧浮动环各个间隙值：$d/D=1-(0.5\sim0.8)\times10^{-3}$。

低压侧浮动环各个间隙值：$d/D=1-(2\sim3)\times10^{-3}$。

$D_1/D=1.02\sim1.03$。

$D_2/D=1.14\sim1.2$。

2）浮动环浮力的计算

浮动环与固定套的接触端面上存在适当比压，借此实现接触端面的密封功能。弹簧在此过程中发挥着关键作用，其任务是确保端面始终保持良好接触，一般弹簧力设定为 0.51MPa 。轴（或轴套）与浮动环间存在狭窄缝隙，缝隙内液体产生的浮力，在克服接触面上的摩擦力后，能够保证浮动环相对轴（或轴套）自动调心。如此一来，浮动环与轴（或轴套）就不会相互接触而产生磨损，还能长期维持极小的间隙，从而显著提高密封效果。

浮动环密封在直径 D_2 和 D_1 端面上的摩擦力 F 为

$$F=f\left[\overline{p}(D_2{}^2-D_1{}^2)\frac{\pi}{4}+P_t+P_G\right] \tag{5.7-39}$$

式中：F——D_2 和 D_1 间端面的摩擦力，kgf；

　　　f——摩擦系数，$f=0.1\sim0.15$；

　　　$\overline{p}$——液体压力作用在端面上的表面压力，kgf/cm²，其中 $\overline{p}=\Delta p/i$，Δp 为浮动环密封前后的总压力差，kgf/cm²；

　　　i——浮动环数；

　　　D_2——浮动环密封端面的外圆直径，cm；

　　　D_1——浮动环密封端面的内圆直径，cm；

　　　P_t——弹簧的弹力，kgf；

　　　P_G——环的质量作用在端面上的表面压力，kgf，卧式泵为0，立式泵浮动环在上，浮动环套在下时取正号，反之取负号。

轴和轴套与浮动环间隙中的液体浮力 H 为

$$H=\frac{6.67\mu n}{60}DL_1\left(\frac{D}{2b}\right)^2\left(\frac{L^1}{D}\right)^2\frac{\varepsilon}{1-\varepsilon} \tag{5.7-40}$$

式中：μ——介质动力黏度系数，(kg·s)/m²；

　　　n——轴的转速，r/min；

　　　b——浮动环半径方向的密封间隙，m；

ε——相对偏心,其中 $\varepsilon = 2e(D-d)$。

5.8 陶瓷渣浆泵轴承组件的设计

陶瓷渣浆泵作为矿山、冶金、化工等行业的关键设备,承担着输送高浓度、高磨损性渣浆的重任。在其运行过程中,轴承组件作为核心传动部件,直接关系到泵的可靠性、稳定性和使用寿命。渣浆泵的工作环境极为恶劣,不仅要承受渣浆颗粒的持续冲刷、化学腐蚀,还要应对复杂多变的载荷工况,如高径向力、轴向力及扭矩的联合作用,以及因渣浆脉动引发的振动冲击。这些严苛条件对轴承组件的性能提出了极高要求,一旦轴承出现故障,将导致泵体停机、生产中断,甚至引发安全事故和巨大经济损失。因此,深入了解渣浆泵常用轴承组件的形式与特点,掌握其设计、选型和维护要点,成为保障渣浆泵高效稳定运行的关键所在。基于此,本章将详细介绍渣浆泵常用轴承组件的类型、结构特性及应用场景,为工程实践中的轴承选型与优化设计提供参考依据。

5.8.1 渣浆泵常见轴承组件形式与特点

渣浆泵的轴承组件常采用单列圆锥滚子轴承、双列圆锥滚子轴承、双列调心轴承、短圆柱轴承和推力球轴承等构成轴承组件的不同结构形式。下面对这几个轴承组件进行利弊分析,进而揭出轴承组件新的结构方案,供设计人员参考。

5.8.1.1 常见几种轴承组件分析

(1)单列圆锥滚子轴承组成的轴承组件

这种轴承组件的结构形式如图 5.8-1 所示,常用于 6 英寸口径以下中低扬程渣浆泵和 4 英寸口径以下高扬程渣浆泵。其优点是轴承承载能力较大;不足之处是当轴承组件的轴向间隙较小、载荷和转速较高时,轴承就会发热甚至烧毁。其原因是:此轴承呈锥形结构,滚子的大端面与内圈大端挡肩的内端面(图中 A 面)承受一定的轴向分力,这个接触端面不是滚动摩擦而是滑动摩擦,这是轴承发热或烧坏的主要根源。因此,这种组件通过设置调整垫来调整轴向间隙,但间隙加大势必加大了轴套外径的径向跳动量,致使填料密封处漏浆而磨损轴套,机械密封失效等,这一连锁反应,就是人们常说的三轴问题(轴承热、轴封漏、轴套磨损)。

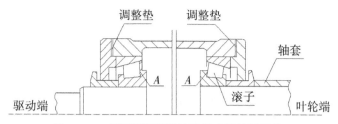

图 5.8-1　单列圆锥滚子轴承组成的轴承组件

（2）双列圆锥滚子轴承与短圆柱轴承组成的轴承组件

这种轴承组件的结构形式如图 5.8-2 所示，常用于大型泵和高扬程泵，其优点是轴承承载能力大，特别是大锥角的双列圆锥滚子轴承可承受很大的轴向力，可满足多级串联用泵的需要；其缺点与单列圆锥滚子轴的分析相同，轴向间隙用隔垫厚度尺寸保证，由于该厚度尺寸是配制的，故该轴承各零件不能互换或错位安装。

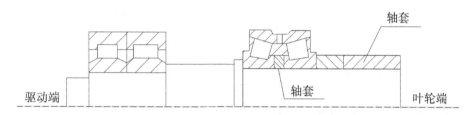

图 5.8-2　双列圆锥滚子轴承与短圆柱轴承组成的轴承组件

（3）双列调心轴承和推力球轴承组成的轴承组件

这种轴承组件的结构形式如图 5.8-3 所示。

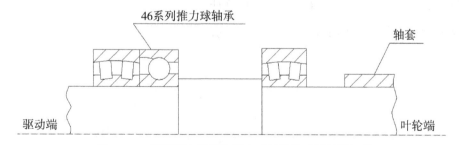

图 5.8-3　双列调心轴承和推力球轴承组成的轴承组件

这种结构形式的轴承组件的优点是双列调心轴承可承受较大的径向负荷，对轴承体和泵轴的不同轴度有较好的适应性；缺点是 46 系列推力球轴承只能承受单向轴向力，且承载能力较小，故该轴承组件只能适用于单级泵（或轴向力指向叶轮端的泵），不能适用串联用泵。实践运行表明，双列调心轴承的保持架与滚子之间常发生干涉，从保持架上啃下（磨下）很多铜沫（铁沫）进入轴承滚道里，导致轴承烧坏或降低使用寿命,此现象既与保持架的材质有关,又与保持架的制造精度有关。

(4)双列调心轴承与短圆柱轴承四点接触球轴承组成的轴承组件

这种轴承组件的结构形式如图5.8-4所示,其优点是采用了176系列推力球轴承来承受双向轴向力,从而满足单级用泵和两级串联泵的需要,该组件还设置了带油圈、甩油盘及润滑油路,使润滑油形成循环润滑,降低轴承温度,也起到清洗从保持架上落下来的铜(铁)沫的作用,从而延长轴承的使用寿命;不足之处是176系列推力轴承的承载能力较小,不能满足多级串联用泵。另外,由于仍然采用了一盘双列调心轴承,因此前述所分析的缺点仍然存在,只是由于循环油的清洗作用,其使用情况相比图5.8-3结构有所改善。

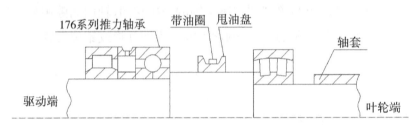

图5.8-4 双列调心轴承与短圆柱轴承四点接触球轴承组成的轴承组件

5.8.1.2 改进轴承组件结构设计的意见

为能更好地适应渣浆泵径向力大、多级串联使用等特定要求,并考虑降低泵的生产成本和延长轴承使用寿命,在实践验证的基础上,提出以下两种轴承组件的结构形式,供设计人员参考。

(1)用于单级和两级串联泵的轴承组件

这种轴承组件的结构形式如图5.8-5所示。

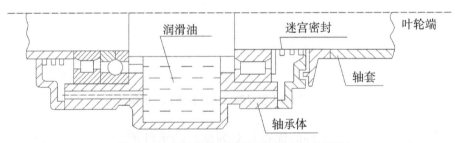

图5.8-5 用于单级和两级串联泵的轴承组件

这种轴承组件采用纯滚动的短圆柱滚子轴承和176系列推力球轴承,短圆柱滚子轴承可承受很大的径向载荷,且游隙很小有利于填料函处的密封;176系列推力球轴承专用来承受轴向载荷,完全满足单级泵和两级串联泵的需要。以上两种轴承结构简单,易于制造且质量稳定可靠,国内制造技术早已过关。实践证明,这两种轴承极少出现烧坏现象。

该轴承组件采用浸油式稀油润滑,更换油时不需拆泵,可大幅减轻维修劳动强度和缩短维修时间;密封形式采用迷宫密封,实践证明,这种密封形式极为可靠,且制造简单;轴承组件采用圆筒形轴承体,在轴承体油室的侧后方设一螺孔,装上调整螺栓来调整轴承体的轴向位置,并固定在托架后方的立壁上,从而达到调整叶轮轴向间隙的目的。

(2)用于多级串联泵的轴承组件

这种轴承组件是在图 5.8-5 结构的基础上,在前端(叶轮端)增加一盘单列圆锥滚子轴承(或球面滚子推力轴承),如图 5.8-6 所示。

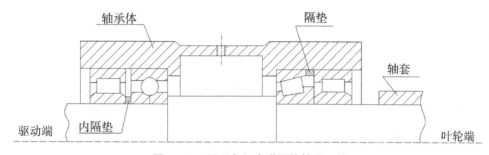

图 5.8-6 用于多级串联泵的轴承组件

增加这盘单列圆锥滚子轴承(或球面滚子推力轴承)的目的是承担多级(三级或三级以上)串联时泵的轴向力。此结构与图 5.8-1 结构相比,使单列圆锥滚子轴承只承受轴向力而不承受径向力,从而大幅减小了轴承的负荷,延长了轴承使用寿命。该组件其他优点与图 5.8-5 相同。

5.8.2 轴承组件的结构设计

轴承组件的结构设计是确保陶瓷渣浆泵高效、稳定运行的关键环节,需综合考虑渣浆泵恶劣的工作环境、复杂的载荷特性以及设备维护需求,对轴承座、轴颈、密封装置及润滑系统等进行系统性设计,以提升轴承组件的可靠性,延长使用寿命。

5.8.2.1 轴承座设计

(1)材料选择与力学性能优化

轴承座作为轴承组件的基础支撑部件,其材料性能直接影响组件的稳定性。在材料选择上,需兼顾强度、刚度、耐腐蚀性和成本。对于一般工况的渣浆泵,灰铸铁凭借良好的铸造性能、成本优势及一定的减振能力成为常用材料,如 HT20 灰铸铁,其抗拉强度可达 200MPa,能满足中小型渣浆泵的基本承载需求。在高载荷、强冲击工况下,铸钢如 ZG270-500 因其更高的强度和韧性成为首选,其屈服强度不低于 270MPa,抗拉强度达 500MPa,可有效抵御渣浆泵运行过程中的振动和冲击。

为提升轴承座的力学性能,设计时需通过力学计算和有限元分析优化结构。对承受较大径向载荷的轴承座,可增加底部和侧壁厚度,并合理布置加强筋。例如,在大型矿用渣浆泵轴承座设计中,通过在底部设置"十"字形加强筋,可使轴承座的刚度提升 30% 以上,有效减少变形。同时,利用有限元分析软件模拟轴承座在不同工况下的应力分布,可精准优化结构细节,避免应力集中。

(2)结构形式与安装方式适配

轴承座的结构形式需根据轴承类型和泵体结构进行选择。整体式轴承座结构紧凑、成本低,但安装和维护时需轴向移动泵轴,适用于小型、结构简单的渣浆泵,如实验室用渣浆泵。剖分式轴承座则通过轴承座与轴承盖的组合,便于轴承的安装、拆卸与间隙调整,在大中型渣浆泵中广泛应用。例如,在多级串联渣浆泵中,剖分式轴承座可通过调整垫片精确控制轴承间隙,确保轴系的稳定性。

安装方式的选择也至关重要。螺栓连接是最常见的安装方式,通过高强度螺栓将轴承座固定在泵体支架上,具有安装简便、连接可靠的特点。对于输送腐蚀性渣浆的泵,法兰连接凭借良好的密封性,可有效防止介质泄漏对轴承座的腐蚀。此外,在安装过程中需严格控制轴承座的安装精度,确保其与泵轴的同轴度误差在 0.05mm 以内,以减少轴承的异常磨损。

5.8.2.2 轴颈设计

(1)尺寸精度与配合设计

轴颈作为与轴承内圈配合的关键部位,其尺寸精度和表面质量直接影响轴承的运行性能。轴颈直径需根据轴承的额定载荷、转速及泵轴的强度要求确定。在设计时,可采用经验公式初步计算轴颈直径,如对于承受中等载荷的渣浆泵轴颈,可参考公式 $d \geqslant C_p \sqrt[3]{\dfrac{P}{n}}$(其中 d 为轴颈直径,C_P 为系数,P 为功率,n 为转速),再结合轴承样本进行精确选型。

轴颈的尺寸精度需达到 IT6~IT7 级,表面粗糙度 Ra 控制为 0.8~1.6μm,以确保与轴承内圈的过盈配合或过渡配合。过盈配合可防止轴颈与轴承内圈之间的相对滑动,但过盈量需精确控制,一般对于中小型渣浆泵,过盈量控制为 0.01~0.03mm;过渡配合则便于轴承的安装和拆卸,适用于需要频繁更换轴承的场合。

(2)结构优化与应力控制

轴颈的结构设计需考虑安装、拆卸便利性及应力集中问题。轴颈端部通常设计成倒角或圆角,如 45°倒角或 R2 圆角,避免尖锐边缘损伤轴承内圈。定位轴肩的设计可精确确定轴承的轴向位置,其高度和宽度需根据轴承类型和尺寸进行设计,一般轴肩高度为轴承内圈厚度的 1.2～1.5 倍,以确保可靠定位且不影响轴承的正常运转。

为减少应力集中,轴颈与轴身的过渡部位应采用大圆角过渡,圆角半径不小于 3mm。同时,避免轴颈上的键槽、油孔等结构的突变,可采用渐变式结构设计。例如,键槽两端采用圆弧形过渡,可使应力集中系数降低 20%～30%,有效提高轴颈的疲劳寿命。

5.8.2.3 密封装置设计

(1)密封方式选择与组合应用

渣浆泵工作环境恶劣,密封装置需有效防止渣浆、灰尘等杂质浸入轴承内部,同时防止润滑剂泄漏。常见的密封方式包括接触式密封和非接触式密封。接触式密封(如橡胶油封密封)具有良好的密封效果,适用于中低速渣浆泵,但摩擦阻力较大,增加轴承能耗。非接触式密封如迷宫密封,通过曲折通道阻止杂质进入,摩擦阻力小,适用于高速渣浆泵,但密封效果相对较弱。

在实际应用中,常采用多种密封方式的组合。例如,在大型矿用渣浆泵中,采用"迷宫密封＋橡胶油封密封＋甩油环"的组合密封结构。迷宫密封先阻挡大部分渣浆和灰尘,甩油环可将飞溅的润滑油收集并回流,减少杂质进入橡胶油封的机会,橡胶油封则进一步提高密封性能,确保轴承的可靠运行。

(2)密封结构设计要点

密封装置的设计需考虑安装、维护便利性及密封件的耐腐蚀性。密封件应便于拆卸和更换,其结构设计需与轴承座、轴颈等部件紧密配合。对于输送腐蚀性渣浆的泵,密封件需采用氟橡胶、聚四氟乙烯等耐腐蚀性材料,以延长密封装置的使用寿命。

在设计密封间隙时,需根据渣浆泵的运行参数进行精确计算。例如,迷宫密封的间隙一般控制为 0.5～1.0mm,间隙过小会增加摩擦阻力,过大则影响密封效果。同时,密封装置的安装精度也至关重要,需确保密封件与轴颈的同轴度误差在 0.03mm 以内,以保证密封性能。

5.8.2.4 润滑系统设计

(1)润滑方式选择与系统配置

轴承的润滑是减少摩擦、降低磨损、延长使用寿命的关键。渣浆泵轴承常用的润滑方式包括油浴润滑、飞溅润滑和强制润滑。油浴润滑适用于低速、中载的轴承,结构简单、维护方便;飞溅润滑通过旋转零件将润滑油飞溅到轴承上,适用于封闭的小型渣浆泵;强制润滑则通过油泵将润滑油强制输送到轴承部位,可精确控制润滑油流量和压力,适用于高速、重载或对润滑要求高的轴承,如大型陶瓷渣浆泵的主轴承。

在设计润滑系统时,需根据渣浆泵的工况配置相应的润滑系统。对于大型多级串联渣浆泵,采用强制润滑系统,并配置双油泵冗余设计,确保在一台油泵故障时,另一台油泵可继续工作,保证轴承的可靠润滑。同时,设置润滑油过滤器,过滤精度不低于 $10\mu m$,以去除润滑油中的杂质。

(2)润滑系统维护与监测

润滑系统的维护和监测是确保轴承正常运行的重要环节。定期检查润滑油的质量和油量,通过油液分析技术检测润滑油的黏度、酸值、水分等指标,及时更换变质的润滑油。一般每运行 $500\sim1000h$ 更换一次润滑油。

设置润滑油温度、压力和流量监测装置,实时监控润滑系统的运行状态。当润滑油温度超过 $80℃$、压力低于设定值或流量异常时,自动报警并停机,防止轴承因润滑不良而损坏。同时,定期清洗润滑系统的油箱、过滤器等部件,确保润滑油的清洁度。

5.8.3　轴承的寿命计算

5.8.3.1　关于轴承的额定动负荷

(1)串联用轴承时的额定动负荷 C_z

两盘(或两盘以上)相同轴承并排装在同一部位使用(图 5.8-2 中驱动端的两盘短圆柱轴承),称为串联用轴承,这时轴承的额定动负荷 C_z 可用式(5.8-1)计算。

$$C_z = Z^{0.7} \cdot C \qquad (5.8\text{-}1)$$

式中:Z——串联轴承个数;

C——单盘轴承额定动负荷,kg 或 N。

(2)轴承额定动负荷 C 与 C90 的关系

我国轴承用一个百万转(10^6)来考核寿命定出额定动负荷 C 值,美国铁姆肯(Timken)轴承用 90 个百万转(90×10^6)来考核寿命定出额定动负荷 C90 值,C 与 C90 的关系式为

$$C90 = \sqrt[\varepsilon]{\frac{1}{90} \cdot C} \qquad (5.8\text{-}2)$$

式中:C——寿命指数,滚子轴承的 $\varepsilon=10/3$。

由于我国与铁姆肯公司计算轴承当量动负荷的方法不同,因此不能用式(5.8-2)进行寿命换算。若需要换算寿命,推荐用式(5.8-3)换算。

$$C_{90} \leqslant \sqrt[\varepsilon]{\frac{1}{90}} \cdot C \cdot \frac{R_{ET}}{R_{EC}} \tag{5.8-3}$$

式中：R_{ET}——铁姆肯方法计算的轴承当量动负荷计算方法见 5.8.3.3 节。

　　　R_{EC}——我国方法计算的轴承当量动负荷计算方法见 5.8.3.3 节。

5.8.3.2　计算轴承的径向负荷和轴向负荷

（1）计算轴承的径向负荷 F_r

①后轴承（驱动端）的径向负荷 F_{r1}。

$$F_{r1} = \frac{P_j l + F_p (L + r)}{L} \tag{5.8-4}$$

②前轴承（叶轮端）的径向负荷 F_{r2}。

$$F_{r2} = \frac{P_j (l + L) + F_p \cdot r}{L} \tag{5.8-5}$$

式中：P_j——叶轮径向力，kg；

　　　F_P——泵轴伸端径向力，kg；

　　　l——叶轮流道中心至前轴承支点的距离，cm；

　　　L——前后轴承支点之间的距离，cm；

　　　r——后轴承支点至泵联四（槽轮）重心平面的距离，cm。

（2）计算轴承的轴向负荷 F_A

①单级用泵时轴承的轴向负荷 F_{Ad}。

$$F_{Ad} = K \cdot H \cdot S_m \frac{\pi}{4} (D_0^2 - D_s^2) \tag{5.8-6}$$

式中：H——泵设计点扬程，m；

　　　S_m——许用渣浆密度，kg/m³；

　　　D_0——叶轮进口直径，m；

　　　D_s——叶轮轮毂（或轴套）直径，m；

　　　K——经验系数，其值与有无副叶片和副叶片具体尺寸有关，无副叶片时，$K \approx$ 0.6；有副叶片时，$K \approx 0.2 \sim 0.28$。

②多级串联用泵时轴承的轴向负荷 F_{Ac}。

$$F_{Ac} = (i - 1) H_i \cdot S_m \frac{\pi}{4} D_s^2 - F_{Ad} \tag{5.8-7}$$

式中：i——泵串联级数；

　　　H_i——串联泵的单级扬程，m。

5.8.3.3 计算轴承的当量动负荷 R_E

(1)单列圆锥滚子轴承的当量动负荷 R_E

①我国轴承。

当 $F_a/F_r \leqslant 1.5\tan\alpha$ 时，

$$R_E = F_r \qquad (5.8\text{-}8)$$

当 $F_a/F_r > 1.5\tan\alpha$ 时，

$$R_E = 0.4F_r + \frac{0.4}{\tan\alpha} \cdot F_a \qquad (5.8\text{-}9)$$

式中：F_a——当量轴向负荷，其值 $F_a = 1.25\tan\alpha \cdot F_r + F_A$（单级泵时，$F_A = F_{Ad}$；串联泵时，$F_A = F_{Ac}$），见式(5.8-6)、式(5.8-7)；

F_r——计算端轴承的径向负荷，见式(5.8-4)、式(5.8-5)；

α——轴承外圈滚道角度，°，见轴承供应商的产品样本。

②铁姆肯(Timken)轴承。

$$R_E = 0.4F_r + 0.47F'_r + K_T F_A \qquad (5.8\text{-}10)$$

式中：当 $R_E < F_r$ 时，取 $R_E = F_r$；

F_r——计算端轴承的径向负荷，而 F_r' 是另一端轴承的径向负荷，kg；

K_T——铁姆肯系数；轴承受轴向负荷时取(＋)，反之取(－)。

③SKF 轴承。

当 $F_A/F_r < e$ 时，

$$R_E = F_r \qquad (5.8\text{-}11)$$

当 $F_A/F_r > e$ 时，

$$R_E = 0.4F_r + yF_A \qquad (5.8\text{-}12)$$

式中：F_r——计算端轴承径向负荷，kg；

F_A——轴承轴向负荷，kg；

e、y——系数，见轴承供应商的产品样本。

(2)SKF 球面滚子推力轴承的当量动负荷 R_E

这种轴承如果用于图 5.8-6 结构中，只承受串联用泵的轴向负荷时

$$R_E = F_{AC} \qquad (5.8\text{-}13)$$

式中：F_{AC}——串联用泵轴承的轴向负荷，kg，见式(5.8-7)。

(3)双列圆锥滚子轴承的当量动负荷 R_E

①我国轴承。

当 $F_a/F_r \leqslant 1.5\tan\alpha$ 时，

$$R_E = F_r + 0.45c\tan\alpha \cdot F_a \tag{5.8-14}$$

当 $F_a/F_r > 1.5\tan\alpha$ 时,

$$R_E = 0.67F_r + 0.67c\tan\alpha \cdot F_a \tag{5.8-15}$$

式中:F_r——计算端轴承径向负荷,kg;

F_A——轴承轴向负荷,kg;

F_a——当量轴向负荷,kg。

$$F_a = 1.25\tan\alpha F_r + F_A \tag{5.8-16}$$

式中:α——轴承外径滚道角度,°,见轴承供应商的产品样本。

②铁姆肯(timken)轴承。

当 $F_r/2F_A \geqslant 1$ 时,

$$R_E = 0.5F_r + 0.83K_T F_A \tag{5.8-17}$$

当 $F_r/2F_A < 1$ 时,

$$R_E = 0.4F_r + K_T F_A \tag{5.8-18}$$

式中: K_T——铁姆肯系数,见轴承供应商的产品样;

F_r、F_A 与式(5.8-16)相同。

说明:当双列圆锥滚子轴承不承受轴向负荷时,以上各式中的 F_A 均为0。

(4)短圆柱滚子轴承的当量动负荷 R_E

这种轴承不能承受轴向负荷,只承受径向负荷,即

$$R_E = F_r \tag{5.8-19}$$

(5)双列球面滚子轴承的当量动负荷 R_E

在渣浆泵轴承组件设计中,一般均不用这种轴承承受轴向负荷,只用来承受径向负荷。

$$R_E = F_r \tag{5.8-20}$$

(6)单列向心球轴承的当量动负荷 R_E

当 $F_A/F_r \leqslant e$ 时,

$$R_E = F_r \tag{5.8-21}$$

当 $F_A/F_r > e$ 时,

$$R_E = 0.56F_r + yF_A \tag{5.8-22}$$

式中:e、y——系数,见轴承供应商的产品样本;

F_r、F_A——见式(5.8-4)、式(5.8-5)、式(5.8-6)、式(5.8-7)。

另外,SKF 深沟球轴承的当量动负荷 R_E 的计算方法与上述方法相同,仅 C 和 C_0 值与我国球轴承不一样,详见轴承供应商的产品样本。

（7）单列推力球轴承的当量动负荷 R_E

在渣浆泵轴承组件设计中，常用这种轴承只承受轴向负荷，其当量动负荷 R_E 为

$$R_E = yF_A \tag{5.8-23}$$

式中：F_A——轴承轴向负荷，kg；

y——系数，我国推力球轴承的 y 值见轴承供应商的产品样本、SKF 四点接触球轴承 $y=1.07$。

5.8.3.4　计算轴承寿命 L_H

（1）我国轴承的寿命计算

球轴承

$$L_H = \frac{9635}{n}\left(\frac{C}{R_E}\right)^3 \tag{5.8-24}$$

滚子轴承

$$L_H = \frac{9067}{n}\left(\frac{C}{R_E}\right)^{\frac{10}{3}} \tag{5.8-25}$$

式中：n——泵转速 r/min；

C——轴承额定动负荷，kg，见轴承供应商的产品样本；

R_E——轴承当量动负荷，kg，见 5.8.3.3 节。

（2）铁姆肯（Timken）轴承的寿命计算

锥滚轴承

$$L_H = \frac{1.5 \times 10^6}{n}\left(\frac{C_{90}}{1.2R_E}\right)^{\frac{10}{3}} \tag{5.8-26}$$

式中：n——泵转速 r/min；

C_{90}——轴承额定动负荷，kg，见轴承供应商的产品样本；

R_E——轴承当量动负荷，kg，见 5.8.3.3 节。

系数 1.5 是 $90(10^6)$ 除以 $60(\text{min})$ 所得，即 $\frac{90}{60}=1.5$。

（3）SKF 轴承的寿命计算

$$L_h = \alpha_{SKF} \cdot \frac{10^6}{60n}\left(\frac{C}{R_E}\right)^P \tag{5.8-27}$$

式中：n——泵转速 r/min；

C——轴承额定动负荷，kg，见轴承供应商的产品样本；

R_E——轴承当量动负荷，kg，见 5.8.3.3 节；

P——指数,球轴 $P=3$,滚子轴承 $P=\dfrac{10}{3}$;

α_{SKF}——寿命调整系数,其值是 $\eta_C(\dfrac{P_U}{P})$ 和 K 的函数,如图 5.8-7 至图 5.8-10 所示;

η_C——润滑油污染程度系数,如表 5.8-1 所示;

P_U——疲劳负荷极限,kg,见轴承供应商的产品样本;

P——轴承当量动负荷,即 $P=R_E$;

K——黏度比,$K=V/V_1$;

V_1——工作温度下保证足够润滑所需的运动黏度,$\mathrm{mm^2/s}$,与轴承平均直径 d_m ($d_m=\dfrac{D+d}{2}$) 和转速有关,如图 5.8-11 所示;

V——润滑油的实际运动黏度,与润滑油的黏度等级及运行温度 t 有关,其值由表 5.8-2 和图 5.8-12 选取。

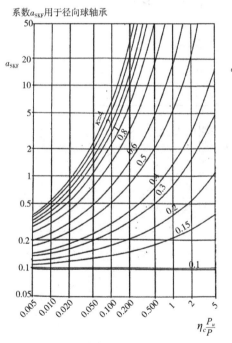

图 5.8-7 径向球轴承系数 α_{SKF}

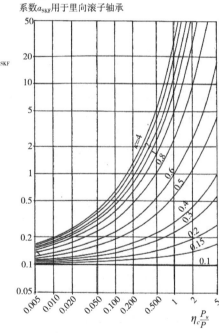

图 5.8-8 径向滚子轴承系数 α_{SKF}

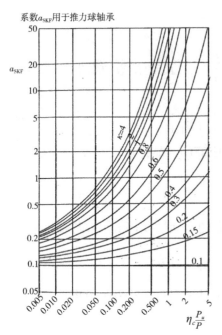

系数a_{SKF}用于推力球轴承

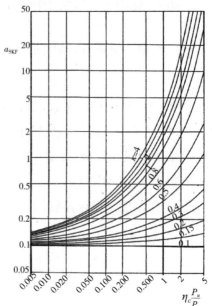

系数a_{SKF}用于推力滚子轴承

图 5.8-9　推力球轴承系数 α_{SKF}　　　图 5.8-10　推力滚子轴承系数 α_{SKF}

表 5.8-1　　　　　　　　　表润滑油污染程度系数 η_C

条件	极净	洁净	普通	污染	极污
η_C	1.0	0.8	0.5	0.5～0.1	0

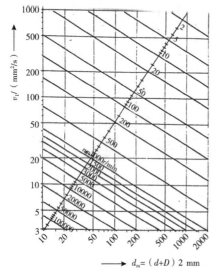

图 5.8-11　润滑所需运动黏度 V_1

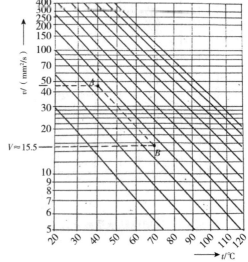

图 5.8-12　润滑油实际运动黏度 V

表 5.8-2 《中华人民共和国石油化工行业标准:轴承油》(SH/T 0017—90)40℃时的黏度等级表

代号(黏度等级)	$V/(mm^2/s)(t=40℃)$
L—FC—22	19.2～24.2
L—FC—32	28.8～35.2
L—FC—46	41.6～50.6
L—FC—68	61.2～74.8
L—FC—100	90～110

图 5.8-11 中,n_m 为轴承实用转速(r/min);d 为轴承内孔直径(mm);D 为轴承外圆直径(mm)。

查图表示例,已知条件:使用 L-FC-46 轴承轴、工作温度为 70℃。查法:由轴承油黏度等级表知,$t=40℃$时,L-FC-46 轴承油的黏度等级 $V=46$(即 A 点),平行于斜线画虚线交于 $t=70℃$线,其焦点 B 的纵坐标 $V≈15.5$,即工作温度$t=70℃$时,L-FC-46 轴承油的实际运动黏度 $V≈15.5mm^2/s$。

5.8.4 润滑技术要求

5.8.4.1 润滑剂的选择

(1)润滑脂特性与应用场景

润滑脂在陶瓷渣浆泵轴承润滑中发挥着重要作用。其半固体形态赋予出色的黏附性,能够紧密贴合轴承表面,构建起一道抵御外界杂质入侵与润滑介质流失的坚实防线。在低速、重载且密封要求严苛的工况下,润滑脂的优势尽显。以矿山开采领域为例,输送高浓度矿渣浆的泵,其轴承转速不高但承受着巨大载荷,润滑脂凭借其高黏附性与良好的承载能力,确保轴承在恶劣环境中稳定运转,保障泵的正常工作。

常见的锂基润滑脂具备良好抗水性与机械安定性,滴点处于 170～190℃,适合一般工作温度下的陶瓷渣浆泵轴承。而复合锂基润滑脂滴点可达 260℃以上,在高温、高负荷的极端工况(钢铁冶炼厂输送高温炉渣浆的泵)中,能维持良好润滑性能。此外,锥入度是选择润滑脂的关键指标,高速运转轴承适配锥入度大(较软)的润滑脂,以便其在部件间顺畅流动,减少摩擦;重载低速轴承则需锥入度小(较硬)的润滑脂,增强承载能力,防止因润滑不足导致磨损。

(2)润滑油的性能与适用工况

润滑油凭借流动性佳、散热快的特点,在高速、轻载的轴承工况中不可或缺。当轴承高速运转产生大量热量时,润滑油能迅速将热量带走,维持轴承正常温度,保障其稳定运行。

润滑油的性能指标中,黏度对润滑效果起决定性作用。陶瓷渣浆泵运行时,需依据轴承工作温度、转速、载荷精准选油。温度升高,润滑油黏度降低,所以高温工况下要选高黏度润滑油,如化工生产中输送腐蚀性渣浆的泵,可选用 ISO VG 100 或更高黏度等级产品。闪点关乎润滑油安全性,高温环境下工作的泵,应选闪点高于工作温度至少50℃的润滑油。酸值反映润滑油氧化与腐蚀性,酸值过高会腐蚀轴承材料,因此使用中要定期检测酸值,超范围时及时换油,确保轴承正常工作。

5.8.4.2　润滑方式的确定

(1)油浴润滑的原理与设计要点

油浴润滑是常见且基础的润滑方式,将轴承部分浸入润滑油,运转时润滑油随之散布至各部位实现润滑。油位控制至关重要,滚动体浸入油深一般为直径的1/3～1/2。油位过高,搅拌阻力增大,油温升高会加速润滑油氧化变质;油位过低,则润滑不足易致轴承磨损。

设计油浴润滑系统时,要考虑油池容积,须足够大以提供散热空间与循环时间。同时,设置有效过滤装置,如油池入口粗滤器拦截大颗粒杂质,循环回路精滤器确保润滑油清洁度。还可安装冷却水管,利用循环水控温。因其结构简单、成本低,在小型陶瓷渣浆泵中广泛应用。

(2)强制循环润滑的优势与系统构成

强制循环润滑适用于高速、重载及高润滑要求的陶瓷渣浆泵轴承,能精确控制润滑油流量与压力,确保轴承在复杂工况下也能获得充分稳定润滑。该系统由油泵、过滤器、冷却器、油分配器和管路组成。油泵抽取润滑油并输送至各轴承,过滤器去除杂质,冷却器降温,油分配器均匀分配油量。系统还配备油温、油压传感器,超限时自动报警并采取措施,如启动备用油泵、加大冷却水量,保障系统稳定运行。在大型陶瓷渣浆泵及连续生产流程中,强制循环润滑可显著提升轴承可靠性与使用寿命,保障生产连续性。

(3)油气润滑的特点与应用场合

油气润滑作为先进的润滑方式,将少量润滑油与压缩空气混合后经油气分配器送至轴承。其优势明显,能精准控制供油量,润滑油以细油滴随压缩空气进入轴承,实现高效润滑,避免浪费。压缩空气还能带走大量热量,尤其适用于高速轴承,可降低温度、延长寿命。同时,系统密封性能好,能防止杂质侵入。在电子行业输送高纯度陶瓷浆料的泵等对润滑清洁度和稳定性要求极高的场合,油气润滑能满足需求,确保泵高精度运行。应用时要严格控制压缩空气压力、流量及混合比例,定期检查分配器和管路畅通,保证润滑效果。

5.8.4.3 润滑系统的维护与管理

(1)润滑油的监测与更换周期

定期监测润滑油性能是保障润滑系统正常运行的关键。除酸值外,还要关注黏度、水分含量、杂质颗粒浓度的变化。通过专业设备分析样品,当黏度变化超过 $\pm 10\%$ 时,可能影响润滑效果,需结合工况考虑换油。水分含量过高会降低润滑性能、加速轴承腐蚀,因此一般要求陶瓷渣浆泵轴承润滑油的水分含量在 0.1% 以下。杂质颗粒浓度过高会加剧磨损,可用颗粒计数器检测,超标时及时换油并清洗系统。润滑油更换周期受泵运行工况、油类型及使用环境的影响:一般油浴润滑的泵,更换周期为 $2000\sim3000h$;在恶劣环境及高速、重载工况下,更换周期应缩短至 1000h 甚至更短。强制循环和油气润滑系统因循环频率高、清洁度要求高,更换周期需根据实际监测调整,合理确定更换周期可保障润滑系统正常运行,延长轴承使用寿命。

(2)润滑系统的清洁与保养

定期清洁润滑系统可去除杂质、污垢和氧化产物。清洁时,先彻底清洗油池,用专用清洗剂清除残留润滑油及杂质,再用布或压缩空气吹干。定期更换过滤器滤芯,纸质滤芯 $1\sim3$ 个月换一次,滤芯式过滤器也需定期检查维护。需检查管路有无泄漏、堵塞,泄漏时可焊接或更换密封件修复,堵塞则用高压水或化学清洗疏通。对油泵、油分配器、冷却器等部件需定期保养,检查油泵密封和叶轮磨损,清理油分配器的堵塞孔,清洗冷却器散热片。操作时要规范进行,更换润滑油注意型号一致,并选择合适的清洗剂,避免损坏系统部件,以此提高润滑系统可靠性和稳定性。

(3)润滑故障的诊断与排除

陶瓷渣浆泵运行中,润滑系统可能出现故障。润滑油泄漏时,检查管路连接处、密封件、油池确定泄漏点。连接处泄漏可能因螺栓松动或密封垫损坏,拧紧螺栓或更换密封垫即可;密封件处泄漏多因老化、磨损或安装不当,须及时更换并正确安装。油温过高可能由冷却系统故障、油量不足、轴承过载引起。冷却系统故障要检查冷却水管和风扇,清理杂质、修复或更换;油量不足及时补充;轴承过载需检查泵工况和安装情况并调整。油压异常时,油压过低可能是油泵故障、过滤器堵塞、管路泄漏,对应维修或更换油泵、更换滤芯、修复泄漏点;油压过高可能是油分配器堵塞或安全阀故障,清理分配器、维修或更换安全阀。轴承磨损加剧可能源于润滑不良、杂质侵入、轴承质量问题,需分别检查润滑油、清洁系统、更换质量可靠的轴承,以此保障陶瓷渣浆泵轴承正常运行,延长泵的使用寿命。

第 6 章　输送浆体基本特性

6.1　陶瓷渣浆泵常输送的固体物料物理特性

陶瓷渣浆泵常用来输送含固体颗粒与载体介质的混合物。通常载体介质是水，混合物称为固液两相混合物，有时含有气体，则称为固液气三相混合物。这些混合物简称浆体，浆体在泵和管路中输送流动，对泵和管路有相互作用，研究这种流体动力学过程，必须先了解浆体中固体颗粒的物理特性，包括颗粒硬度、密度、比重、粒径及粒形。

6.1.1　固体物料的硬度

固体物料的硬度，由硬度数(莫氏、肖氏、马氏)来评价。矿物学中所称的硬度，通常多指莫氏硬度，即矿物与莫氏硬度计相比较的刻划硬度。1822 年，德国矿物学家 Friedrich Mohs 提出用 10 种矿物来衡量物体相对硬度，即莫氏硬度，由软至硬分为十级：滑石粉—1，石膏—2，方解石—3，萤石—4，磷灰石—5，长石—6，石英—7，黄玉—8，刚玉—9，金刚石—10，如图 6.1-1 所示。陶瓷渣浆泵输送浆体中固体物料的硬度值，通常为 2~7。

6.1.2　固体物料的密度

固体物料的密度是其在密实状态下，单位体积所具有的质量，以符号 ρ_s 表示，常用单位 t/m^3。

陶瓷渣浆泵常输送的固体物料及密度 S 如表 6.1-1 所示。

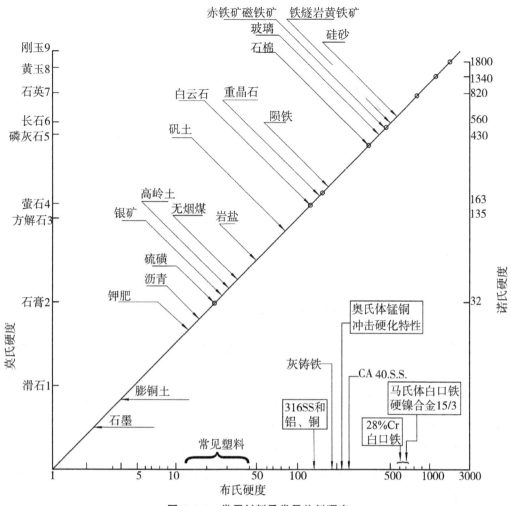

图 6.1-1　常用材料及常见物料硬度

表 6.1-1　陶瓷渣浆泵常输送的固体物料及密度

	铜矿砂	2.5~5.0
	铁钛矿砂	3.5~5.3
冶金矿山	铅锌矿砂	2.2~4.2
	金矿砂	2.2~3.8
	尾矿砂	2.2~4.5
	粉煤灰	2.0~2.2
电厂	灰渣	2.2~2.4
	液态渣	2.4~2.7
煤炭	磁铁矿粉	4.8~5.0
	煤泥	1.35~2.0

续表

水泥	石灰石	2.64
	黏土	1.35~2.0
其他	石英砂	2.7
	河砂	2.36

6.1.3　固体物料的比重

固体物料的比重也称为相对密度,是密度与同体积纯水密度的比值,以符号 S_s 表示。

$$S_s = \rho_s / \rho_w \tag{6.1-1}$$

式中: ρ_w——纯水密度。

6.1.4　固体物料的粒径、粒级和粒形

固体物料的粒径指固体颗粒的尺寸大小,也称为粒度,通常用直径来表示。在固液两相混合流动中,固体颗粒几乎没有均一的尺寸,常以等效粒径来表征,一般有最大粒径、平均粒径、中值粒径。粒径测量有激光法、沉降法、光子交叉相关光谱法、筛分法、显微镜法、超声粒度分析法、X射线小角衍射法等。

因中值粒径测量方法比较简单,固液混合输送中通常取中值粒径,代表固体颗粒式样筛分时累计质量为50%的颗粒粒径,用"d_{50}"表示,单位为 mm 或 μm。中值粒径 d_{50} 如图 6.1-2 所示。

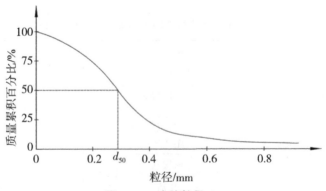

图 6.1-2　中值粒径 d_{50}

固体物料的粒级是指物料中不同粒度的颗粒所占百分比,粒级通过筛分法进行测定。筛分法是将一定质量的物料置于一组筛孔由大而小的筛子上进行筛分,从而得出粒级。表 6.1-2 案例为筛分法取得的粒级分布。表中为实际测定的数据。

表 6.1-2 筛分法粒级分布

实验原始数据记录卡

实验项目:500t 系统 旋流器给矿筛析			2024 年 11 月 7 日	天气:晴 温度:6℃	
	变动条件	产品名称	质量/g	产率/%	累计/%
实验方案	筛析浓度 (75.5%)	+12mm	53.71	3.30	3.30
		−12+10mm	48.73	2.99	6.28
		−10+9mm	12.22	0.75	7.03
		−9+8mm	23.94	1.47	8.50
		−8+6mm	90.37	5.54	14.05
		+80 目	864.30	53.02	67.07
		−80+120 目	178.63	10.96	78.03
		−120+200 目	142.91	8.77	86.80
		−200+325 目	99.05	6.08	92.87
		−325+400 目	23.26	1.43	94.30
		−400 目	92.88	5.70	100.00
		合计	1630.00	100.00	

粒径常用还使用筛目(简称目,也称筛孔、筛号)来度量,用于确定颗粒材料的粒度分布。目数就是孔数,即每平方英寸上孔的数量。目数越大,孔径越小。筛目孔径各国的标准不一样,现存美国标准、英国标准、日本标准 3 种,我国使用的接近美国标准。

我国和美国筛目毫米尺寸对照分别如表 6.1-3、表 6.1-4 所示。

表 6.1-3 《普通磨料代号标准解读与应用指南》

(GB/T 2476—2016)规定的筛号(筛目)与毫米对照表

筛号	毫米/mm	筛号	毫米/mm	筛号	毫米/mm
8	2.50~3.15	30	0.50~0.63	120	0.1~0.125
10	2.0~2.5	36	0.4~0.5	150	0.08~0.10
12	1.6~2.0	46	0.35~0.40	180	0.063~0.08
14	1.25~1.60	60	0.250~0.315	240	0.05~0.063
16	1.00~1.25	70	0.20~0.25	280	0.04~0.05
20	0.8~1.0	80	0.16~0.20		
24	0.63~0.80	100	0.125~0.160		

表 6.1-4　　　　　　　　　　美国标准(US)筛目与毫米尺寸对照表

筛号	毫米/mm	筛号	毫米/mm	筛号	毫米/mm
5	4.00	20	0.841	100	0.149
6	3.36	25	0.707	120	0.125
7	2.83	30	0.595	140	0.105
8	2.38	35	0.500	170	0.088
10	2.00	40	0.420	200	0.074
12	1.68	45	0.352	230	0.063
14	1.41	50	0.297	270	0.053
16	1.19	60	0.210	325	0.044
18	1.00	80	0.177	400	0.037

注:英国、澳大利亚以及泰勒筛又有各自的标准,其值与表中略有差异。

固体物料的粒形是指固体颗粒的形状。陶瓷渣浆泵输送的物料,理想的粒形是接近立方体、较光滑的颗粒,但实际经过破碎或粉碎处理,颗粒粒形呈片状、针状、棱角状等各种不规则形状,对渣浆泵及系统全部设备的磨损影响均较大。

根据固体物料粒径大小,可将粒径分为不同类型,对应不同典型物料,流动特性也不一样,如表6.1-5所示。不同粒径对应推荐的渣浆泵类型如图6.1-3所示。

表 6.1-5　　　　　　　　　　粒径分类

粒径范围	典型物料	流动特性与挑战
细颗粒 (≤0.1mm)	矿泥、粉煤灰、陶瓷泥浆、颜料浆料	易悬浮,黏度较高,磨损以"微切削"为主
中颗粒 (0.1~2mm)	选矿尾矿、煤渣、砂水混合物、陶瓷碎渣	颗粒沉降风险低,磨损以"冲刷＋撞击"为主
粗颗粒 (2~5mm)	砾石浆、冶金渣、玻璃碎渣、建筑垃圾	颗粒沉降明显,易卡阻,磨损剧烈(冲击凿削)
超大颗粒 (>5mm)	矿石原矿、高炉渣、河道泥沙(含卵石)	高浓度、高硬度颗粒,强冲击磨损,易堵塞流道

注:范围取值含上限不含下限。

标准泰勒筛 开孔 in	mm	目数	等级	泵类型 材质	种类
3	–	–	筛下砾石	奥氏体不锈钢泵	挖泥泵
2	–	–			
1.5	–	–			
1.050	26.67	–			
0.883	22.43	–			
0.742	18.85	–			
0.624	15.85	–			
0.525	13.33	–		耐磨合金金属泵	
0.441	11.20	–			
0.371	9.423	–			砂砾泵
0.321	7.925	2.5			
0.263	6.68	3			
0.221	5.613	3.5			
0.185	4.699	4			
0.165	3.962	5			
0.131	3.327	6			
0.110	2.794	7			
0.093	2.362	8			
0.078	1.981	9	特粗砂		砂泵
0.065	1.651	10			
0.055	1.397	12			
0.046	1.168	14	粗砂		
0.039	0.991	16			
0.0328	0.833	20			
0.0276	0.701	24			
0.0232	0.589	28	中砂		
0.0195	0.495	32			
0.0164	0.417	35			
0.0138	0.351	2			
0.0116	0.295	48			
0.0097	0.248	60	细砂		渣浆泵
0.0082	0.204	65			
0.0069	0.175	80			
0.0058	0.147	100			
0.0049	0.124	115			
0.0041	0.104	150			
0.0035	0.089	170			
0.0029	0.047	200	淤泥		
0.0024	0.061	250			
0.0021	0.053	270			
0.0017	0.043	325			
0.0015	0.038	400			
	0.025	*500	粉细砂		
	0.020	*625			
	0.010	*1250			
	0.001	*12500	黏土		

材质栏（从左至右）：橡胶内衬,半开式叶轮；橡胶内衬,闭式叶轮；橡胶内衬,闭式叶轮（颗粒必须是同滑形状）；橡胶内衬,重型橡胶叶轮或金属叶轮；耐磨合金金属泵；奥氏体不锈钢泵

图 6.1-3　输送物料粒径对应推荐的渣浆泵类型

6.2　浆体物理特性

固液混合物包括浆体和非浆体，浆体又分为牛顿流体和非牛顿流体两大类，根据浆体流变曲线，有不同分类，如图 6.2-1、图 6.2-2 所示。

陶瓷渣浆泵主要输送含固体颗粒的浆体，如矿浆、煤浆、浆体、泥沙浆、石灰石浆、灰浆等，浆体中的固体会影响其流变特性，表现出非牛顿流体的特性，均为宾汉塑性体。

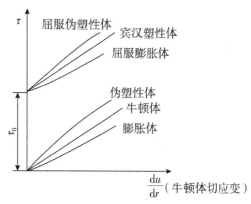

图 6.2-1　浆体流变曲线

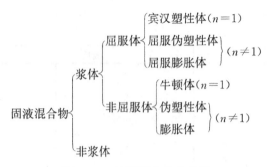

图 6.2-2 固液混合物的分类

6.2.1 浆体的稠度、浓度、密度

稠度和浓度均分为体积稠度、质量稠度和体积浓度、质量浓度,其定义如下。

(1)体积稠度

浆体中固体物的体积流量 Q_s 与载体(一般为水)的体积流量 Q_w 之比,称为体积稠度,用 C_t 表示,定义式如下。

$$C_t = \frac{Q_s}{Q_w} \times 100\%$$ (6.2-1)

(2)质量稠度

浆体中固体物的质量流量与载体的质量流量之比,称为质量稠度,用 C_z 表示,定义式如下。

$$C_z = \frac{\rho_s \cdot Q_s}{\rho_f \cdot Q_w} \times 100\%$$ (6.2-2)

式中: ρ_s ——固体物的密度,t/m³;

ρ_f ——载体(水)的密度,t/m³。

(3)体积浓度

浆体中固体物的体积流量 Q_s 与浆体的体积流量 Q_m 之比,称为体积浓度,用 C_v 表示,定义式如下。

$$C_V = \frac{Q_s}{Q_m} \times 100\%$$ (6.2-3)

(4)质量浓度

浆体中固体物的质量流量与浆体的质量流量之比,称为质量浓度,用 C_w 表示,定义式如下。

$$C_W = \frac{\rho_s \cdot Q_s}{\rho_w \cdot Q_m} \times 100\%$$ (6.2-4)

式中：ρ_w——浆液的密度，t/m^3。

6.2.2 浆体稠度、浓度、密度的相互换算

（1）已知 ρ_w 和 ρ_s 时的换算

$$C_V = \frac{\rho_w - \rho_f}{\rho_s - \rho_f} \times 100\% \qquad (6.2\text{-}5)$$

$$C_w = \frac{\rho_s}{\rho_w} \cdot C_V \qquad (6.2\text{-}6)$$

（2）已知 C_z 和 ρ_s 时的换算

$$C_t = \frac{C_z}{\rho_s} \times 100\% \qquad (6.2\text{-}7)$$

$$C_V = \frac{C_t}{100 + C_t} \qquad (6.2\text{-}8)$$

$$\rho_w = \rho_f + \frac{C_V}{100}(\rho_s - \rho_f) \qquad (6.2\text{-}9)$$

$$C_w = \frac{\rho_s}{\rho_w} \cdot C_V \qquad (6.2\text{-}10)$$

（3）已知 C_t 和 ρ_s 时的换算

$$C_V = \frac{C_t}{100 + C_t} \times 100\% \qquad (6.2\text{-}11)$$

$$\rho_w = \rho_f + \frac{C_V}{100}(\rho_s - \rho_f) \qquad (6.2\text{-}12)$$

$$C_w = \frac{\rho_s}{\rho_w} \cdot C_V \times 100\% \qquad (6.2\text{-}13)$$

（4）已知 C_V 和 ρ_s 时的换算

$$\rho_w = \rho_f + \frac{C_V}{100}(\rho_s - \rho_f) \qquad (6.2\text{-}14)$$

$$C_w = \frac{\rho_s}{\rho_w} \cdot C_V \times 100\% \qquad (6.2\text{-}15)$$

（5）已知 C_w 和 ρ_s 时的换算

$$C_V = \frac{\rho_f \times C_w / 100}{\rho_s - \dfrac{C_w}{100}(\rho_s - \rho_f)} \times 100\% \qquad (6.2\text{-}16)$$

$$\rho_w = \rho_f + \frac{C_V}{100}(\rho_s - \rho_f) \qquad (6.2\text{-}17)$$

图 6.2-3 所示为浓度、比重的关系曲线,可从图纸直接换算而得。

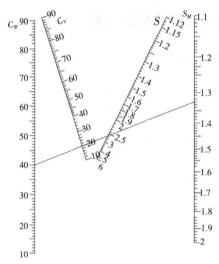

图 6.2-3　浓度、比重关系曲线

6.2.3　浆体黏度与浓度关系

浆体的黏度与腐蚀特性也是浆体特性的两大要素。

浆体黏度是指浆体在受外力作用下发生流动时的阻力大小。

浆体黏度的大小,直接影响渣浆泵特性曲线的变化,浆体黏度越大,泵的扬程降低越大,必需汽蚀余量也越大。体积浓度与浆体黏度与液态黏度关系如图 6.2-4 所示。

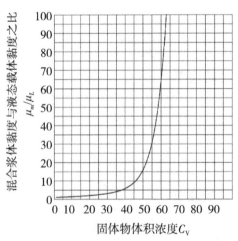

图 6.2-4　体积浓度与浆体黏度
与液态黏度关系曲线

浆体的腐蚀性直接影响泵的使用寿命,为了适应不同特性的浆体,渣浆泵过流件采用的材料也有多种。

6.3 陶瓷渣浆泵可输送浆体的浓度和黏度

6.3.1 浆体浓度与过流件磨损

浆体浓度的大小直接影响泵的使用寿命。以水为载体的浆体,经试验证明,承磨件磨损质量 W 与浆体流速 V、浆体质量浓度 C_w、固体物中值粒径 d_{50} 关系分别为

$$W = AV^B \tag{6.3-1}$$

$$W = A' + B'C_w \tag{6.3-2}$$

$$W = A''e^{B''d_{50}} \tag{6.3-3}$$

式中:W——一定尺寸下承磨试件的磨损失质量;

V——浆体与承磨件之间的相对速度;

C_w——浆体质量浓度;

d_{50}——固体物中值粒径;

A、A'、A''、B'、B''——与材料有关的系数;

B——与承磨件材料和相对流速相关的实验系数,一般为 $2.7 \sim 3$。

由上述公式可以看出,浆体浓度越大,对泵的磨损就越大,泵的使用寿命就越短。

还需说明的是,当固体物料的粒径较大、硬度较高,颗粒又成尖锐形状时,浆体浓度应取小值,以保证泵有一定的使用寿命。

浆体输送浓度,从 20 世纪 50 年代的 $C_w=40\%\sim60\%$ 发展到 20 世纪 80 年代初的 $C_w=60\%\sim70\%$,并不断在突破极限,目前实际应用中陶瓷渣浆泵已用到最高浓度达 80% 的铜矿浆。

6.3.2 坍落度试验

离心式渣浆泵究竟能输送多大浓度、多大黏度的浆体,目前没有确切的临界值。这里介绍一个简便方法判别浓度较大或黏度较大的浆体,离心式渣浆泵是否可以输送:制作一个表面粗糙度为 0.8 的光滑平板(也可用玻璃板代替),再制作一个内孔直径为 61mm(粗糙度为 1.6)、高为 51mm 的短管。将平板放于工作台上并用水平尺找水平,将短管放于平板之上,而后将搅拌均匀的浆体注满短管并迅速将短管垂直向上拔起,如果浆体摊圆大于 $\varphi130mm$,则认为该浓度(或黏度)的浆体,离心式渣浆泵可以输送;如果浆体摊圆小于 $\varphi130mm$,则认为离心泵已不能输送这种浆体。

图 6.2-4 显示了浆体黏性和体积浓度之间的关系,从图 6.2-4 中可以看出,当浆

体体积浓度 C_V 大于 40% 以后，黏性会急剧增加，导致管阻会急剧加大，从而急剧增加输送成本，因此推荐离心式渣浆泵输送浆体的体积浓度 C_V 不超过 30% 为宜。

另外，水泥料浆，由于生产工艺需要，其浓度较大，一般 $C_V=38\%\sim42\%$，但由于粒度很细，属于宾汉浆体，不沉降，因此这种料浆离心渣浆泵是可以输送的，这种料浆黏度大对装置有效汽蚀余量 $NPSHa$ 影响较大，所以选泵时，应选其口径大一个档次的泵，例如，按常规应选"3"泵，而输送水泥料浆则应选"4"泵。

泵送黏性浆液时必须考虑黏度对性能的影响。黏度会降低泵的效率和扬程，美国水力研究所(HI)的标准中提供了黏性流体泵送的修正曲线，但被告诫不要推广应用到其他类型泵或流体。该研究所不公布黏性浆体的修正曲线。图 6.3-1 仅供参考。

在一些泵送油砂泡沫的实际案例中，已经发现在泵的吸入口只需注入 1% 的水或轻油作为润滑剂就可以明显改善 E_R，提高泵的效率。

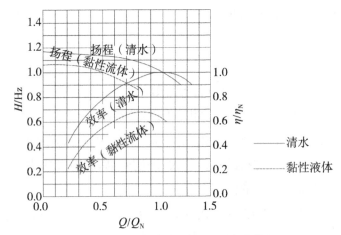

图 6.3-1　黏性流体泵送的修正曲线

6.4　浆体特性对泵过流件的影响

浆体的浓度、固体粒径和硬度、真比重甚至形状等因素对过流件的磨损均有影响，关于浆体输送，学术界对浆体浓度、中值粒径和磨损量的关系研究比较多，并形成一定的共识。

如图 6.4-1 所示，为真比重为 2.64 的固体物料按体积浓度和中值粒径将浆体分为超重磨蚀浆体、重度磨蚀浆体和中轻度磨蚀浆体，针对不同磨蚀性浆体可以设计选型不同档次的渣浆泵，如重型陶瓷渣浆泵、轻型陶瓷渣浆泵和化工陶瓷渣浆泵。

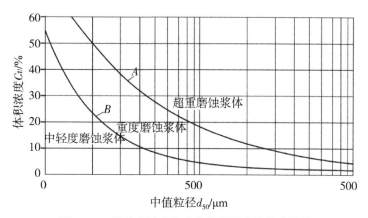

图 6.4-1 按体积浓度和中值粒径区分浆体磨损性

对于曲线 A：

$$C_V = 7400 \times d_{50}^{-1.2581} + 1.4 \tag{6.4-1}$$

对于曲线 B：

$$C_v = 940 \times d_{50}^{-0.638} \tag{6.4-2}$$

由此，在渣浆泵的选型时不仅要考虑能效需要，还要考虑泵的使用寿命。应该根据所输送浆体的磨蚀性合理选型，而转速的高低直接决定使用寿命的长短，如图 6.4-2 所示，对超重磨蚀浆体和中轻度磨蚀浆体输送泵设计转速的选择方案给出了建议，重度磨蚀浆体输送泵转速可居中选择；图 6.4-3 为泵比转速与叶轮磨损速率之间的关系；图 6.4-4 为泵比转速与前护板磨损速率之间的关系。另外，单级扬程过高对磨损和效率都极其不利，在重度磨蚀情况下，单级扬程不宜超过 70m，否则建议采用串联泵方案。

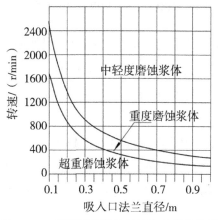

图 6.4-2 不同磨损浆体转速和口径的选择

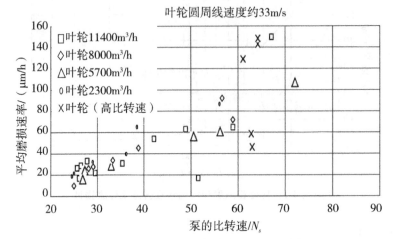

$d_{50}=300\mu m$，$C_V=20\%$，TDH=50m

叶轮圆周线速度约33m/s

图 6.4-3　泵比转速与叶轮磨损速率之间的关系

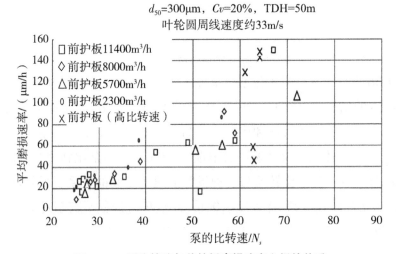

$d_{50}=300\mu m$，$C_V=20\%$，TDH=50m

叶轮圆周线速度约33m/s

图 6.4-4　泵比转速与前护板磨损速率之间的关系

　　固体物的硬度和颗粒形状也对承磨件磨损有明显影响，即固体物硬度越大，粒形越尖锐，对承磨件磨损越大，则泵的使用寿命就越短。

　　浆体的腐蚀性越大，泵的使用寿命也就越短，需要用既耐磨又耐腐蚀的材料制造。

　　浆体流速(主要由泵流量扬程决定，即流速越大，扬程越高，流速就越大)、浓度、粒径、粒形、硬度和腐蚀性等因素对泵的使用寿命都有直接影响，因此，在渣浆泵选型时，必须考虑上述诸因素的影响，以确保渣浆泵有一个理想的使用寿命。

第 7 章　离心式碳化硅陶瓷渣浆泵选型

7.1　确定输送浆体管径与输送流速

陶瓷渣浆泵属于离心式叶片泵,关于对浆体管径和输送流速与常规普通渣浆泵应用的公式和原理基本一致。

7.1.1　确定输送管径

7.1.1.1　计算公式

$$D = \sqrt{\frac{4Q}{\pi V}}$$
(7.1-1)

式中:D——管内径,计算出后应圆整到标准管直径,m;

　　　Q——要求输送的流量,m^3/s;

　　　V——管内流速,m/s,常见的物料输送其值可参考表 7.1-1。

表 7.1-1　　　　　　　　　　　常见的物料输送值

渣浆类型	推荐管内流速/(m/s)
灰	$V \geqslant 1$
灰渣	$V \geqslant 1.6$
渣	$V \geqslant 1.8$
磨机后矿石	$V \geqslant 2.2$
疏浚砂浆	$V \geqslant 3$

输送其他渣浆时,可与表 7.1-1 中渣浆类型类比选取流速 V。

7.1.1.2　确定输送管径原则

临界沉降流速 V_L 计算值作为参考确定输送流速 V,一般情况下为了系统的安全可靠,经常按不低于 1.3 倍左右的临界沉降流速确定输送流速,但这样并不经济,上述两种方法得出的计算值本身就偏大,建议根据管线的具体情况合理选取输送流速,水平和下坡管线按1倍左右即可,不宜过高,复杂的接线管线要适当高一些。

按输送流速再最终确定输送管径 D_2,一般情况下,泵吸入管径 D_1 可比排出管径和泵入口直径都要大一些,有利于改善汽蚀性能。

$$D_2 \approx D_1 + (15 - 50) \tag{7.1-2}$$

7.1.2　计算临界沉降流速

7.1.2.1　概念

固液两相流输送系统中,为确保浆体的含量有效输送至目的地,首先要保证浆体在管道中正常流动,流速不能太慢造成固相沉积管路阻力增加,或造成管路堵塞和管路磨损加剧,这时必须使流速超过某一给定的最小值。

也可以简单地理解为在浆体处于静止状态的水平管路内,所有的固体均沉降在管路底部,液体处在顶部。随着泵送作业的开始,顶部液体的流速增加,水带起的固体也愈来愈多,直至达到一定的临界速度 V_L(无论固体浓度如何),此时管路底部最后的固体处于即动非动的临界点。

以上的最小值和即动非动的临界点定义为临界沉降流速。临界沉降流速是衡量流体流速是否合理的关键指标。

式(7.1-1)中流速 V 要求大于临界沉降流速 V_L,若浆体流速小于 V_L 时,该管路就会发生沉淀堵管,这时管内阻力加大。

7.1.2.2　核心公式

(1)国外经验公式

1)杜拉德公式(适用于管径≤200mm 的情况)

$$V_L = F_L \sqrt{2gD(\frac{S - S_1}{S_1})} \tag{7.1-3}$$

式中:g——重力加速度;

S——固体物料比重;

S_1——载体比重;

D——管径;

F_L——速度系数。

其中,载体比重 S_1 由液体和粒径在 0.1mm 以下的固体物两部分组成,其比重 S_1 可按固体物含量多少计算得到。为简化计算,有时也可取液体(通常为水)的比重代替。

速度系数 F_L 与粒径和浓度有关,可通过计算获取。

$$F_L = (0.524 + 0.046 \ln C_V) \times \ln(0.01/d_{50})^{0.434} + A \qquad (7.1-4)$$

式中：C_V——体积浓度；

$\quad d_{50}$——中值粒径；

$\quad A$——常数量。

本公式适用于高浓度悬浮液(如泥浆、矿浆)中颗粒的沉降计算，考虑颗粒间的相互作用，不用于非天然河流或低浓度水流。

2)凯夫公式(适用于管径大于 200mm 的情况)

凯夫公式是一种统一沉降公式，适用于从层流到紊流的全粒径范围。

$$V_L = 1.04 D^{0.3}(S-1)^{0.75} \ln\left(\frac{d_{50}}{16}\right) g \left[\ln \frac{60}{C_V}\right]^{0.13} \qquad (7.1-5)$$

式中：S——干矿比重。

本公式适用于从层流到紊流的全粒径范围，如泥沙、生物颗粒，考虑了颗粒间的互相影响。

3)斯托克斯公式(Stokes′ Law)

$$V_L = \frac{(\rho_P - \rho_f)g d^2}{18\mu} \qquad (7.1-6)$$

式中：ρ_P——干矿密度；

$\quad \rho_f$——流体密度；

$\quad d$——颗粒直径；

$\quad \mu$——流体动力黏度。

适用场景：颗粒较小(通常直径小于 $100\mu m$)；低雷诺数(Re 小于 1)，即层流状态；颗粒为球型。

局限性：未考虑颗粒浓度、非球形度及湍流效应不适用此公式。

(2)国内经验公式

1)张瑞瑾公式

$$V_L = K \sqrt{\frac{(\gamma_s - \gamma) \cdot g \cdot d}{\gamma}} \qquad (7.1-7)$$

式中：K——经验系数(0.7~1.5)；

$\quad \gamma_s$——泥沙容重(一般 26500N/m³)；

$\quad \gamma$——水的容重(9800N/m³)。

适用场景：

①非黏性泥沙的临界起动流速，国内水利工程设计常用公式。

②高含沙水流(如黄河泥沙)的沉降计算，污水处理中的污泥浓缩。

2)窦国仁公式

$$V_L = \sqrt{\frac{(\gamma_s - \gamma) \cdot g \cdot d}{1.75 + 0.05 \cdot d^{0.7}}}$$ (7.1-8)

适用场景：非均匀沙及黏性土，如天然河道、水库、高含沙水流等。

其中杜拉德公式和凯夫公式是流体力学和颗粒沉降领域的重要公式，应用场景、理论背景或适用范围覆盖了常见的公式（如斯托克斯、牛顿、张瑞瑾等沉降流速计算公式），是目前陶瓷渣浆泵应用于选矿行业的常用公式。

7.2 估算管路系统浆体特性

7.2.1 计算沿程阻力损失 H_1

沿程阻力损失指流体在直管中流动时，由于流体的黏滞性和管壁对流体的摩擦力而产生的能量损失。

$$H_1 = \lambda_1 \times \frac{L}{D} \frac{V_1^2}{2g}$$ (7.2-1)

式中：V_1——管内流速，m/s。

$$V_1 = \frac{4Q}{\pi D^2}$$ (7.2-2)

式中：Q——泵输送浆体流量，m^3/s；

L——直管段长度，m；

D——直管段管内径，m；

λ_1——沿程阻力系数，与流体的流态以及管道的粗糙度有关，一般通过实验或经验公式来确定。例如，对于层流 $\lambda_1 = \frac{64}{Re}$，其中 Re 为雷诺数，$Re = \frac{V_1 D}{\nu}$，ν 为流体的运动黏度。对于紊流，可根据不同的流区，采用莫迪图（图 7.2-1）或相关的经验公式来确定 λ_1 值。

7.2.2 计算局部阻力损失

对于长管线一般不确定详细的局部阻力情况时，一个最简单的处理方法就是将沿程阻力损失的 10% 作为总局部阻力损失之和。短管线对需要逐个计算再求和。

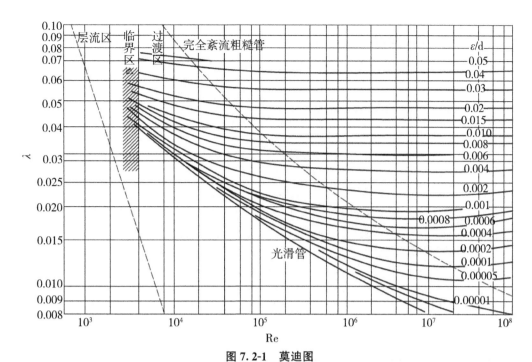

图 7.2-1 莫迪图

7.2.2.1 计算阀门弯头阻力 H_2

$$H_2 = H_阀 + H_弯 \tag{7.2-3}$$

$$H_阀 = \lambda_2 \frac{V_阀^2}{2g} \tag{7.2-4}$$

$$H_弯 = \lambda_2 \frac{V_弯^2}{2g} \tag{7.2-5}$$

式中：$V_弯$——弯头内流速，m/s;

$V_阀$——阀门内流速，m/s;

λ——局部阻力系数，其值与弯头阀门结构形式有关，参见表 7.2-1。

表 7.2-1 不同结构形式的阀门弯头阻力系数

阀门类型	局部阻力系数
90°弯头	0.2~0.3
135°弯头	0.1~0.15
90°长半径弯头的局部阻力	0.1~0.2
120°弯头	0.12~0.18
三通	0.1~0.7

阀门类型		局部阻力系数
闸阀	开度 10%	100
	开度 20%	30
	开度 40%	5
	开度 60%	1.2
	开度 80%	0.3
	开度 100%	0.05~0.16
截止阀		1.5~2.5
球阀		<0.1
蝶阀	20°	350
	40°	20
	60°	3
	80°	0.6
	全开	0.4

7.2.2.2 计算管路入口阻力 H_3

$$H_3 = \lambda_3 \times \frac{V_3^2}{2g} \tag{7.2-6}$$

式中:V_3——管路入口流速 m/s;

λ_3——管路入口阻力系数,其值与入口状态有关,如图 7.2-2 所示。

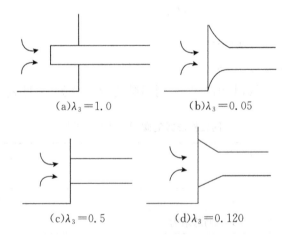

(a)$\lambda_3 = 1.0$　　　　(b)$\lambda_3 = 0.05$

(c)$\lambda_3 = 0.5$　　　　(d)$\lambda_3 = 0.120$

图 7.2-2　不同入口状态的阻力系数

7.2.2.3 计算收缩管阻力 H_4

$$H_4 = \lambda_4 \cdot \left(\frac{V_1^2}{2g} - \frac{V_2^2}{2g} \right) \tag{7.2-7}$$

式中:V_1——收缩管小口处流速,m/s;

　　V_2——收缩管大口处流速,m/s;

　　λ_4——收缩管阻力系数,其值如下。

①渐缩管:$\lambda_4=0.1\sim0.5$;

②突缩管:$\lambda_4=0.5(1-\dfrac{D_2^2}{D_1^2})$,其中,$D_2$ 为突缩管中的小管内径;D_1 为突缩管中的大管内径。

7.2.2.4　计算扩散管阻力 H_5

$$H_5=\lambda_5 \cdot (\frac{V_1-V_2}{2g})^2 \tag{7.2-8}$$

式中:V_1——扩散管小口处流速,m/s;

　　V_2——扩散管大口处流速,m/s;

　　λ_5——扩散管阻力系数,其值如表 7.2-2 所示。

表 7.2-2　　　　　　　　　　扩散管不同的锥角对应的管阻系数

扩散管锥角 α	5	10	15	20	25	30	40	50	60
λ_5	0.04	0.08	0.16	0.31	0.40	0.49	0.6	0.67	0.72

7.2.2.5　其他

若管路系统中还装有其他部件,且会产生局部管路阻力者,均应根据其结构特点,计算出该部件的阻力。

7.2.3　估算管路系统输送浆体扬程损失

7.2.3.1　管路系统输送渣浆时的扬程 H

一般管路系统输送渣浆时的扬程 H,包括管路系统中沿程阻力损失 H_1、管路中所有的局部阻力 H_2 和输送系统中的几何高度 ΔH 以及需要管路出口处的压力 H_m(如旋流口、冲渣水、压滤机等要求的压力),即

$$H=\lambda_1\times\frac{L}{D}\frac{V_1^2}{2g}+H_2+\Delta H+H_m \tag{7.2-9}$$

式中:ΔH——进料池液面至管路出口的几何高度,如图 7.2-3 所示;

　　H_m——对管路出口处所要求的压力,m(如旋流口、冲渣水、压滤机所要求的压力,换算或米液柱代入);

　　H_2——管路系统中所有局部阻力之和,与 7.2.2 节计算方式一致。

7.2.3.2　计算驼峰管路系统运输渣浆时的扬程 H_m

驼峰管路系统如图 7.2-3 所示,图中 A 点是驼峰的最高点。这种系统,首先要判断下坡管段 L_2 是否可以自流,判断式如下。

当 $\dfrac{S_m \cdot \Delta H_1}{L_2}$ 大于 $\lambda \dfrac{V^2}{2gD}$ 时,渣浆可以自流;当 $\dfrac{S_m \cdot \Delta H_1}{L_2}$ 不大于 $\lambda \dfrac{V^2}{2gD}$ 时,渣浆不能自流。

式中:S_m——渣浆比重;

　　　L_2——下坡管段长度,m;

　　　ΔH_1——峰顶(气孔)至下坡管路出水口处的垂直高度,m。

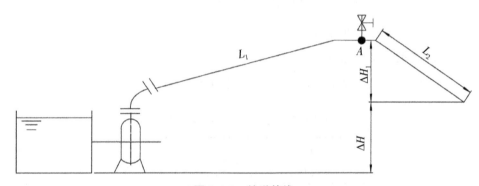

图 7.2-3　输送管线

当下坡管段不能自流时,管路的渣浆扬程 H,仍用式(7.2-9)计算,这时 $L = L_1 + L_2$。

当下坡管段可以自流时,一般应在峰顶(确保可以自流的最高点)开设通气孔(图 7.2-3)用来克服虹吸作用,这时管路的渣浆扬程 H 为

$$H = \lambda \frac{L_1}{D_1} \frac{V_1^2}{2g} + H_2 + \Delta H + \Delta H_1 \qquad (7.2\text{-}10)$$

式中:L_1、D_1、V_1——上坡管段的长度、内径和流速;

　　　H_2——上坡管段中所有局部阻力之和,计算方式见式(7.2-9)。

如果下坡管段可以自流,但不在峰顶开设通气孔,其管路的渣浆扬程 H 仍用式(7.2-9)计算,这时 $L = L_1$。

7.2.4　估算管路系统有效汽蚀余量 NPSHa

$$NPSHa = \frac{10^4(P_a - P_v)}{S_m} \pm H_g - h_w \qquad (7.2\text{-}11)$$

式中:h_w——吸入管路系统中的总阻力,m,其值的计算见本节第一条,一般吸入管路

总阻力包括入口阻力或底阀阻力、直管段阻力、弯头阻力、阀门阻力、收缩管阻力及其有关阻力;

H_g——吸入或灌注高度,m,即进料池液面至泵轴中心的垂直高度(立式泵指进料池液面至叶轮流道之间的垂直高度),吸上时取负(一)值,灌注时取正(+)值;

S_m——渣浆密度,kg/m;

P_a——用泵当地的大气压力,kg/cm²,其值与当地海拔有关,如图 7.2-4 所示;

P_v——液体(一般为水)的汽化压力,kg/cm²,其值与液体温度有关,如图 7.2-5 所示。

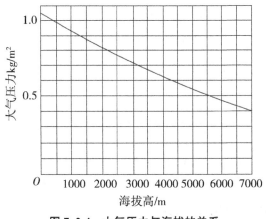

图 7.2-4 大气压力与海拔的关系

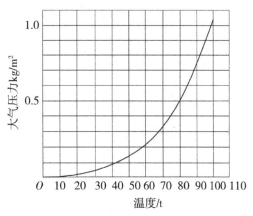

图 7.2-5 汽化压力与温度的关系

7.3 离心式碳化硅陶瓷渣浆泵选型

7.3.1 陶瓷泵应用领域

碳化硅陶瓷渣浆泵主要分为重型泵、轻型泵、化工泵,按照蜗壳形式可分为双蜗壳和单蜗壳,按照泵结构可分为卧式和立式。其主要应用领域为选矿、洗选煤、氧化铝、化工、脱硫、湿法冶炼、新能源等。

其优势工位是高浓度、强磨蚀、大粒径的工位,高温、强腐蚀、强磨蚀 3 种要素占比越多,优势越明显。

其中对抗强磨蚀工位的主要为重型泵系列:HAH、ZVT、HG、HF、TH,过流部件材质为氮化硅结合碳化硅的烧结陶瓷。

对抗强腐蚀工位的主要为轻型泵系列:LVT、HVT、HY、HL。

对于化工湿法冶炼的工位主要为化工泵系列:HY。

碳化硅陶瓷泵因其优异的耐磨性、耐腐蚀性、耐高温特性,在强磨蚀工位和强腐蚀工位的优势比较突出,尤其是用在选矿的磨机工位、湿法冶炼的强酸工位、化工脱硫的高氯离子工位等,在其他轻微磨蚀或者轻微腐蚀的工位优势不突出。

表 7.3-1   碳化硅陶瓷泵应用领域分类

	应用领域	对应可选泵类型
碳化硅陶瓷泵	矿山选矿	重型泵、轻型泵
	湿法冶金	化工泵、轻型泵
	新能源	化工泵、轻型泵
	化工、脱硫	化工泵、轻型泵
	氧化铝	重型泵、轻型泵
	洗选煤	重型泵、轻型泵、化工泵

7.3.2 选型流程原则

7.3.2.1 总体原则

碳化硅陶瓷泵为叶片式离心泵,也遵循叶片式离心泵的选型原则,即无计量要求、黏度小于 $650\text{mm}^2/\text{S}$,含气量小于 5% 的固液两相流体均能选用合适的碳化硅陶瓷泵。碳化硅陶瓷泵类型较多,应根据浆体的物化性质、泵结构等因素,并结合实用性和经济性为首要原则,选择性价比高的泵满足客户的需求,泵型的合理选择直接影响泵的使用寿命和综合性能。

7.3.2.2 选型基本流程

(1)确认选型条件

选型条件包含以下 3 个部分的内容。

1)介质物化特性

介质的物化性能包含介质成分及含量、介质腐蚀性、磨蚀性、毒性、温度、黏度、汽化压力、密度、固体的含量及粒径占比信息,是陶瓷泵选型时确定金属骨架材质和确定陶瓷泵质保以及寿命的核心依据之一。

2)工艺参数

①流量 $Q(\text{m}^3/\text{h})$:应根据系统需求确定设计流量,通常需考虑以下方面。

a. 系统最大流量需求(如生产工艺要求)。

b. 安全系数(一般增加 10%~15% 以应对波动)。

②扬程(H):泵应克服系统阻力所需的能量能够将液体提升至垂直高度。一般

要求泵的额定扬程按照装置扬程增加5%～10%的余量。

③驱动设备要求：是否变频、防护等级、防腐等级、防爆等级、安装位置(室内/室外)、额定(电压、频率)，需要特别说明的是国外项目要注意额定频率。

④管路进出口压力：关系到选型泵体需要承受的压力。

⑤装置汽蚀余量($NPSHa$)。

⑥泵运行方式：连续或者断续。

⑦现场条件：包括泵安装位置(室内或室外)，环境温度、大气压力(海拔)、环境腐蚀、区域危险等级划分等。

(2)提供选型方案及相关技术文件

①选型方案：泵型＋电机(柴油机)＋连接附件(包含联轴器组件、皮带组件、减速机组件)＋轴封形式＋材质＋公用工程要求数据。

②技术文件：外形图和相关的技术文件数据。

(3)相关计算公式

选型条件参数确认相关公式。

1)无法提供介质比重

计算方法如表7.3-2所示。

表 7.3-2　　　　　　　　　　　比重、浓度的换算关系

序号	可提供的数据	计算公式	备注	
1	Sm，Cv	$S=S_1+Cv \cdot (Sm-S_1)/100$	Sm：固体物比重； S：浆体比重； S_1：载体比重； Cv：体积浓度，%； Cw：质量浓度，%； P：轴功率，kW； U：工况点电压，V	I：工况点电流，A； Q：流量，m³/s； H：扬程，m； ηp：泵效率(小数表示)； η：电机效率(小数表示)； $\cos\varphi$：电机功率因数
2	Sm，Cw	$S=S_1/[1-(Cw/100) \times (Sm-S_1)/S]$		
3	电流、电压、电机型号及厂家	$P=1.732 \times U \times I \times \eta \times \cos\varphi$ $S=P \times 102 \times \eta p/(Q \cdot H)$		

2)无法提供装置汽蚀余量

计算方法如表7.3-3所示。

表 7.3-3   汽蚀余量的计算公式

吸入条件	计算公式	备注	
吸上	$NPSHa = Pc/\rho g - hg - hc - Pv/\rho g$	$NPSHa$:装置汽蚀余量,m; $Pc/\rho g$:吸入液面绝对压力水头,m; $Pv/\rho g$:液体温度下汽化压力水头,m; P:液体密度,kg/m³; G:重力加速度,m/s²	Pc:封闭系统吸入液面绝对压力,Pa; Pv:液体温度下汽化压力,Pa; hg:泵吸入集合高度,m; hc:泵吸入系统装置的阻力损失水头,m
倒灌	$NPSHa = Pc/\rho g + hg - hc - Pv/\rho g$		

3)无法提供扬程(H)或扬程不准

数据采集和计算方法如表 7.3-4 所示。

表 7.3-4   扬程的计算方法

方法	需要采集的数据	计算公式	备注
压力法	出口压力值,进口压力值,压力表安装位置差值,介质比重	$H =$(出口压力值－进口压力值)/介质比重	进口未装压力表,根据吸上或倒灌高度及浆液比重,进行换算管路阻力
管路阻力法	流量,管径,几何高差,管路长度,弯头阀门数量,管路材质,固体物比重,质量浓度 C_w,d_{50}	$H =$阻力损失＋高差＋管路末端压力/ρg	

4)无法提供流量(Q)或流量不准

数据采集和计算方法如表 7.3-5 所示。

表 7.3-5   流量的计算方法

方法	需要采集的数据	计算公式	备注
物理计算法	干矿处理量、干矿比重、载体比重、质量浓度	$Q = T/Sm + (T/Cw - T)/S_1$	T:干矿处理量; Sm:固体物料比重; Cw:质量浓度; S_1:载体比重
前后工序法	了解前后工序的设备及用泵参数估算		旋流器处理量前后工序泵的流量数据

(4)泵系列的选型和应用

1)HAH

优先用于 50%＜质量浓度＜80%,最大粒径大于 5mm 的选矿、氧化铝等强磨蚀的工况;属于低扬程($H \leqslant 65m$)的耐强磨蚀渣浆泵,用于磨机工位、氧化铝中间泵等工位,不能用于介质中含有 HF 和高温熔融碱(含高温饱和 NaOH 溶液)的工况,可串联提高扬程;单级泵最大可承压 1.6MPa。

2)ZVT/HG

优先用于 35%＜质量浓度＜50%,中值粒径 200 目,最大粒径小于 5mm 的选矿、冶金、新能源等中度磨蚀的工况,属于中高扬程(H 不小于≥50m)耐强磨蚀渣浆泵,用于精矿、中矿、尾矿的输送,不能用于介质中含有 HF 和高温熔融碱(含高温饱和NaOH 溶液)的工况,可串联满足远距离浆体输送;单级泵最大承压 1.6MPa。

3)LVT/ HVT

优先用于质量浓度小于 35%,中值粒径 200 目以下,最大粒径不大于 1mm 的化工、脱硫、选矿、新能源等轻度磨蚀的工况,属于轻磨蚀化工流程泵;用于脱硫泵、石膏、石灰石等化工酸碱盐液体输送泵、废水泵等,不能串联,最大可承压 1MPa。

4)HY

冶金泵系列是由弘源公司自主开发水力并设计的泵系列,优先用于质量浓度小于 35%,中值粒径 200 目,最大粒径小于 1mm 的湿法冶炼和稀土贵金属的提炼以及新能源等工况,具有能耗少、体型小、转速高的特点。能满足小流量、高扬程的矿浆输送。不能串联,最大可承压 1.6MPa。

5)HF

优先用于泡沫系数大于 1.5 的工位和化工及湿法冶炼中含泡沫的工位;属于泡沫泵,用于浮选泡沫泵工位 P。

6)HL

用于选矿和其他工业中的轻度磨蚀的吸上工位,为立式泵结构,属于标准轴液下泵,用于选矿行业中的事故泵,扫地泵或者化工行业的浆体输送泵。

需要特别说明的是:对于含固量较低(Cw 不大于 15%)的反复启停的吸上安装的工位,在安装空间允许的前提下,推荐用卧式泵加自吸罐的方案,该方案具有性价比高、可靠性好的优势,但必须与客户进行充分的技术沟通。

当浆液温度超过 90℃,优先推荐稀油托架的泵型。

(5)泵型号的选择

泵型选用三原则,即流速限定原则、汽蚀余量估算原则、磨蚀估算原则。

泵系列确定后,扬程和流量是选择泵规格型号和是否串联的依据。输送高浓度强磨蚀性渣浆,一般不选用泵最高转速 n_{max}(性能曲线中多种转速的最高转速),选择转速为 $3/4n_{max}\sim9/10n_{max}$ 比较合适,当选定的泵为 $3/4n_{max}\sim9/10n_{max}$ 时,流量合适而扬程达不到,可采用多台泵串联形式。对于重型泵来说,不同的浆体,流量范围也要有所限制,对于高浓度强磨蚀的渣浆,流量应选在泵最高效率对应流量的 $40\%\sim100\%$;对于浓度低磨蚀渣浆,流量应选在泵最高效率对应流量的 $40\%\sim110\%$。一般不选择在最高效率对应流量的 $100\%\sim120\%$。图 7.3-1 可供参考。

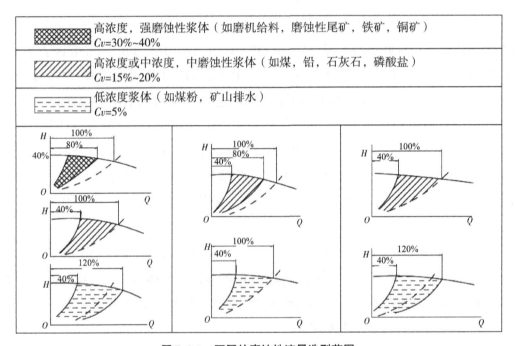

图 7.3-1　不同的磨蚀性流量选型范围

1)额定流量的确定

提供最大流量的按最大流量选型,仅提供正常流量值时,按正常流量的 $1.05\sim1.1$ 倍选型(重磨蚀及皮带传动选大值,轻磨蚀有调速工位可选小值)。

2)额定扬程的确定

① 一般取装置所需扬程的 $1.05\sim1.1$ 倍(重磨蚀及皮带传动选大值,轻磨蚀有调速工位可选小值)。

② 计算装置所需扬程时考虑扬程降 H_R,详见第 4.2.2 节。

3)查询系列曲线,确定规格型号和效率

按照确定的额定流量 Q 与额定清水扬程 H 查询性能曲线,确定泵的型号,重磨蚀工况 HAH 系列选型时,性能点应落在曲线黑框范围内,如图 7.3-2 所示。

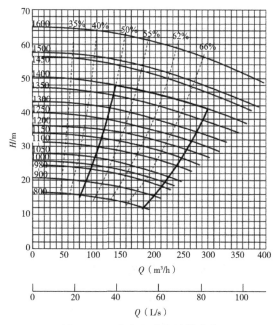

图 7.3-2 陶瓷泵清水特性曲线

(6)电机的型号的确定

轴功率 P 计算。

$$P = Q \times H \times S \times g \div (3600 \times \eta) \tag{7.3-1}$$

式中：P——轴功率，kW；

$\quad Q$——流量，m^3/h；

$\quad H$——扬程，m；

$\quad S$——矿浆比重；

$\quad K$——安全系数，如表 7.3-6 所示；

$\quad \eta$——泵效率（小数表示）。

注：高海拔泵用高原电机为保证效率，一般会跨高一至二档选型，高原泵要考虑自吸还是倒灌，吸上式要核算吸上高度。一般情况下，海拔 1500m 就需要考虑高海拔。

表 7.3-6 安全系数 K 的取值标准

轴功率 P/kW	标准安全系数 K	最小安全系数	备注
$1.1 < P \leqslant 11$	1.25	不得小于 1.2	
$11 < P \leqslant 22$	1.25	不得小于 1.15	
$22 < P \leqslant 55$	1.25	不得小于 1.13	
$55 < P \leqslant 132$	1.2	不得小于 1.1	重型泵不低于 1.15
$132 < P \leqslant 220$	1.1	不得小于 1.09	重型泵不低于 1.15

续表

轴功率 P/kW	标准安全系数 K	最小安全系数	备注
$220 < P \leqslant 400$	1.1	不得小于 1.07	重型泵不低于 1.15
$400 < P$	1.1	不得小于 1.06	重型泵不低于 1.15

因实际案例中参数会存在浆体特性变化,工况波动、补偿系统损耗等因素,故在实际计算的轴功率基础上还需考虑一定的安全余量。

实际选型电机功率应满足:

$$P_{电机} \geqslant P \times K \tag{7.3-2}$$

(7)传动形式的选择

1)传动形式分类

弘源陶瓷渣浆泵常用的传动形式如图 7.3-3 所示。

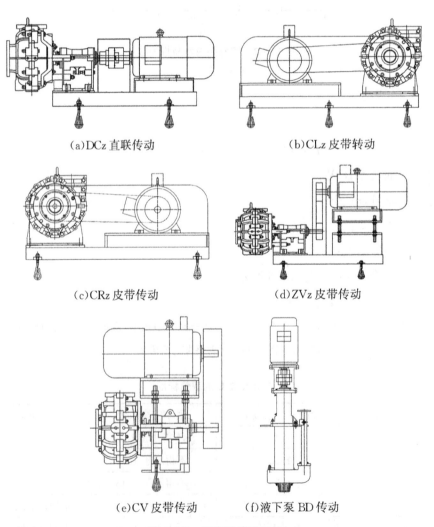

(a)DCz 直联传动   (b)CLz 皮带转动

(c)CRz 皮带传动   (d)ZVz 皮带传动

(e)CV 皮带传动   (f)液下泵 BD 传动

图 7.3-3 泵常见传动形式

2)各种传动形式的优缺点

①直联传动:泵和电机通过联轴器连接。

优点:结构紧凑,传动效率高,运行稳定,振动小,噪声低。无须额外传动部件,维护简单。

缺点:安装精度要求较高,需严格对中;且泵转速与电机转速一致,大部分要求配变频电机实现调速,造价成本较高。

适用场景:适用于所有行业中变频电机且电机功率满足降速后要求的工位。

② 皮带传动:泵和电机通过皮带轮连接。

优点:允许较大的安装误差,对中性要求低,可通过更换皮带轮实现调速。

缺点:传动效率较低,皮带寿命短需定期更换,不适用于高温、腐蚀或粉尘的环境条件。

适用场景:对于中小型泵,电机通过变频调速无法满足泵需求转速的场合或电机为工频时泵无法通过切割叶轮实现参数的场合。

③减速机齿轮传动:泵和电机通过减速机和联轴器连接。

优点:传动比精确,适合高转速或大扭矩需求,选型电机更经济。结构刚性强,可靠性高。

缺点:制造成本高,噪声较大,需定期润滑,维护复杂。

适用场景:大型泵配用高转速电机时需要减速的场合。

(8)联轴器型号的选择

联轴器转矩计算。

$$T = 9550 \times P \times K \div n \tag{7.3-3}$$

式中:T——联轴器的计算转矩,N·m;

P——额定工况下的轴功率,kW;

K——工况系数,碳化硅陶瓷渣浆泵一般取值1.5;

n——联轴器转速,r/min。

须根据供应商提供的联轴器样本或者技术资料上给出的联轴器型号,要求联轴器的公称转矩$[Tn]$,许用转速$[n]$应满 T 不大于$[Tn]$,n 不大于$[n]$。主从动端的轴径应小于所选用规格联轴器的最大轴径,当转矩、转速相同且主、从端轴径不相同时,应按大轴径选择联轴器型号。

(9)皮带轮型号的选用

1)皮带轮分类

皮带轮常根据槽型分类,主要内容如下。

①普通 V 带：包括 O、A、B、C、D、E、F 七种，A 型宽度 12.5mm、高度 9mm；B 型宽度 16.5mm、高度 11mm；C 型宽度 22mm、高度 14mm 。常用于农用车、拖拉机、汽车等动力传动。

②窄 V 带轮：包括 SPZ、SPA、SPB、SPC 等，相比普通 V 带轮，能在较小空间传递，更大功率，效率更高，常用于对空间和功率传输要求高的设备。

③强力窄 V 带轮：包括 XPA、XPB、XPC，可承受更高负荷和转速，适用于大功率、高转速工况。

2）皮带轮计算和选型

皮带轮的设计计算包含的具体参数如下。

①传动比：驱动端转速和从动端转速比值。

②确定带轮型号和直径：驱动端带轮和从动端带轮的直径。

③确定中心距：根据现场空间及皮带轮大小合理确定。

④确定皮带长度：根据中心距和带轮直径确定皮带长度。

（10）轴封形式的选型

1）碳化硅陶瓷渣浆泵常用轴封形式分类

①零泄漏密封：机封（含单端内冲、外冲、无水、双端、自循环）、螺旋密封。

②非零泄漏密封：副叶轮＋填料、填料密封、"K"形密封、副叶轮密封。

2）轴封的选型原则

①现场替换泵轴封原则上保持和现场原泵一致，涉及现场轴封水压力大小，以便与现场轴封水压力匹配。

②对于偏中性（pH 值＝6～9），75℃≥温度≥25℃浆体，转速不大于 1480r/min 的新建项目的重型泵优先选用螺旋密封方案，其次选副叶轮＋填料形式，当含固量不小于 65% 时，优先推荐纯填料密封，需注意轴封水压高于泵腔压力 0.035MPa。当现场轴封水不稳定或者无轴封水的情况时，可推荐"K"形密封。

3）副叶轮密封的选用原则

对于以下两种情况可以选用该方案，否则，副叶轮不能完全密封浆体，无法形成气液分界面，渣浆进入填料与轴套之间，形成泄漏。

①对于质量浓度不大于 15% 的渣浆输送，泵进口的正压不超过泵工作压力（或扬程）的 15%。

②对于质量浓度大于 15% 的渣浆输送，泵进口的正压不超过泵工作压力（或扬程）的 10%。

4）副叶轮＋填料密封的选用

客户现场轴封水压力无法满足纯填料密封要求，且倒灌压力不符合副叶轮密封要求。

5）机封的选用原则

①对于要求轴封水不能进入泵腔的工况，优先选用机封方案。

②强腐蚀性 pH 值不大于 2，温度不小于 75℃，优先选用双端机封，安全可靠。

③对于质量浓度 C_W 不小于 40％的偏中性选矿工位，客户要求用机封时，优先选用单端内冲洗机封，注意轴封水压力不小于泵腔压力＋0.1～0.2MPa。

④对于无水或者水资源缺乏的工况，温度不大于 75℃，客户要求用机封时，优选选用自循环机封或者无水机封，其中无水机封要求浆体含固量不大于 35％。

⑤轻型陶瓷泵和化工陶瓷泵因适用场景的特点，多以机封方案为主。

（11）材质的选择

1）金属（含骨架）材质的选型

①硫酸介质中的选材依据如图 7.3-4 所示。

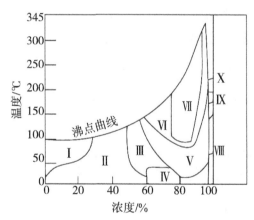

图 7.3-4　硫酸浓度、温度使用区间

表 7.3-6 为均匀腐蚀率不大于 0.5mm/a 的选材，其中"√"代表可以选用，"×"代表不能选用，标注温度或浓度的代表限制选用。

表 7.3-6　硫酸介质中的选材

区域	I	II	III	IV	V	VI	VII	VIII	IX	X
普通碳钢	×	×	×	√	×	×	×	×	×	×
304	≤60℃ ≤5％	≤60℃ ≤5％	×	93％～ 98％	×	×	×	×	×	×
316L	√	≤20％	×		×	×	×	×	×	×
2605	√	≤80℃	×		×	×	×	×	×	×
2205	√	≤30％	×		×	×	×	×	×	×

续表

区域	I	II	III	IV	V	VI	VII	VIII	IX	X
2507	√	≤80℃ ≤50%	×	≤40℃		×	×	×	×	×
904L	√	√	√	√	×	×	×	×	×	×
哈氏合金	√	√	≤100℃	√	≤100℃				×	×
20# 合金	√	≤65℃		√	≤65℃	×	×	×	×	×
蒙乃尔合金	≤80℃	×	≤60℃	×	×	×	×	×	×	
钛合金	≤50℃ ≤30%	×	≤40℃	×	×	×	×	×	×	
高硅铸铁	×	×	≥80%	√	√	√	×	×	×	

②硝酸介质中的选材依据。

图 7.3-5、表 7.3-7 为平均腐蚀速率不大于 0.1mm/a 的材料选择图表,其中"√"代表可以选用,"×"代表不能选用,标注温度或浓度的代表限制选用。

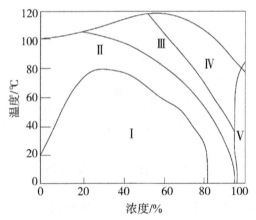

图 7.3-5 硝酸浓度、温度使用区间

注:含 Mo 不锈钢一般不耐硝酸腐蚀,但是当硝酸中含有 Cl⁻ 时,要选用 Mo 不锈钢。

表 7.3-7 硝酸介质中的选材

材料牌号	区域				
	I	II	III	IV	V
0Cr13	√	×	×	×	×
304(L)	√	√	√	×	×
316L	×	×	×	×	×
Cd4MCu	×	×	×	×	×

续表

材料牌号	区域				
	Ⅰ	Ⅱ	Ⅲ	Ⅳ	Ⅴ
2605N	×	×	×	×	×
2205	×	×	×	×	×
904L	×	×	×	×	×
20#合金	×	×	×	×	×
2507	×	×	×	×	×
SS920	×	×	×	×	×

③磷酸介质中的选材依据。

图 7.3-6、表 7.3-8 为均匀腐蚀率≤0.1mm/a 的材料选择图表,其中"√"代表可以选用,"×"代表不能选用。

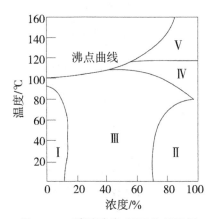

图 7.3-6 磷酸浓度、温度使用区间

表 7.3-8 磷酸介质中的选材

材料牌号	区域				
	Ⅰ	Ⅱ	Ⅲ	Ⅳ	Ⅴ
0Cr13	√	×	√	×	×
304(L)	√	√	√	×	×
2304	√	√	√	×	×
316L	√	√	√	√	×
2605N	√	√	√	√	×
2205	√	√	√	√	×
904L	√	√	√	√	×
20#合金	√	√	√	√	×

材料牌号	区域				
	Ⅰ	Ⅱ	Ⅲ	Ⅳ	Ⅴ
2507	√	√	√	×	×
C4	×	×	×	×	×

④盐酸、氢氟酸介质中的选材依据。

如图 7.3-9 所示,盐酸的还原性很强,不锈钢在盐酸中很难钝化,所以一般不选用不锈钢,但当盐酸浓度很稀且温度较低时,高 Cr-Mo-N 的奥氏体不锈钢和双相不锈钢有相当的耐蚀性。2%以下的常温盐酸可以选用 316L、Cd4MCu、2605N、2205、904L、20#合金等,3%以下的常温盐酸可以选用 1.4468、2507 等。HF 酸的腐蚀性更强,904L、2507 材料在 40℃时只能耐 0.4%以下的 HF 酸。

表 7.3-9 盐酸介质中的选材

耐蚀性能及适用范围								
序号	材料代号	耐磨蚀性	含固量	腐蚀性	pH 值	耐 Cl⁻ 腐蚀	Cl⁻ 范围/ppm	PRE 值
1	Cr30	好	40%以下	较差	5～7	较差	10000	≥25
2	Cr30A	好	50%以下	较差	5～7	较差	5000	≥20
3	Cr33	好	60%以下	较差	5～7	较差	8000	≥22
4	2605	较好	20%以下	较好	4～7	较好	20000	≥32
5	2605N	较好	20%以下	较好	3～7	较好	25000	≥35
6	MM4	较差	10%以下	较好	3～7	较好	20000	≥32
8	2205	较差	10%以下	较好	3～7	好	25000	≥35
8	1.4468	较好	30%以下	好	2～7	好	40000	≥40
9	2507	较好	30%以下	好	2～7	好	40000	≥40

PRE 值为评价双相不锈钢在氯化物环境中抵抗孔(点)蚀的能力,建立了孔蚀抗力当量值 PRE。

⑤烧碱介质中的选材依据。

所有的奥氏体不锈钢、铁素体不锈钢、双相不锈钢均能耐烧碱的腐蚀,且合金含量越高,耐腐蚀性越好。

2)轴的材料选择

轴的材料根据介质的工况确定,一般中性介质 pH 值=7 时轴材质为 45#调质处理;弱酸弱碱性常规采用 316L 或 2205 材质;含高浓度的盐酸或硫酸采用哈氏合金材质或者 904L 材质;含氢氟酸的依照浓度可选用蒙乃尔合金等耐腐蚀钢。

3)pH 值溶液的酸碱性

pH 值决定了泵的骨架材质的选取,pH 值愈小,溶液的酸性愈强;pH 值愈大,溶液的碱性愈强。

4)关于浓度的单位换算

溶质质量与全部溶液质量的百万分比来表示浓度,也称百万分比浓度,国际规定一般用 mg/L。

单位换算:离子浓度 1mg/L＝1ppm,20g/L＝20000ppm ＝2％含量。

7.4 选型案例示例

安徽马钢集团南山矿某选矿厂增设超细碎及选矿工艺技改设计,粗精矿渣浆泵参数如下。

①处理物料贫磁铁矿[ω(Fe):25％],经过高压辊磨机超细碎至 3～0mm,进行中场强磁选取后的粗精矿,ω(Fe):40.5％,密度 3.69t/m³。

②物料粒度组成:－3.0～＋0.5 大约 45.26％,－0.5～＋0.10 大约 26.4％,－0.1～＋0.03 大约 27.24％,中值粒径 d_{50}＝0.19mm。

③设计参数设计选用数量,4 套,单台矿量 226.11t/h,单台矿浆体积 400.44m³/h,考虑波动系数 15％,质量浓度 36.12％,矿石密度 3.69t/m³,几何扬程 21.025m,输送管线水平长度 176.95m,90°弯头 8 个,进口闸阀 2 个,进口高差 0.5m,进口管线长 2m,三通一个,出口闸阀一个,控制方程,变频调速。

计算过程如下。

①流量的计算:Q＝400.44×(1＋15％)＝460m³/h。

②口管径的计算:$DN \geqslant 12.5Q^{0.53}$,$DN \geqslant 160$mm,所以选取管径 DN＝200mm。

③浆体体积浓度:$Cv = \dfrac{226.11 \div 3.69}{460} \times 100\% = 13.32\%$。

④计算临界沉降流速:管径 200mm 时,用杜拉德公式或凯夫公式均可。下面按凯夫公式计算。

$$V_L = 1.04 \times D^{0.3}(S_1 - 1)^{0.75} \times \ln\left(\frac{d_{50}}{16}\right) \times \ln\left(\frac{60}{C_v}\right)^{0.13} = 3.85\text{m/s}$$

⑤管路平均流速:$V = \dfrac{4Q}{3600 \times 3.14 \times D^2} = 4.07\text{m/s}$,大于 V_L,所以管路中不会发生沉降。

⑥计算当量长度,如表 7.4-1 所示。

表 7.4-1　　　　　　　　　　　　　当量长度换算对应表

管内径/mm	大半径	小半径	直角	三通	软管
	$R \geqslant 3D$	$R < 3D$			
	当量长度/m				
25	0.52	0.70	0.82	1.77	0.30
32	0.73	0.91	1.13	2.38	0.40
40	0.85	1.10	1.31	2.74	0.49
50	1.07	1.40	1.68	3.35	0.55
65	1.28	1.65	1.98	4.27	0.70
80	1.55	2.07	2.47	5.18	0.85
90	1.83	2.44	2.90	5.79	1.01
100	2.13	2.77	3.35	6.71	1.16
115	2.41	3.05	3.66	7.32	1.28
125	2.71	3.66	4.27	8.23	1.43
150	3.35	4.27	4.88	10.06	1.55
200	4.27	5.49	6.40	13.11	2.41
300	6.10	7.92	9.75	20.12	3.35
350	7.01	9.45	10.97	23.16	4.27
400	8.23	10.67	12.80	26.52	4.88
450	9.14	12.19	14.02	30.48	5.49
500	10.36	13.11	15.85	33.53	6.10

通过表 7.3-11 查得，$L_1 = 8 \times 6 + 3 \times 2 \div 20 \times 1 = 74$m。

⑦计算管路总扬程。

扬程富余系数 α 取 1.05，管路摩擦损失系数 f 取 0.0162。

$$H = 1.05 \times \left(\lambda \frac{L}{D} \frac{V^2}{2g} + \Delta H \right) = 1.05 \left(0.0162 \times \frac{176.95 + 74}{0.2} \times \frac{2.69^2}{2 \times 9.81} + 21.025 \right)$$

$$= 40.12 \text{m}$$

取扬程为 40.5m。

⑧浆体密度的计算。

$$S_m = S_1 \times \frac{C_v}{C_W} = 2.69 \times \frac{13.32\%}{36.12\%} = 1.36$$

⑨泵型的确定：由于矿浆中存在一定颗粒且浓度较高，对泵的磨损大，因此尽可能选用低转速的泵，故选用 200ZJ-I-A70 泵，直连传动。

运行参数：$Q=460\text{m}^3/\text{h}$，$H=39\text{m}$，$\eta=68\%$，$n=655\text{r/min}$，$NPHSr=3.8\text{m}$

⑩泵的必需汽蚀余量 $NPSHr=3.8\text{m}$，泵进口管路损失约 1.5m，泵高位布置时的安装高度为

$$H_S=9.8-NPSHr-1.5-0.6（富余量）=3.9\text{m}$$

⑪计算电动机的配带功率。

$$N=\frac{Q\times H\times Sm\times g}{3600\times\eta}=\frac{460\times40.5\times9.81\times1.36}{3600\times0.68}=101.54\text{kW}$$

电动机富余系数取 1.2 即可得

$$P=1.2\times N=1.2\times101.54=121.8\text{kW}$$

所以，电动机功率选区 132kW，电机型号为：Y355M·8/132kW/380V/IP44。

7.5　陶瓷渣浆泵选型应注意的几个问题

7.5.1　电机功率和转速的关系

电机功率和转速的立方成正比：当频率 f 降低时，电机转速 n 下降，因此轴功率将显著减少。

例如，频率降至 50%（25Hz），转速降为 50%，轴功率约为额定值的 12.5%（0.5^3）；频率降至 80%（40Hz），轴功率约为额定值的 51.2%（0.8^3）。

实际应用：由于电机效率在低频时略有下降，实际输入功率（电网侧）略高于理论值，但仍远低于额定功率。

7.5.2　传动形式的合理选取

传动形式的选取原则上跟现场泵一致，若是新建项目，则需要按照以下几种情况进行不同的选择。

①若客户提出传动形式的要求，则以客户的需求为准。

②若现场电机为非变频，且泵转速不是额定转速时，须优先选择皮带传动形式，且优先选择更经济性的 CLz 或 CRz 传动。

③若客户无要求且电机为变频时，在转速合适且电机功率合适情况首选直联传动；反之，则选用皮带传动形式。

例如，泵转速为 1400r/min，核算轴功率为 26kW，考虑安全系数为 1.25，安全功率计算为 32.2kW，常规选型为 37kW/4，此时反推电机降速后的有效输出功率跟安

全系数计算公式为$(1400/1480)^3 \times 37 \div 26 = 1.21$,接近选取的安全系数1.25,此时选用直联传动为最佳传动形式。

④若泵转速为1100r/min,核算轴功率为26kW,考虑安全系数为1.25,安全功率计算为32.2kW,常规选型为37kW/4,此时反推电机降速后的有效输出功率跟安全系数计算公式为$(1100/1480)^3 \times 37 \div 26 = 1.07$,远小于选定的安全系数1.25,此时考虑经济性电机型号不变的原则就需要选择皮带传动形式,通过皮带传动保证电机的转速不小于1400r/min,以及额定输出功率为$(1400/1480)^3 \times 37 = 31.3kW$,$31.3 \div 26 = 1.21$,接近选取的安全系数1.25。

7.5.3　陶瓷泵叶轮切割

①原则上为保持水力性能,陶瓷泵的叶轮尽量不切割;

②若现场电机为工频,且客户要求直联传动形式时,可选择叶轮切割的方式,叶轮切割须遵循切割定律和比转速与效率的下降百分比关系,原则上叶轮切割量不大于20%。

7.5.4　陶瓷泵的汽蚀

陶瓷泵受结构和工艺的约束,相较于金属泵和橡胶泵来说,陶瓷泵的汽蚀性能较差,选型时若客户提供装置汽蚀余量的数据或者对泵的汽蚀余量有要求,需要重点关注,必要时可要求客户提供现场相关参数进行装置汽蚀余量的计算。

7.5.5　碳化硅陶瓷泵寿命

泵的寿命主要影响因素包括介质的特性、泵的转速、泵的结构。

(1)介质的特性

主要体现在颗粒的大小与浓度,浓度越高,颗粒越大,磨损越快。

(2)泵的转速

转速高,颗粒冲击速度大,磨损加快。

碳化硅陶瓷泵因其优异的耐磨性能,其高转速相较于普通金属渣浆泵的低转速,也能体现出不俗的优势。同时这种优势体现在泵的选型上,同样的参数,陶瓷泵的转速高,意味着陶瓷泵的叶轮较小,体形较小,价格上也有一定的优势。此外,由于转速高,电机的级数也高,电机也相对便宜。

弘源碳化硅陶瓷泵质保情况如表7.5-1所示。

表 7.5-1　　　　　　　　　　　　　弘源碳化硅陶瓷泵质保情况

行业	常用工位	一段磨机泵	二段磨机泵	压滤机泵	浓密机底流泵	精矿、尾矿泵
选矿	有色金属、黑色金属、萤石、磷矿等	6 个月	9 个月	6 个月	9 个月	12 个月
		当最大粒径 $d_{max} \geqslant 3mm$，质量浓度 $Cw > 65\%$ 时，质保时间依据具体工况而定				
湿法冶炼	常用工位	料浆泵、中间泵	加压釜给料泵	浸出压滤机泵	浓密机底流泵	中转泵、输送泵
	铅锌、铜、金、氧化铝、新能源	12 个月	9 个月	9 个月	12 个月	12 个月
化工等	常用工位	料浆泵、循环泵	压滤机给料泵	酸、碱洗泵	其他系统用泵	
	磷化工、煤化工、碱化工	12 个月	9 个月	9 个月	12 个月	

（3）泵的结构

泵的结构也会影响其寿命,具体影响根据结构特点而不同。

第8章 管路特性与泵特性

8.1 管路输送浆体时的阻力特性

8.1.1 研究管路输送浆体特性的意义

管路输送浆体在于通过管路能够高效运输、减少污染、降低成本,还能适应复杂地形,实现自动化智能监测,了解管路特性具有重要意义,管路特性主要有以下几个方面。

8.1.1.1 优化系统设计

(1)管径选取

通过掌握浆体的流速、流量等特性,能够合理确定管径大小。

(2)管材选取

浆体的腐蚀性、磨损性等特性是选择管材的重要依据。

(3)系统布局

了解浆体的流变特性等,有助于优化管路系统的布局。

8.1.1.2 保障安全运行

(1)防止堵塞

掌握浆体的沉淀特性、浓度变化等信息,能够采取相应措施防止管道堵塞。

(2)避免泄漏

了解浆体的压力特性和对管道的腐蚀特性,有助于合理设计管道的耐压强度,并采取有效的防腐措施,防止因管道破裂或腐蚀穿孔而导致的浆体泄漏,从而保障生产安全与环境安全。

(3)预防水锤

研究浆体输送过程中的水锤现象及其特性,有助于通过安装合适的水锤消除装置、优化操作流程等措施,降低水锤对管道系统的冲击破坏,保障管道及设备的安全。

8.1.1.3 提高生产效率

(1)优化输送参数

根据浆体的特性,可以优化输送过程中的流速、压力、浓度等参数,使输送系统处于最佳运行状态。

(2)缩短维护时间

了解浆体对管道的磨损和腐蚀特性,能够制定合理的维护计划,提前采取防护措施,减少因管道损坏而导致的停机维护时间,提高生产的连续性和设备的利用率。

8.1.2 管路阻力特性的构成

在固液两相流输送系统中,管路阻力特性由沿程摩擦阻力、几何高差及局部摩擦阻力3个核心分量构成,三者叠加形成的总阻力是评估系统能效比与运行可靠性的核心参数。

8.1.2.1 几何高差

几何高差指管道首尾端点间的垂直高程差,通过重力作用形成静水压头,如图 8.1-1 所示。该参数直接影响泵须克服的静压阻力,与系统总能耗呈正相关,且可能导致流体势能与动能的转化失衡,是离心泵选型与系统能效评估的核心参数之一。

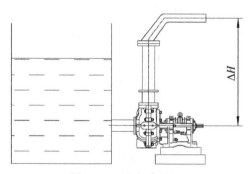

图 8.1-1 几何高差图

管路浆体阻力损失构成的总和 H_m。

$$H_m = kf\frac{L}{D}\frac{V^2}{2g} + \sum \xi_i \frac{V_i^2}{2g} + \Delta H \tag{8.1-1}$$

式中:k——与渣浆泵特性有关的经验系数,一般 $k = 1.03 \sim 1.25$,粒径大浓度(黏度)高取大值,反之取小值;

$\quad$ L——管路系统中直管段长度,m;

$\quad$ D——直管段管内径,m;

g——重力加速度，$g = 9.81\text{m}^2/\text{s}$；

V——直管段内流速，m/s；

ξ_i——输送清水时，局部阻力系数；

V_i——局部阻力管件内的流速，m/s；

f——管路输送清水时，管路阻力系数。

$$f = \frac{1}{\left\{-2\log\left[\dfrac{1.285}{D} + \dfrac{2.243}{(DV)^{0.9}}\right] + 10\right\}^2} \tag{8.1-2}$$

管路流速的合理性需结合临界沉降流速，具体内容见第 7.1 节。

8.1.2.2 沿程阻力

沿程阻力是指流体在直管中流动时，因流体与管壁摩擦及流体内部黏性剪切产生的能量损耗，其数学表达式为

$$H_{\text{flm}} = kf\frac{L}{D}\frac{V^2}{2g} \tag{8.1-3}$$

从式（8.1-3）可看出，其大小与管路长度、管径、流体流速以及流体的黏度等因素有关。一般来说，管路长度越长、管径越小、流速越大、流体黏度越大，沿程阻力就越大。实验数据显示，管径每减小 50%，相同流量下沿程阻力将增大 16 倍。

8.1.2.3 局部阻力

局部阻力是指系统中各类管件（如弯头、阀门、变径管等）及特殊结构（如管路进出口、法兰连接处）均会引发流动分离或与主流方向垂直的横向流动现象，从而产生额外的能量损耗。具体包括吸入段的进水口局部阻力、管道转弯处的弯头阻力、变径管的截面变化处的收缩/扩散阻力、阀门节流损失以及出口段的自由出流损失等均需计入总阻力计算。

其数学表达式为

$$H_i = \sum k\xi_i\frac{V^2}{2g} \tag{8.1-4}$$

表 8.1-1　　　　　　　　　　不同管件类型的 ξ 值

管件类型	阻力系数 ξ	影响因素
直角弯头	0.3～1.5	曲率半径／管径比（R/D）
全开闸阀	0.05～0.2	开度百分比
突然扩大管	0.3～0.8	面积比（A_2/A_1）
90°三通分流	1.5～3.0	分流比（Q_2/Q_1）

阀门开度越小，局部阻力系数越大。

8.1.3 输送渣浆时管路的特性曲线

8.1.3.1 管路的流量—管阻特性曲线

根据管路的阻力特性,当管路不变,而流量不同时,管阻的计算值也不一样。浆体管阻曲线具体画法:如图 8.1-2 所示,根据达西图计算清水管路摩擦损失(水柱,m)。例如,选取 3 个流量,绘制各点并连接成清水阻力曲线。然后,在基线上标出 Q_L(临界沉降流速 V_L 所对应的临界流量),引出一条垂线至清水曲线的点 1,再由点 1 向左画出一横线。然后画出两条垂线,即一条选取流量为 $0.7Q_L$,与横线相交于点 2;另一条选取流量为 $1.3Q_L$,与清水曲线相交于点 3。随后绘制一条抛物线,其顶点落在点 2 且与清水曲线相切于点 3,这便是浆体阻力曲线。最后,在基线上找到所需流量点 Q,引出一垂线与浆体阻力曲线相交于点 4,由此引出一水平横线至左坐标轴上的点 5,该点即为所需流量对应的浆体摩擦扬程损失 H_f。

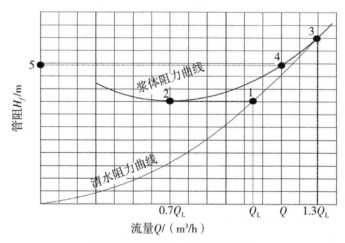

图 8.1-2 流量—管阻特性曲线

8.1.3.2 管路的流量—汽蚀余量曲线

在管路中输送渣浆(或清水时),还有一条曲线是评估输送系统的可靠性和稳定性的重要指标,其数值大小直接影响了泵组的安全运行和输送效率,称为流量—汽蚀特性曲线。如图 8.1-3 中 $Q—NPSH_b$ 曲线所示,管路装置汽蚀余量标准称为"有效汽蚀余量",用"$NPSHa$"表示,其值可用式(8.1-5)计算。

$$NPSHa = \frac{10^4(P_a - P_r)}{S_m} \pm H_g - h_w \tag{8.1-5}$$

式中:P_a——用泵现场的大气压力,$\mathrm{kg/cm^2}$;

$\quad\quad P_v$——所输渣浆的汽化压力,$\mathrm{kg/cm^2}$;

S_m——所输渣浆的密度，kg/m^3；

H_g——进料池液面至泵中心的垂直高度，也称吸上（或倒灌）高度，m，吸上时取负（－）值，倒灌时取正（＋）值。

h_w——吸入管路的总阻力，m，吸入管路总阻力与整体管路总阻力包括入口阻力或底阀阻力、直管段阻力、弯头阻力、阀门阻力、收缩管阻力及其有关阻力。一般为了降低汽蚀风险，提高泵的效率，减少阻力损失，吸入管长度宜较短，不超过 5m，且弯头阀门尽量少。

另外，浆体黏度也会影响装置汽蚀余量，黏度特别大时可参考扬程比系数做适当修正。

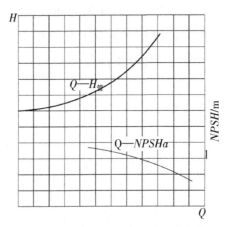

图 8.1-3　流量—汽蚀余量特性曲线

8.1.3.3　管路串联和并联

（1）管路串联

管路串联是指将多个管路依次首尾相连，使流体从一个管路的出口流出后，直接进入下一个管路的入口，形成一条连续流动路径的管路连接方式。

在实际工程应用中，很多工况需要满足长距离输送的情况，为减少沿途的泄漏点，便于集中控制浆体，保证水流稳定输送到目的地，管道常采用串联方式，例如，城市用水的输送和两相流的尾矿输送。还有一种情况是对输送的流体流量需要精确控制，通过管路串联可以依次经过多个控制阀门和计量设备，实现对流量的精确调节和控制。这种情况常见于药品合成或者制造香料的精细化工类。

串联管路的特点：流量不变，管路阻力损失为每个管路损失的和，如图 8.1-4 所示。

$$H_{vn} = H_{va} + H_{vb} \qquad (8.1-6)$$

（2）管路并联

管路并联是指多个管路的两端分别连接在一起,使流体在进入这些管路的公共入口后,能同时沿不同的管路分支流动,然后在管路的公共出口处汇合的一种管路连接方式。

在两相流的浆体体系中,对于大流量的工况条件,往往采用并联管路进行同步输送,在确保产量的同时提高输送效率,常用于消防系统和家庭、工业水循环系统各分支管路的独立供水,便于检修和维护。

并联管路的特点:管路阻力损失值不变,流量值相加,如图 8.1-5 所示。

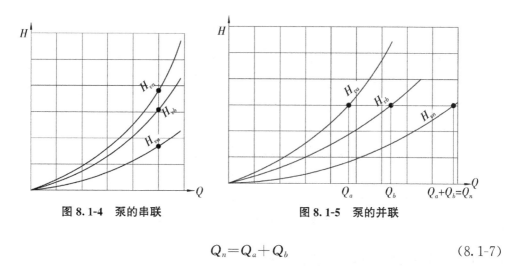

图 8.1-4 泵的串联　　　　　　　图 8.1-5 泵的并联

$$Q_n = Q_a + Q_b \tag{8.1-7}$$

8.2 泵输送浆体时的特性

在工业领域中,常规渣浆泵所输送的浆体,多数以水为载体,混合泥沙等多种固体颗粒的流体。这类浆体在常见的生产作业场景中较为普遍。然而,陶瓷渣浆泵却独具优势,作为达到国际先进水平的耐磨、耐腐蚀、耐高温型渣浆泵,应用范围更为广泛。不仅能够从容应对载体是水的且混合着复杂固体的两相流体浆体的输送任务,在载体为强酸、强碱或者腐蚀性盐类时,也能稳定运行。在化工、冶金等特殊行业,这类复杂腐蚀性浆体极为常见,弘源陶瓷渣浆泵的出现极大地解决了输送难题。由于输送介质的复杂性和多样性,相较于常规渣浆泵,对泵的特性曲线要求更为丰富,需精准匹配不同工况下的流量、扬程、效率等参数,以确保在各类严苛环境中都能高效、可靠地完成输送工作。

在固液两相流输送系统中,泵的特性包含了流量—扬程/效率、流量—功率、流量—汽蚀、串联和并联 4 个特性。下面依次进行介绍。

8.2.1 泵输送浆体流量—扬程/效率特性曲线

8.2.1.1 清水特性曲线

流量 Q 决定单位时间内输送量大小,扬程 H 关乎固液混合流体的提升高度,效率体现能量转化的有效程度。一般各泵厂家提供的样本资料都是清水的特性曲线,我司根据泵的实测数据进行统计,得到了每种泵型的特定清水流量—扬程(Q—H)/效率(Q—η)特性图,如图 8.2-1 所示。

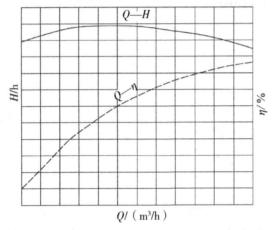

图 8.2-1 流量—扬程/效率特性曲线

8.2.1.2 输送含固浆体时的性能修正

在实际工程生产中提供的需求都是含固体颗粒的浆体性能数据。这种情况下需要根据固体的含量、粒径和密度对泵的性能进行适当的修正。

(1)扬程和效率比输送清水时的数据下降同一个比例

$$H_w = \frac{H_m}{H_R} \quad E_w = \frac{E_m}{E_R} \quad E_R = H_R \tag{8.2-1}$$

式中：H_R——扬程比；

$\quad\ E_R$——效率比；

$\quad\ H_w$——清水扬程；

$\quad\ H_m$——渣浆扬程；

$\quad\ E_w$——清水效率；

$\quad\ E_m$——渣浆效率。

（2）最佳效率点不变

在采用上述比例关系对泵的扬程和效率进行修正时,泵性能曲线上的最佳效率点(BEP)对应的流量值(Q_{BEP})保持不变。这意味着,尽管输送渣浆时泵在该流量点产生的扬程(H_m)和效率(E_m)相较于输送清水(H_w,E_w)有所下降(下降比例由 H_R 或 E_R 决定),但泵达到其渣浆工况下最高效率时的工作流量,与输送清水时达到最高效率的流量是相同的。这一特性源于扬程和效率在整个流量范围内按同一固定比例(H_R)下降的修正方法,它确保了性能曲线的形状(特别是最高效率点的位置)在流量坐标轴上不发生偏移。

（3）此比值与流量无关

扬程比可通过式(8.2-2)计算得出。

$$H_R = 1 - 0.000385 \cdot (\rho - 1) \cdot (1 + \frac{4}{S})Cw \cdot \ln(\frac{d_{50}}{0.0227}) \qquad (8.2\text{-}2)$$

需要提出的是:对于粒径小于 $100\mu m$,含固量不大于 30%,体积浓度不大于 15% 的均质浆体,只需已知其动力黏度,就可以用标准的黏性修正程序进行修正。

8.2.1.3 高黏度的浆体性能的修正

输送黏性介质时,当介质的黏度(运动黏度)不大于 $20mm^2/s$(清水黏度 $1mm^2/s$)时,其性能不用进行修正。对于泵必需汽蚀余量远小于管路汽蚀余量的离心泵,可用于黏度小于 $650mm^2/s$ 的工况,黏度大于 $650mm^2/s$ 时,一般不用离心泵输送。

（1）液体黏度对泵性能的影响

不同液体黏度对泵流量扬程的影响如图 8.2-2 所示。高黏度液体流动阻力大,叶轮旋转时液体滑脱增加,导致实际流量低于设计值,实际运行的流量降低;黏性阻力消耗更多能量,使泵的扬程减小,尤其在小流量区域更为明显;液体黏度越高,叶轮旋转时的摩擦阻力越大,泵的轴功率显著上升,可能导致电机过载,增加多余的功率消耗;高黏度液体在泵内流动时,内部摩擦损

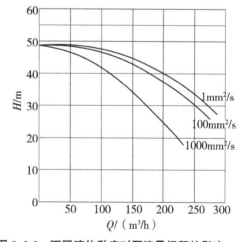

图 8.2-2 不同液体黏度对泵流量扬程的影响

失(如叶轮与液体、液体与泵壳的摩擦)增大,泵的整体效率降低;黏度增加会导致泵入口处的压力损失增大,容易引发汽蚀(液体汽化产生气泡并破裂),损坏叶轮;高黏度液体可能导致泵振动或噪声增大,泵的运行可靠性降低。

（2）泵输送黏度浆体的性能修正

泵输送黏度浆体的参数换算成清水时的公式如下。

$$Q_w = Q_v/C_Q \qquad H_w = H_v/C_H \qquad E_w = E_v/C_E \qquad (8.2\text{-}3)$$

式中：v——黏性浆体；

w——清水。

①图 8.2-3 适用于流量大于 $20\text{m}^3/\text{h}$，泵口径为 $50\sim200\text{mm}$ 的离心泵。

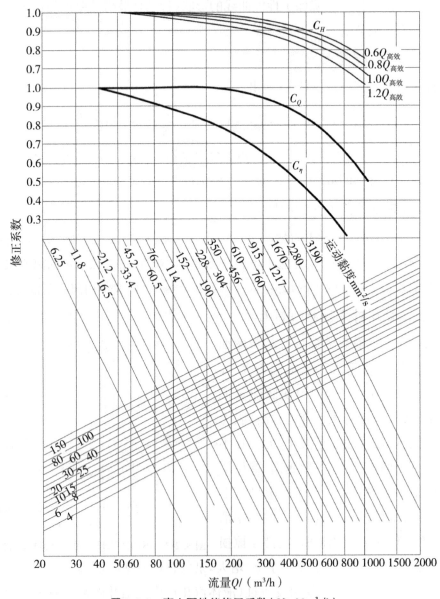

图 8.2-3 离心泵性能修正系数（$Q > 20\text{m}^3/\text{h}$）

②图 8.2-4 适用于流量不大于 $20\text{m}^3/\text{h}$,泵口径为 $20\sim70\text{mm}$ 的离心泵。

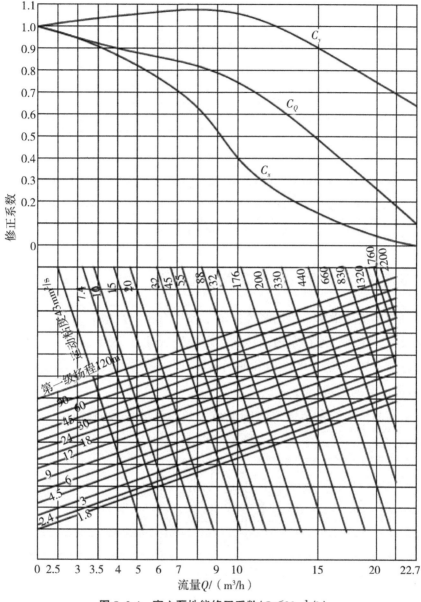

图 8.2-4 离心泵性能修正系数($Q \leqslant 20\text{m}^3/\text{h}$)

8.2.2 泵输送浆体流量—功率特性曲线

泵厂由实测给出的泵送清水时的流量功率曲线(Q—N_{zw})和流量效率曲线(Q—η)如图 8.2-5 所示,功率 N_{zw} 与效率 η 的关系为

$$N_{zw} = \frac{QH_w r}{102\eta} \qquad (8.2\text{-}4)$$

式中:Q——流量,$\mathrm{m^3/s}$;

H_w——泵清水扬程,m;

r——清水密度,$\mathrm{kg/m^3}$;

η——泵清水效率,将曲线中的效率除以 100 代入。

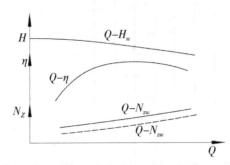

图 8.2-5　浆体流量—功率特性曲线

8.2.3　泵输送浆体流量—汽蚀余量特性曲线

泵的汽蚀余量是指泵入口的浆体保证不发生汽化的富余能量,若发生汽蚀,就会汽化形成气泡。这些气泡在泵内高压区会迅速破裂,产生局部高压和冲击,对泵的叶轮和泵壳造成损坏,影响泵的性能和使用寿命,所以要通过汽蚀余量来确保液体不会发生汽化,保证泵的正常运行。

泵厂由实测给出的泵送清水时的流量—必需汽蚀余量曲线(Q—$NPSHr$)如图 8.2-6 所示。

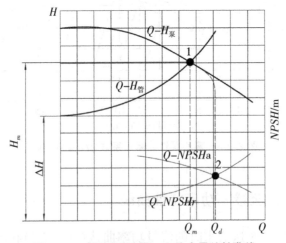

图 8.2-6　管路/泵流量—汽蚀余量特性曲线

根据以往的经验作为参考,以水为载体的渣浆,其质量浓度 C_w 不大于 40%,体积浓度 C_v 不大于 20%,固体物中值粒径 d_{50} 不大于 0.3mm 时,泵送这类渣浆时的必需汽蚀余量与泵送清水时的必需汽蚀余量大致相等。

8.2.4 泵的串联和并联

8.2.4.1 泵的串联

当一台泵不满足所需扬程时,可用前一台泵将流体加压后输送到后一台泵的入口,后一台泵再对流体进一步加压,从而使流体获得更高的压力能,以此类推,来满足高扬程的输送要求。常见的布置方式有以下两种,如图8.2-7所示。

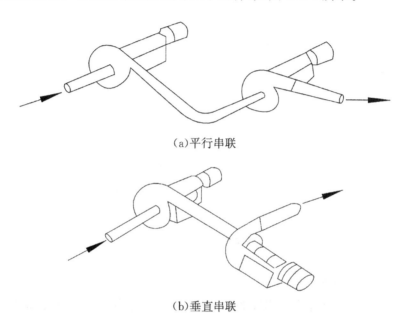

(a)平行串联

(b)垂直串联

图8.2-7 常见布置方式

泵串联的特点:流量不变,扬程相加,如图8.2-8所示。

$$H = H_a + H_b + H_c \tag{8.2-5}$$

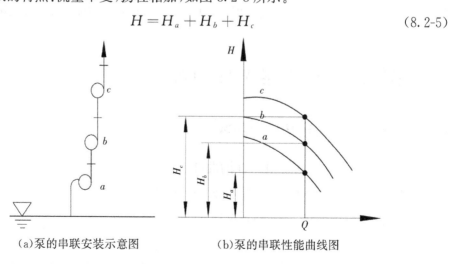

(a)泵的串联安装示意图　　　　(b)泵的串联性能曲线图

图8.2-8 泵的串联特点

泵的串联需考虑扬程增加导致压力升高,需要泵的承压能力较强。一般无腐蚀性工位泵的压力需在计算的压力下增加 0.2MPa。

8.2.4.2 泵的并联

当一台泵不能满足所需流量时,可以将两台或两台以上的泵的入口管连接到一个吸入源的管路,排出管连接到同一排液管,使流体在同一根管路下从不同的泵流出并汇合到一起。

泵并联泵的特点:扬程不变,流量相加,如图 8.2-9 所示。

$$Q = Q_a + Q_b + Q_c \tag{8.2-6}$$

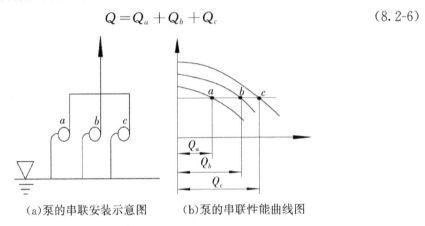

(a)泵的串联安装示意图　　　　(b)泵的串联性能曲线图

图 8.2-9　泵的并联特点

8.2.4.3 泵串、并联的选择

泵串联与并联各有优劣。串联时总扬程叠加,适合高扬程需求,但流量受限于单泵,系统复杂度高、可靠性较低,任一泵故障易导致整体停机。并联时总流量叠加,适合大流量场景,冗余性强,单泵故障不影响整体运行,但扬程由单泵决定,且需额外的管路设计,能耗可能增加。选型需根据实际工况权衡扬程与流量需求,兼顾成本与可靠性。

8.3　管阻特性曲线与泵特性的匹配

8.3.1　管路特性与泵特性的关系

前面 8.1 节有讲述到管阻特性的曲线有两条,分别是流量—阻力($Q—H_G$)、流量—汽蚀曲线($Q—NPSHa$),泵特性曲线其中也有流量—扬程($Q—H_B$)、流量—汽蚀余量曲线($Q—NPSHr$),管路和泵这 4 条曲线的相互匹配交点便是实际运行工作点,如图 8.3-1 所示。

①管路流量—阻力曲线与泵流量—扬程曲线的交点 1 对应的流量 Q_m 是泵实际

输送的流量。

②管路 Q—$NPSHa$ 曲线与泵 Q—$NPSHr$ 曲线的交点 2 对应的扬程 Q_d 是输送系统(由管路与泵组成)的临界汽蚀余量对应的流量点。

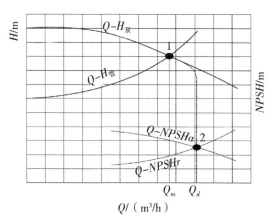

图 8.3-1　管路特性与泵特性之间的关系

一般选择泵运行的区域要求管路装置的汽蚀余量大于泵的汽蚀余量,否则会发生汽蚀。当泵发生汽蚀后,泵的扬程会大幅下降(如图中 Q—$H_泵$ 曲线的虚线段),影响泵的正常工作,因此,要保证泵能正常运行且不发生汽蚀,受管路系统制约的泵实际输送流量 Q_m,就一定要小于输送系统的临界汽蚀流量 Q_d。

8.3.2　流量的调节

对于某些特定生产工况,如产量不稳定、压滤机变工况运行等工位,需根据需求的变化对流量进行调节。流量调节可通过改变管路系统特性曲线或泵系统特性曲线实现。

8.3.2.1　管路系统调节流量

(1)阀门调节

依靠阀门的开启度调节流量,此方法简单,但能量损耗大,且不经济。

(2)分支管路调节

可解决泵在小流量下连续运行的问题,但功率损失和管线会增加。

8.3.2.2　泵系统调节流量

(1)转速调节

通过调节泵的转速来调节流量,功率损失小,但需增加辅助变速设备或选用调速变频电机。

（2）切割叶轮尺寸

功率损失小，适用于长期在偏小流量下工作的情况。

（3）封闭几个叶轮流道

相当于节流调节，但需要重新变更叶轮水力。

8.3.3 管阻特性对泵性能的影响

8.3.3.1 管阻的计算余量不宜过大

在渣浆泵的工程应用中，设备使用寿命缩减、电机过载、抽空、噪声与振动异常及汽蚀等故障频发，究其原因，多与泵的扬程高于管路实际阻力损失、管路汽蚀余量 $NPSHa$ 小于泵必需汽蚀余量 $NPSHr$ 有关。属于泵扬程参数设置不当及管路汽蚀余量匹配失衡。

从流体力学角度分析，管路系统的实际流量—扬程曲线（A 线）与计算流量—扬程曲线（B 线）存在显著差异，如图 8.3-2 所示。当以设计流量 Q_1 为基准进行泵选型时，管路实际运行所需扬程为 H_3，而计算扬程 H_2 往往高于实际值。加之部分设计规范要求在 H_3 基础上额外增加扬程余量 ΔH，导致最终选定的泵扬程 H_1 显著高于系统实际需求。这种选型偏差使得泵在运行过程中，实际工作点向大流量区域偏移，对应于图 8.3-2 中 Q_2 点的流量。在此工况下，泵的轴功率大幅增加，极易引发电机过载现象；同时，大流量运行导致泵内流体流动状态恶化，进而出现抽空现象，加速泵体磨损，降低设备使用寿命。

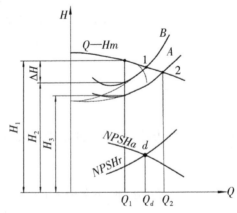

图 8.3-2 管阻计算对泵性能的影响

当偏移后的流量 Q_2 超过系统临界汽蚀余量 Q_d 时，泵将发生汽蚀，实际输送流量降为 Q_d。汽蚀产生的气泡溃灭过程不仅引发强烈的噪声与振动，还会对过流部件造成严重的冲蚀破坏，进一步加剧设备的性能衰退与寿命损耗。因此，合理优化泵的选型参数与管路系统设计,确保泵扬程与管路阻力、汽蚀余量的精准匹配,是提升渣浆泵运行可靠性与稳定性的关键所在。

8.3.3.2　选择合适的计算方法

在浆体泵送系统中,管路阻力损失的计算方法多样且各有特点,但因浆体颗粒粒径组合存在复杂性与多样性,导致任何计算方法均难以精准预测实际摩擦损失。尤其是对于远距离管路浆体的输送,需采用更为严谨的计算方法,并结合试验验证,以确保计算结果的可靠性。

在采矿与选矿行业中,浆体输送管路长度通常有限,一般在数百米范围内,静态扬程也相对较低,通常不超过 50m。在此类工况下,通常采用简化计算方法来计算和预测管路阻力和摩擦损失。实践表明,这些简化方法的计算结果在多数情况下能满足工程需求,其误差范围可控制在 5% 以内,足以满足现场实际应用要求。

采矿与选矿厂的浆体输送系统多采用皮带轮与皮带传动连接泵与电机。这主要是考虑到生产过程中工况变化,如流量的波动、浓度的波动等,尤其是处理量提升需求较为常见。当需要提高泵的转速来满足变化后的产量需求时,仅需更换皮带轮即可实现,操作便捷高效。产量增加带来电机功率的增加,在选择电机功率时,通常需预留 10%~20% 的功率裕量,以补偿因计算不确定性、工况变化等导致的功率需求偏差,从而保障系统的稳定运行。表 8.3-1 列举了几种典型的管阻计算公式,从结果对比中可清晰看出各方法间存在显著差异。

表 8.3-1　　　　　　　　　　　不同行业的管阻计算公式

示例参数	$Q=360\text{m}^3/\text{h}, S=2.7T/\text{m}^3, S_m=1.2T/\text{m}^3, C_W=25\%$ $d_{50}=0.2\text{mm}, D=200\text{mm}, L=1200\text{m}, \Delta H=20\text{m},$ 管材=无缝钢管		
公式出处	计算公式	管路渣浆扬程 H_m/m	泵清水扬程 H_w/m
电厂除灰手册	$H_m=(1+\xi)\lambda\dfrac{L}{D}\dfrac{V^2}{2g}+S_m\Delta H$ $H=\dfrac{H_m}{S_m(1-0.25C_W)}$	87.5	77.8
尾矿设计规范	$H_m=S_m\cdot\Delta H+(1.05\sim1.1)S_m\lambda\dfrac{L}{D}\dfrac{V^2}{2g}+h$ $H=\dfrac{H_m}{S_m h_m(1-0.25C_W)}$	120	118.5
选煤设计手册	$H_m=\Delta H+S_m L_i+(2\sim3)$ $H=\dfrac{H_m}{0.85\sim0.95}$	142.5	158

续表

化工工艺设计手册	$H_m = \alpha(1+\beta)\lambda\dfrac{L}{D}\dfrac{V^2}{2g} + S_m\Delta H$ $H = \dfrac{H_m}{S_m(1-0.3)C_w}$	87.5	98.5
湿法冶金技术手册	$H_m = (1.1\sim1.15)S_m\lambda\dfrac{L}{D}\dfrac{V^2}{2g} + S_m\Delta H + h'$ $H = \dfrac{H_m}{S_m h'_m(1-0.28)C_w}$	92.5	108.5
本书推荐方法	$H_m = kf\dfrac{L}{D}\dfrac{V^2}{2g} + h_m + \Delta H$ $H = \dfrac{H_m}{H_R}$	75.2	82.6

8.3.3.3　合理选取扬程余量

在以往的经验中,大部分情况下选的泵扬程比管路扬程高,主要是因为渣浆泵是输送渣浆的,泵会受到磨损,在泵使用一段时间随着过流部件的磨损,相同转速下流量扬程和效率均会下降,泵扬程留一定的余量仍能保证输送所要求的流量扬程要求。因此,部分资料推荐选泵扬程时,在计算出的管路扬程的基础上,再加一个扬程余量 ΔH,如图 8.3-1 所示。《火力发电厂除灰设计技术规程》(DL/T 5142—2012)规定加 20%,原石家庄杂质泵研究所的《离心式渣浆泵型式与基本参数》(J/BT 809—1998)推荐加 10%,但在泵的实际使用中并没有得到较好的验证结果。而实际上扬程余量应根据泵扬程曲线和管路摩阻曲线的陡降程度适当增加。

(1)扬程余量与管路摩阻曲线平坦陡降的关系

如图 8.3-2 所示,一条为陡降曲线,另一条为平坦曲线,计算扬程为 H_2,加一个相同的扬程余量 ΔH,则选泵扬程为 H_1。由本节第一条可知,泵运行在陡降管路曲线时,泵实际输送流量为 Q_2;泵运行在平坦管路曲线时,泵实际输送流量为 Q_3。即陡降曲线泵实际流量偏离设计流量 Q_1 的幅度小,平坦曲线偏移的幅度大。

在选矿、选煤的工艺系统用泵中,多数属于室内用泵,管路不长,管阻特性曲线为陡降,扬程较低,一般在 50m 左右(其中几何高差和后段压力设备所需压力又占扬程总值的大部分),如果计算的管路扬程为 10m,再加 10%~20% 的余量,则选泵扬程为 11~12m,因为基数小,所以增加的绝对值并不算大,实际中是可以使用的;但在较远距离浆体输送工况中,管线较长,管阻特性曲线较为平坦,扬程较高,如果计算的管路扬程是 300m 再加 10%~20% 的余量,则选泵扬程为 330~360m,增量太多,计算泵消耗的功率大,电机型号也相应增大,显然是不科学。

另外,扬程余量只在管路阻力值上增加,而几何高度差和后段压力设备所需压力值是不应增加余量。

（2）按流量波动选择扬程余量

通过以上分析可知,在计算的管路扬程上再加 10%～20% 的扬程余量作为选取泵扬程的依据,不符合管泵实际运行关系,不但不能提高泵的使用寿命,相反,降低了泵的使用寿命,为了合理的增加扬程余量,这里推荐以下确定泵扬程的方法,供大家参考,如图 8.3-3 所示。

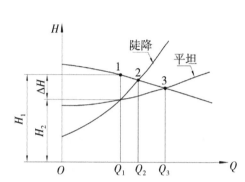 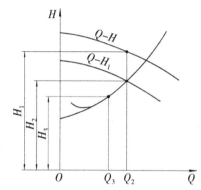

图 8.3-2　扬程余量与管路摩阻曲线平坦陡降的关系　图 8.3-3　流量波动与扬程余量选择的关系

图 8.3-2 和图 8.3-3 中 Q_3 是设计流量,H_3 是对应 Q_1 流量时计算的管路渣浆扬程。本方法推荐取 Q_2 不大于 $1.05Q_3$ 作为计算流量,计算出管路渣浆扬程 H_2,进而按式(8.2-1)计算泵的清水扬程 H_1,即 $H_1 = \dfrac{H_2}{H_R}$,计算得的 H_1 和 Q_2 即为选取的泵扬程和流量。

（3）核算临界汽蚀工况点

对于吸上、输送高温渣浆和吸入管路系统有很大阻力的工况,在泵的选型中,一定要核算管泵的汽蚀特性,并保证泵实际输送总流量(包括偏移后的总流量)的 $NPSHa$ 不小于 $NPSHr+0.5$。

由本节第一条管泵特性关系可知。

①当泵的扬程高于管路实际扬程时,泵实际输送流量 Q_2 大于设计流量 Q_1,如图 8.3-1 所示。

②管路装置汽蚀余量 $NPSHa$ 小于泵必需汽蚀余量 $NPSHr$ 时,泵就会发生汽蚀,若要保证泵不发生汽蚀,则泵实际输送流量 Q_2 就一定小于输送系统的临界汽蚀流量 Q_d。

管路装置汽蚀余量 $NPSHa$ 为

$$NPSHa = \frac{10^4(Pa - Pv)}{S_m} \pm Hg - h_w \qquad (8.3\text{-}1)$$

由以上条件和图 8.3-1,可得出以下结论:

管路的实际流量扬程曲线(A 线)与泵的流量扬程曲线(B 线)的交点 2 是计算 $NPSHa$ 的依据。(注意:叶轮外径切割后 $NPSHr$ 往往会有所加大)

(4)管泵特性匹配不当对使用的影响

如图 8.3-4 所示,管泵特性匹配失当,主要表现为所选泵的扬程高于管路实际阻力损失太多,以及管路装置汽蚀余量低于泵的必需汽蚀余量。这会致使实际运行流量点偏离设计值较多。渣浆泵的可靠运行区域围绕最高效率点对应的流量点分布,且该区域左侧大于右侧,低速运行时的可靠区域亦大于高速运行时。一旦偏离此可靠区域,便易引发多种运行故障,例如,

①极小流量时浆体温度急剧升高,泵内压力骤增,甚至可能引发爆炸。

②小流量运行时,不仅会导致汽蚀现象,还会加速轴承、轴封及叶轮的磨损,缩短其使用寿命,同时泵进出口会产生内部循环流动,徒增无效能耗。

③大流量运行时,泵的过流部件磨损加剧,同样也可能出现汽蚀问题。

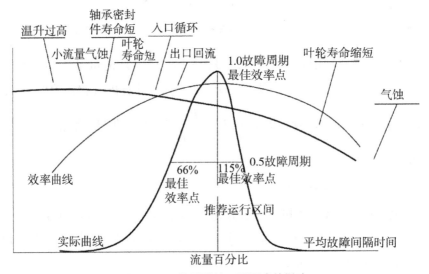

图 8.3-4 管泵特性匹配不当的影响

8.3.3.4 泵配管的要求

(1)吸入管(进口管)要求

①管径选择:吸入管径一般比泵进口大 1～2 级,以降低流速、减少摩擦损失和汽蚀风险。

②吸入管应尽量短、直、少弯头,减少局部阻力损失。吸入管不应有"气袋",必要时在最高点设置排气阀。靠近泵进口处安装闸阀或蝶阀。

③水平段坡度:离心泵的吸入管应向泵方向略微上倾(坡度 1%～2%),防止气体

聚集。

（2）出口管要求

①管径选择：排出管径可等于或略大于泵出口，流速一般控制在 1.5～3m/s（高压泵可更高）。

②在泵出口与切断阀（如闸阀）之间安装止回阀（防止液体倒流导致水锤或叶轮反转）。

③出口管应设压力表（监测运行状态）。

对于易超压系统（如容积泵），应设安全阀或泄压回路。

（3）配管支撑与应力控制

①泵进出口管道应独立支撑，避免泵体承受额外载荷。

②采用弹簧支吊架或滑动支架，允许热膨胀位移。

防振措施：

①管道与泵连接处应对中，避免强制安装导致振动。

②必要时在泵基础或管道上加减振器。

（4）特殊工况配管要求

①高温泵。

考虑热膨胀补偿，采用膨胀节或自然补偿弯头。

避免冷热骤变，必要时设置暖泵管线。

②低温泵（如 LNG 泵）。

采用保冷措施，防止结霜或冷收缩应力。

③腐蚀性介质泵。

选用耐腐蚀材料（如衬塑管、不锈钢管）。

避免死角，防止介质沉积腐蚀。

（5）其他注意事项

①对于高扬程泵或易过热泵（如锅炉给水泵），应设最小流量循环管线，防止低流量运行损坏泵。

②泵壳高点设排气阀，低点设排液阀（检修时排空）。

③新装管道应冲洗干净，避免焊渣、杂质进入泵体。

④试压时避免超压，防止损坏泵密封。

8.4 浆体特性对输送系统的影响

8.4.1 均质浆体固体浓度的影响

在输送均质、不沉降浆体的管道系统中,固体浓度与流体阻力的关系是工程研究的重要内容。图 8.4-1 着重呈现了固体浓度变化对管道系统流体阻力的影响,为简化分析,仅展示水平管线运输时的摩擦阻力情况。

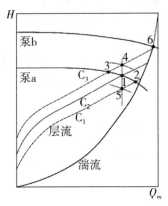

图 8.4-1 3 种浓度下的均匀浆体流动的系统特性和泵特性

当浆体以足够高的速度处于湍流状态时,在该系统阻力曲线中,固体浓度对流体阻力的影响通常忽略不计。然而在层流状态下,固体浓度对系统阻力的作用极为显著,如图 8.4-1 所示,其中 $C_1 < C_2 < C_3$ 的浓度关系直观体现了浓度与系统阻力的关联。对于均质浆体,从经济角度考量,系统输送在层流范围内或许具有成本优势。以浆体浓度为 C_2 时为例,此时管泵系统对应点 1,即标记为泵 a 的工作点;若浓度降至 C_1,系统工作点将迁移至点 2,此为系统与泵特性新的交点;当浓度提升至 C_3,工作点则会移动到点 3。由于浆体浓度的微小变动,会对其流变性及层流曲线产生较大影响,在采用定速泵且无流量控制阀的情况下,只有严格把控浆体浓度,才能在层流状态下实现稳定运行。而湍流系统特性具备更好的适应性,即便浆体浓度发生变化,混合物的速度也不会出现显著改变,这也解释了为何众多设计人员在设计均质浆体输送时,倾向于将设计点设定在湍流范围内,并将预期的最高固体浓度作为设计依据。

在流量控制方面,变频调速技术能有效维持流量恒定。当固体浓度从 C_2 增加到 C_3 时,通过提升泵速,可使泵的流量—扬程曲线上移至通过点 4 的虚线位置;反之,若浓度从 C_2 下降到 C_1,泵速降低,从而提供通过点 5 的特性曲线,以此确保系统稳定运行。

8.4.2 沉降性浆体中固体浓度的影响

从流体力学特性来看,固体浓度的改变会显著影响浆体的流变性质。随着固体浓度增加,浆体的黏度通常会急剧上升。这是因为固体颗粒数量增多,颗粒间相互作用增强,阻碍了流体的相对运动。在低浓度时,浆体可能近似牛顿流体,其黏度基本不随剪切速率变化;但当浓度升高,浆体可能转变为非牛顿流体,呈现出塑性、假塑性或胀塑性等复杂流变特性。这种流变性质的变化,直接导致浆体在管道输送中流动阻力大幅改变。高浓度下,由于黏度增加,沿程阻力增大,需要更高的泵送压力来维持浆体的流动,进而增加了输送能耗与成本。

在沉降特性方面,固体浓度对沉降过程影响至关重要。高浓度意味着单位体积内固体颗粒数量多,颗粒间相互干扰增强,沉降受到抑制。在极低浓度时,颗粒可近似于自由沉降,遵循斯托克斯定律;而当浓度升高,颗粒间会形成絮团,沉降速度与低浓度时差异显著。此外,在高浓度浆体中,颗粒沉降到管道底部后,可能形成固定床或移动床,改变管道内的流动结构,出现分层流等复杂流态,进一步影响浆体的输送稳定性与效率。

对管道系统运行而言,固体浓度的波动可能引发一系列问题。浓度过高易导致管道堵塞,尤其是在管径较小、流速较低或管道弯曲处;而浓度过低则可能无法充分利用管道输送能力,造成资源浪费。同时,不同浓度下,浆体对管道的磨损特性也不同。中等浓度时,颗粒的冲刷作用可能加剧管道磨损,影响管道使用寿命,因此在设计和运行阶段需充分考虑防腐耐磨措施。

在泵的工作过程中,流体在管道或流道内流动时,摩擦作用导致的压力损失变化率称为摩擦梯度 I,在图 8.4-2 中,以摩擦梯度给出浆体的扬程,而图 8.4-3 则以浆体的扬程给出摩擦梯度。与均质浆体一样,此处仅考虑水平管道输送的摩擦力。系统特性曲线是沉降浆体非均质流的典型特征,随着固体浓度的增加,摩擦梯度最小值的位置移动到更高的速度。同样,对于非均质浆体,典型的最小摩擦梯度出现在沉积点以上的速度处。图 8.4-3 中另一个重要的速度点的 A 点($jm = iw$),并且仅在这一点上,非均质浆体的行为就像"等效流体"。

若所选的泵以接近 A 点的标准速度运行,系统可适应固体浓度从零到图中所示最大值的变化。当固体物浓度增加时,由于固体对泵性能的影响,平均速度会有所降低,但是稳态工作条件下的变化很小。而瞬态行为再次变得更加有趣:如图 8.4-2,系统在浓度 2 下稳定运行时,输送至泵的浆体突然变为较高浓度 3,使其排放压力增加到特性 3,即时的效应是将系统运行点由 A 点转移到 B 点,从而提高了平均浆体速度和泵的功率。当较高的固体浓度沿管线传输时,系统阻力特性曲线上升至特性 3,因此速度降低,系统工作点返回至 C 点。反之,如果系统已在 A 点处稳定运行,进入泵的浆体浓度突然降到浓度 1,则工作点随着系统特性移至 D 点,浆体平均速度降低,接着系统阻力特性曲线逐渐移回特性 1,工作点移回到 E 点。如此一来,系统会根据浆体浓度的变化而"超调",但最终会返回到设计的浆体处理量。对于沉降浆体,这种自动补偿是在接近标准速度(图 8-4.3 中的 A 点)的情况下进行的。

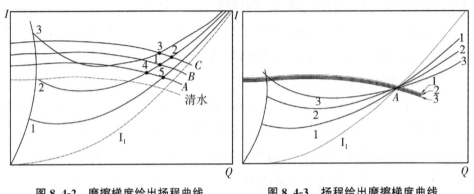

图 8.4-2　摩擦梯度给出扬程曲线　　　　图 8.4-3　扬程给出摩擦梯度曲线

在使用带有多级串联泵的长管道的情况下,通常的做法是沿管线间隔布置,并对第一台泵(有时对最后一台泵)使用变速驱动器,以减少固体浓度变化引起的波动。

8.4.3　粒径的影响

图 8.4-4,探讨粒径对恒定浓度浆体管路系统特性与泵特性的影响。研究选取"细""中""粗"3 种粒径,采用与前面研究相同的简化方法,且浆体曲线与图 8.4-3 中浓度 2 曲线一致。研究发现,"细"浆体在湍流悬浮状态极限值下的速度远低于沉积极限速度。这一特性致使在沉积极限点以上,浆体几乎不产生分层,进而使得管路系统特性始终呈现正梯度变化趋势。该结果表明,粒径显著影响浆体在管路系统中的动力学行为,为深入理解浆体输送特性提供重要理论依据。

由于"粗"浆体中存在更多的分层,相应的系统特性曲线显示出明显的最小值,其速度高于"中"浆体的最小值。同样,"粗"浆体的标准速度(通过 A 点)也很高。粗颗粒和高速度的这种结合可能会导致过度磨损。

最粗的颗粒对泵的性能影响最大。除非泵很小,否则固体影响很小。所以,若浆体密度恒定,则无论以清水压头、输送压力还是浆体压头测量,泵产生的扬程都几乎恒定。

现在将讨论前端粒径变化的瞬时影响。图 8.4-4 和图 8.4-5 说明了系统设计为以粗固体标准速度运行的情况,当粒径减小时,系统特性朝着曲线 1 和曲线 2 逐渐变化。对于定速泵,平均速度将增加;而使用变速驱动器时,可以稍微降低泵的速度以保持恒定的平均速度。图 8.4-6 显示了所选泵以接近标准速度输送中等至细颗粒固体的情况。若此时粒度变"粗",系统特性将逐渐上升到曲线 3。若使用定速泵,则运行会变得极不稳定,在该点上泵不再能够维持流量,因此速度急剧下降到沉积区域中。

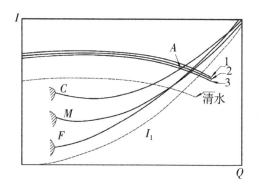

图 8.4-4 各种粒度的非均质流浆体的系统特性
F—细;M—中;C—粗

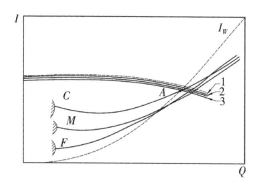

图 8.4-5 各种粒度的非均质流浆体的泵特性曲线
F—细;M—中;C—粗

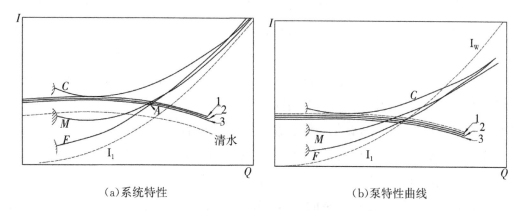

(a)系统特性　　　　　　　　　　　　(b)泵特性曲线

图 8.4-6 各种粒度的非均质流浆体的系统特性和泵特性曲线
F—细;M—中;C—粗

第9章　常见碳化硅陶瓷渣浆泵材料及其适用范围

　　碳化硅陶瓷材料依据其制备工艺和成分的不同,可分为多种类型。从制备工艺角度,主要有氮化硅结合碳化硅、反应烧结碳化硅、无压烧结碳化硅、热压烧结碳化硅等;从材料复合体系划分,包括单相碳化硅陶瓷、碳化硅基复合材料等。不同类型的碳化硅陶瓷材料在微观结构、力学性能、物化性质等方面存在差异,这些差异决定了它们在不同工况下的适用性。

　　在矿山选矿行业,渣浆中往往含有大量高硬度的矿石颗粒,对渣浆泵的耐磨性要求极高,碳化硅陶瓷材料凭借其高硬度和良好的抗磨损性能,能够显著延长泵的使用寿命,降低设备维护成本;在化工行业,渣浆多具有强腐蚀性,碳化硅陶瓷的化学稳定性使其在输送酸碱等腐蚀性介质时表现出色;在电力行业的脱硫脱硝系统中,碳化硅陶瓷材料可以在高温、高湿度且含有腐蚀性气体的环境下稳定运行;在环保领域的污水处理和污泥输送过程中,碳化硅陶瓷渣浆泵也展现出良好的耐磨损和耐腐蚀性能。

　　正是由于碳化硅陶瓷材料在不同应用场景中展现出的独特优势,对其进行深入研究和实践应用具有重要意义。下文将对常见的碳化硅陶瓷渣浆泵材料及其适用范围展开详细阐述,为陶瓷渣浆泵的设计、选材和优化提供全面的理论依据与实践指导。

9.1　氮化硅结合碳化硅陶瓷材料

9.1.1　制备工艺

　　氮化硅结合碳化硅(Si_3N_4-SiC)陶瓷材料凭借优异的耐磨、耐腐蚀性能,成为陶瓷渣浆泵核心部件的关键材料。其制备工艺涵盖原料处理、成型、烧结及后处理等重要环节,每个环节的精确把控都对材料最终性能起着决定性作用。

9.1.1.1　原料处理

　　原料质量是制备高性能氮化硅结合碳化硅(Si_3N_4-SiC)陶瓷的基础。选用纯度不小于97%的 α-SiC 粉末与 Si_3N_4 粉末,其中 α-SiC 粉末粒径控制在 $1\sim5\mu m$,为材料提供高硬度骨架。同时,添加3%~5%的 Al_2O_3、Y_2O_3 等烧结助剂,它们在高温下可与 Si_3N_4 形成低共熔液相,促进后续烧结过程中颗粒的重排与致密化。

将上述原料与适量的无水乙醇、分散剂以及氧化锆球磨介质一同放入球磨罐。通过8~12h、转速 200~300r/min 的球磨混合,使原料充分分散、均匀混合。随后,将混合浆料在温度60~80℃下干燥12~24h,去除乙醇,得到混合均匀的原料粉末。

9.1.1.2 成型工艺

根据产品形状和性能需求,主要采用以下3种成型方法。

(1)干压成型

适用于形状简单、尺寸较大的部件。将原料粉末置于模具中,在10~30MPa 压强下保压1~3min,使粉末初步成型。该方法操作简便、生产效率高,但因压力分布不均,易导致坯体密度不一致,常用于对密度均匀性要求不高的产品。

(2)注浆成型

适用于制造形状复杂、精度要求高的部件。将原料粉末与黏结剂、分散剂和水混合,调配成固相含量40%~60%、具有良好流动性的浆料。将浆料注入模具,待其固化后脱模,为进一步提升坯体强度与密度,可进行干燥和预烧处理。

9.1.1.3 烧结工艺

烧结是决定材料性能的核心步骤,主要有无压烧结和气压烧结两种方式。

(1)无压烧结

在常压、氮气保护的高温炉中进行。将坯体以5~10℃/min 的升温速率加热至1700~1850℃,保温2~4h。在此过程中,烧结助剂与 Si_3N_4 形成的低共熔液相润湿SiC 颗粒表面,促使颗粒重排、扩散,实现坯体致密化,最终致密度可达理论值的90%~95%。该工艺简单、成本低,但致密度相对有限。

(2)气压烧结

在0.1~1MPa 的惰性气体(如氮气)压力环境下烧结。与无压烧结相比,气压烧结能有效抑制气孔产生,使材料致密度超过理论值的95%,更好地促进原子扩散与颗粒结合,提升材料性能。不过,该工艺对设备要求高、操作复杂、成本也更高。

9.1.1.4 后处理

烧结后的陶瓷部件需进行后处理,以满足尺寸精度和表面质量要求。

(1)精密加工

利用数控金刚石研磨设备,对部件进行磨削、抛光。通过精准控制研磨压力、速度和时间等参数,将部件尺寸精度控制在 ± 0.03mm 以内,表面粗糙度 Ra 控制在 $0.2\sim0.8\mu$m,确保符合渣浆泵过流部件的高精度标准。对于复杂形状部件,还可采用电火花加工、激光加工等特种加工技术。

(2)表面处理

采用化学气相沉积(CVD)、物理气相沉积(PVD)或离子注入等技术对部件表面处理。如沉积 TiC、TiN 等耐磨耐腐蚀涂层,或注入特定离子,改善表面力学和化学性能,进一步提升材料在实际工况中的使用寿命与适应性。

9.1.2 材料性能

9.1.2.1 力学性能与晶体结构的关联

氮化硅结合碳化硅(Si_3N_4-SiC)陶瓷的力学性能与其晶体结构紧密相关。SiC 常见的 α 晶型为六方晶系,碳原子与硅原子通过强共价键形成稳定的六方网状结构,赋予其高硬度和弹性模量,作为骨架相为材料提供高强度支撑,使其能承受渣浆泵运行时的压力与冲击力。

Si_3N_4 以 β-Si_3N_4 晶型为主,其六方柱状结构通过$[SiN_4]$四面体顶角相连形成链状网络,将 SiC 颗粒牢固黏结。该结构在冲击载荷下可有效分散应力,阻碍裂纹扩展,使材料断裂韧性达到 $4.5\sim6.0$MPa·$m^{\frac{1}{2}}$,确保部件在复杂工况下的结构完整性。

9.1.2.2 耐磨性能的晶体学机制

SiC 的六方晶系结构使其硬度呈各向异性,Si—C 共价键键能高达 $300\sim400$ kJ/mol,晶体表面难以被渣浆颗粒划伤或切削。其不规则多面体形态在磨损时产生"自锐化"效应,磨损后新棱角持续切削颗粒,增强耐磨性。

β-Si_3N_4 的柱状晶体相互交错,包裹并支撑 SiC 颗粒,缓冲渣浆冲击,减少 SiC 颗粒脱落。在两者协同作用下,该陶瓷耐磨性达到普通金属材料的 $5\sim10$ 倍,显著延长渣浆泵过流部件寿命。

9.1.2.3 耐腐蚀性能的晶体化学基础

SiC 晶体中 Si—C 键化学稳定性极高,在硫酸、盐酸等酸性环境,或氢氧化钠等碱性环境中,不宜与腐蚀性介质反应。Si_3N_4 晶体表面易形成致密的 SiO_2 保护膜,有效隔离 H^+、OH^- 等离子,阻止介质侵入内部。同时,Si_3N_4 中氮原子的高电负性增强了 Si—N 键稳定性,降低材料化学反应活性。二者结合使材料在 pH 值为 $1\sim14$ 的溶液中,腐蚀速率低于 0.1mm/a。

9.1.2.4 热学性能与晶体结构的关系

SiC 的六方晶系结构使其热膨胀系数仅约 4.5×10^{-6}/℃,Si—C 键短且键能高,温度变化时原子位移小,可避免渣浆泵启停过程中因热胀冷缩产生热应力开裂。

β-Si$_3$N$_4$ 的链状结构为声子传递提供通道,提升材料热导率,利于高温散热。SiC 与 Si$_3$N$_4$ 协同作用,使材料可承受 500℃ 的温差骤变,具备优异的抗热震性能,确保高温工况下的稳定运行。

9.1.3 氮化硅结合碳化硅材料在渣浆泵中的应用领域

氮化硅结合碳化硅材料因优异综合性能,广泛应用于多行业渣浆泵关键零部件,有效提升设备的可靠性与使用寿命。

(1)矿山选矿行业

矿渣浆含高硬度颗粒,对耐磨性要求高,应用于叶轮、蜗壳、护板等部件。叶轮抗冲刷能力强,寿命比金属叶轮长 3～5 倍;蜗壳和护板减少磨损故障,保障生产连续性。

(2)化工行业

化工渣浆具强腐蚀性且含颗粒,用于泵体、叶轮、密封环等部件。在磷肥生产线,泵体和叶轮可稳定运行 18 个月以上;密封环防止介质泄漏,提升生产安全性。

(3)电力行业

脱硫脱硝系统中渣浆泵需在高温、高湿及腐蚀性环境工作,应用于叶轮、导叶、轴套等部件。叶轮凭借抗热震性和耐腐蚀性保持结构完整;导叶和轴套减少磨损变形,延长泵的使用寿命。

(4)环保行业

污水处理和污泥输送对耐磨性、耐腐蚀性有要求,用于泵壳、叶轮、搅拌器等部件。在污泥输送泵中,泵壳和叶轮降低维护频率;搅拌器保持性能,提升污水处理效率。

9.2 反应烧结碳化硅陶瓷材料

9.2.1 反应烧结成型工艺

9.2.1.1 工艺原理

反应烧结碳化硅(Reaction-Bonded Silicon Carbide,RBSC)的成型工艺基于化学反应原理。一般是以碳化硅(SiC)粉和硅(Si)粉为主要原料,在高温下硅与碳发生反应生成新的碳化硅相,从而将原始的碳化硅颗粒粘结在一起,形成致密的陶瓷体。其主要化学反应式为 Si＋C ⟶ SiC。这种反应结合的方式使得材料在较低的温度下就能实现较高的致密度,并且能够保持较好的尺寸精度。

9.2.1.2 工艺流程

(1)原料准备

选择合适粒度和纯度的碳化硅粉和硅粉是关键。碳化硅粉通常要求纯度在95%以上,粒度为 $1\sim50\mu m$,以提供合适的骨架结构。硅粉的纯度也应在98%以上,粒度相对较细,一般为 $1\sim10\mu m$,以保证在高温下能够充分与碳反应。

有时还会添加少量的添加剂(如碳粉、硼粉等),以改善反应过程和材料性能。碳粉可以提供额外的碳源,促进反应的进行;硼粉则有助于提高材料的强度和硬度。

(2)混料

将碳化硅粉、硅粉和添加剂按照一定的比例放入球磨机中进行混合。球磨介质一般选用碳化硅球或氧化铝球,球磨时间根据原料的性质和粒度要求而定,通常为 $4\sim24h$,以确保原料混合均匀。

在混料过程中,还会加入适量的黏结剂和润滑剂,以改善原料的成型性能。黏结剂可以增加原料的黏性,使坯体在成型过程中保持形状;润滑剂则可减少原料与模具之间的摩擦,便于脱模。

(3)成型

常用的成型方法有干压成型、注浆成型和等静压成型。

1)干压成型

将混合好的原料放入模具中,在一定的压力下进行压制,使原料初步成型。这种方法适用于形状简单、尺寸较大的部件,操作简单,生产效率高,但可能会出现密度不均匀的问题。

2)注浆成型

将混合好的原料制成具有良好流动性的浆料,注入模具中,待浆料固化后脱模得到坯体。这种方法适用于形状复杂的部件,能够保证较高的尺寸精度,但生产周期较长,对浆料的性能要求较高。

3)等静压成型

将原料装入弹性模具中,放入高压容器中,通过液体介质施加各向均匀的压力,使原料成型。这种方法可得到密度均匀、性能优良的坯体,但设备成本较高,生产效率相对较低。

(4)反应烧结

将成型后的坯体放入高温炉中进行反应烧结。烧结过程一般在惰性气氛或真空环境中进行,以防止硅和碳化硅在高温下被氧化。

烧结温度通常为1350～1600℃,保温时间为1～4h。在这个过程中,硅粉开始熔化并与碳反应生成新的碳化硅相,填充在原始碳化硅颗粒之间的空隙中,使坯体逐渐致密化。

反应烧结完成后,对样品进行冷却处理,冷却速度要适中,以避免因热应力导致样品开裂。

9.2.2 微观结构与性能

反应烧结碳化硅(RBSiC)的微观结构与性能紧密相关,下文将介绍其微观结构特点以及对应的性能表现。

9.2.2.1 微观结构

(1)SiC颗粒分布

RBSiC微观结构中,SiC颗粒相互交织、堆积,形成较为致密的结构。这些SiC颗粒大小相对均匀,一般在微米级别。在烧结过程中,SiC颗粒表面会发生化学反应,形成一层薄薄的反应层,使得颗粒之间的结合更加紧密。

(2)孔隙结构

反应烧结过程中,虽然SiC颗粒会逐渐致密化,但是仍会存在一些孔隙。这些孔隙大小不一,形状不规则,分布在SiC颗粒之间。孔隙的存在会对材料的性能产生一定影响,如降低材料的强度和硬度,但同时也会使材料具有一定的透气性和隔热性。

(3)晶界相

RBSiC中存在少量的晶界相,主要由烧结过程中添加的助熔剂或杂质形成。晶界相的存在可以改善SiC颗粒之间的结合力,提高材料的韧性和抗热震性能。

9.2.2.2 性能

(1)高硬度和高强度

由于SiC本身具有高硬度和高强度,RBSiC中的SiC颗粒相互结合紧密,使得材料整体具有较高的硬度和强度。其硬度可达2500～3000HV,抗弯强度一般为300～500MPa,能够承受较大的外力和压力,适用于制造耐磨、耐冲击的零部件。

(2)良好的耐磨性

SiC颗粒的高硬度和致密的微观结构,使得RBSiC具有出色的耐磨性。在摩擦过程中,SiC颗粒能够抵抗磨损,减少材料表面的磨损量,延长材料的使用寿命。因此,RBSiC常用于制造磨损部件,如机械密封件、喷砂嘴等。

（3）耐高温性能

RBSiC 具有较高的熔点和良好的热稳定性,在高温环境下能够保持较好的力学性能,可以在 1600℃ 以上的高温下长期使用,并且在高温下不易发生变形和软化。这使得 RBSiC 在航空航天、冶金等高温领域具有广泛的应用。

（4）抗氧化性

在高温下,RBSiC 表面会形成一层致密的二氧化硅（SiO_2）保护膜,这层氧化膜可阻止氧气进一步向内扩散,从而提高材料的抗氧化性能。在 1000℃ 以下的空气中,RBSiC 具有良好的抗氧化性,能够长时间稳定使用。

（5）耐腐蚀性

RBSiC 对大多酸、碱等腐蚀性介质具有较好的抵抗能力。其致密的微观结构和化学稳定性使得腐蚀性介质难以渗透到材料内部,从而保护材料不受腐蚀。因此,RBSiC 常用于化工、电子等领域的耐腐蚀部件制造。

（6）低热膨胀系数

RBSiC 的热膨胀系数较小,为 $4.5 \times 10^{-6} \sim 5.0 \times 10^{-6}/℃$。这使得材料在温度变化较大的环境中能够保持较好的尺寸稳定性,减少因热胀冷缩而产生的应力和变形,提高了材料的可靠性和使用寿命。

9.2.3 反应烧结碳化硅材料应用领域

反应烧结碳化硅材料凭借良好的耐磨性、耐腐蚀性及成本优势,在多个领域的渣浆泵零部件中得到广泛应用。

9.2.3.1 矿山选矿领域

应用零部件:叶轮、蜗壳、护板。

应用说明:在矿山选矿作业中,矿浆含有大量如石英、铁矿石等高硬度颗粒,对渣浆泵磨损极大。反应烧结碳化硅材料硬度高达 $2800 \sim 3300HV$,其制成的叶轮能够有效抵御高硬度颗粒的冲刷,磨损速率显著低于金属叶轮,使用寿命可延长 $3 \sim 4$ 倍。蜗壳和护板直接与矿浆接触,采用该材料后,可大幅减少因磨损导致的设备故障,降低维护成本,保障选矿流程的稳定运行。

9.2.3.2 化工行业

应用零部件:泵体、叶轮、密封环。

应用说明:化工生产过程中的渣浆往往具有强腐蚀性,还可能含有固体颗粒。反应烧结碳化硅材料致密的结构使其具备良好的耐腐蚀性,在 pH 值为 $1 \sim 14$ 的溶液中,腐蚀速率较低。用于制造泵体和叶轮时,可在输送盐酸、硫酸等腐蚀性介质的工况下稳定运行 1～1.5a。密封环采用该材料,能够保证良好的密封性,防止腐蚀性介质泄漏,提升化工生产的安全性。

9.2.3.3 电力行业

应用零部件:叶轮、导叶、轴套。

应用说明:在电力行业的脱硫脱硝系统中,渣浆泵需在高温、高湿度且含有二氧化硫、氮氧化物等腐蚀性气体的环境下工作。反应烧结碳化硅材料具有较高的热稳定性和抗氧化性,其制成的叶轮可在高温工况下保持结构强度,确保脱硫脱硝效率。导叶和轴套使用该材料,能够抵抗高温高湿及腐蚀性气体的侵蚀,减少磨损和变形,延长渣浆泵的整体使用寿命,保障电力环保设备的稳定运行。

9.3 增材制造反应烧结碳化硅陶瓷材料

9.3.1 技术路线

增材制造技术为反应烧结碳化硅陶瓷材料的制备开辟了全新路径,目前主流的技术路线主要包括黏结剂喷射成型(BJT)、光固化成型(SLA)和激光选区烧结(SLS),每种技术都有其独特的工艺原理与适用场景。

(1)黏结剂喷射成型

该技术首先将纯度不小于 98% 的硅粉与碳粉按 Si:C 质量比为 1.2:1 的比例进行混合,确保粉末均匀分散。混合后的粉末平铺在成型缸内,高精度喷头根据三维模型切片数据,将含有黏结剂的溶液以 $50～100\mu m$ 的精度喷射至粉末层上。黏结剂在粉末颗粒间形成液桥,使粉末固化成型,逐层堆积形成坯体。成型后的坯体需在 $500～600℃$ 下进行脱脂处理 4～6h,去除黏结剂,随后在 $1500～1600℃$ 的高温炉中进行渗硅烧结,硅渗入坯体与碳反应生成碳化硅,最终得到致密的陶瓷部件,这种技术特别适合制造具有复杂内部流道的叶轮。

(2)光固化成型

将纳米级碳化硅粉和硅粉均匀分散在光敏树脂中,制成固相含量为 40%～50% 的浆料。利用 405nm 紫外光,按照三维模型的切片轮廓,逐层照射浆料。光敏树脂在紫外光作用下发生光聚合反应,使浆料在特定区域固化成型,每层固化厚度可达 $25\mu m$。成型后的坯体同样需要经过脱脂处理,去除树脂成分,然后在高温下进行渗硅烧结。SLA 技术的精度极高,可达到 $\pm0.05mm$,适用于制造对尺寸精度和表面质量要求苛刻的精密部件,如实验室用微型渣浆泵的关键零件。

（3）激光选区烧结

采用功率为 100～200W 的 1070nm 光纤激光,直接对硅碳混合粉末进行烧结。激光以 500～1000mm/s 的扫描速度,按照模型数据选择性地熔化粉末颗粒表面,使粉末相互融合成型。在烧结过程中,部分硅和碳在激光高温作用下直接反应生成碳化硅。烧结完成后,部件需在高温炉中处理,进一步促进反应和致密化。SLS 技术可通过调整激光功率、扫描速度等参数,精确控制材料内部结构,实现从高致密度到多孔结构的定制化生产,能够满足不同工况对部件性能的特殊需求。

9.3.2　工艺优势

增材制造技术在反应烧结碳化硅陶瓷材料制备过程中,展现出传统工艺难以比拟的显著优势。

（1）复杂结构制造

传统制造工艺受模具限制,难以实现复杂结构的加工,而增材制造技术能够直接依据三维模型进行逐层堆积,无须模具即可制造出具有复杂几何形状的部件。

（2）材料利用率高

传统制造工艺如切削加工,材料浪费严重,利用率通常仅为 40%～50%。而增材制造技术采用逐层堆积的方式,材料仅在需要成型的部位使用,几乎实现零废料生产,材料利用率可大幅提升至 70%。以生产一套渣浆泵叶轮和蜗壳为例,采用增材制造技术可节省约 30% 的材料成本,同时减少了原材料的消耗,符合可持续发展理念。

（3）开发周期短

在传统制造模式下,新产品从设计到生产,需要经历模具设计、制造、调试等多个漫长环节,整个开发周期往往长达数月甚至数年。而增材制造技术可直接将设计模型转化为实体样品,从设计完成到获得样品通常仅需数周时间。

9.3.3　增材制造反应烧结碳化硅陶瓷材料的应用领域

增材制造反应烧结碳化硅陶瓷材料凭借独特的成型工艺与性能优势,在对零部件结构和性能要求较高的渣浆泵应用领域发挥着重要作用,其具体应用如下。

9.3.3.1　核电乏燃料处理领域

应用零部件:复杂结构叶轮、特种泵体。

应用说明:核电乏燃料处理过程中,渣浆泵需在高温、强辐射环境下工作,且对流体输送的稳定性和安全性要求极高。增材制造反应烧结碳化硅陶瓷材料可定制具有复杂内部冷却通道的叶轮,通过优化冷却通道设计,能有效降低叶轮运行温度达

30℃,提高叶轮在恶劣工况下的可靠性与使用寿命。同时,可制造特种泵体,满足严格的密封性和结构强度要求,确保在强辐射环境中稳定运行,防止放射性物质泄漏。

9.3.3.2 海底采矿领域

应用零部件:异形叶轮、定制化泵体。

应用说明:海底采矿环境复杂,存在高压、高腐蚀性海水以及不规则的海底地形。增材制造技术能够根据海底采矿的特殊需求,制造出异形叶轮,其独特的叶片形状和流道设计可更好地适应海底复杂的流体环境,提升渣浆泵的输送效率,预计可将采矿效率提高 25% 以上。定制化泵体则可根据海底设备的空间布局和工作要求,优化结构设计,增强泵体在高压环境下的抗压能力和耐腐蚀性能,保障海底采矿作业的顺利进行。

9.3.3.3 高端化工特殊工艺领域

应用零部件:内部结构复杂的叶轮、特种密封环。

应用说明:在高端化工的一些特殊工艺中,如精细化工、新型材料合成等,渣浆具有高黏度、强腐蚀性且含有特殊颗粒的特点。增材制造的反应烧结碳化硅陶瓷叶轮可设计出复杂的内部流道结构,改善流体的流动状态,降低流体阻力,提高泵的输送性能。特种密封环采用该材料制造,凭借其优异的耐磨性和耐腐蚀性,能在强腐蚀介质和高摩擦工况下保持良好的密封性能,避免化工原料泄漏,确保生产过程的安全性和产品质量。

9.3.3.4 科研与实验领域

应用零部件:微型渣浆泵叶轮、小型泵体。

应用说明:在科研和实验工作中,常需要微型渣浆泵处理少量特殊介质,对泵的精度和性能要求较高。增材制造技术能够以高精度制造出微型渣浆泵叶轮和小型泵体,满足科研实验对设备小型化、精细化的需求。同时,可根据不同的实验需求快速调整设计,制造出具有特殊功能的部件,为科研人员提供灵活、高效的实验设备选择。

9.4 其他多相复合陶瓷材料

9.4.1 氧化物结合碳化硅陶瓷材料

9.4.1.1 材料体系与微观结构演变

氧化物结合碳化硅陶瓷以 60%～80% 的碳化硅(SiC)颗粒构筑刚性骨架,其中 α-SiC 多呈不规则多面体形态,粒径分布在 1～5μm,提供 9.2～9.5 级莫氏硬度的耐磨基底。20%～40% 的氧化铝(Al_2O_3)、二氧化硅(SiO_2)等氧化物在 1500～1700℃

烧结过程中,形成低黏度玻璃相。该玻璃相如同"分子级胶水",浸润并包裹 SiC 颗粒表面,在冷却固化后形成连续的界面过渡层。研究表明,当玻璃相含量控制在 28% 左右时,材料内部的应力分布最为均匀,可有效抑制裂纹在颗粒间的扩展。

9.4.1.2　工艺创新与性能调控

近年来,微波烧结技术的引入显著提升了该材料的制备效率。传统电阻炉烧结需保温 4~6h,而微波烧结利用材料对微波的吸收特性,使坯体内部均匀产热,将烧结时间缩短至 1.5~2h。某研究团队通过在原料中添加 3% 的氧化钇(Y_2O_3),与 Al_2O_3、SiO_2 形成三元低共熔体系,使玻璃相的软化温度从 900℃ 提升至 1050℃,材料在 850℃ 高温下的抗弯强度较未改性体系提高了 22%。

9.4.1.3　工程应用与失效机制

在电力行业的粉煤灰输送系统中,采用氧化物结合碳化硅陶瓷制造的渣浆泵叶轮,在处理含固量 25%、pH=8.5 的粉煤灰浆液时,连续运行 5200h 后,叶片根部磨损量为 3.8mm。失效分析显示,主要磨损形式为磨粒微切削与玻璃相的高温软化协同作用:当介质温度超过 900℃ 时,玻璃相黏性增加,导致 SiC 颗粒更容易被冲刷脱落。不过,该材料在该工况下的成本仅为氮化硅结合碳化硅材料的 55%,具有显著的经济性。

9.4.2　碳陶复合材料

碳陶复合材料以三维编织碳纤维或碳毡为增强骨架,其纤维束间的孔隙率达 40%~50%,为后续碳化硅基体的渗透提供通道。采用化学气相渗透(CVI)工艺时,甲烷(CH_4)和三氯甲基硅烷(CH_3SiCl_3)在 1100℃ 高温下分解,生成的 SiC 以层状结构在碳纤维表面沉积。这种"纤维—层状 SiC"复合结构具有独特的裂纹偏转效应:当裂纹扩展至纤维与基体界面时,会沿层状 SiC 发生偏转,消耗更多的断裂能,使材料的断裂韧性达到 $10.2MPa \cdot m^{\frac{1}{2}}$,相较单相 SiC 提高近 3 倍。

界面结合强度是影响碳陶复合材料性能的关键因素。最新研究表明,采用等离子体预处理碳纤维表面,可在其表面引入羟基、羧基等活性基团,使纤维与 SiC 基体的界面剪切强度从 25MPa 提升至 42MPa。

9.4.3　树脂砂碳化硅陶瓷材料

9.4.3.1　材料体系与制备工艺

树脂砂碳化硅陶瓷材料以碳化硅(SiC)砂为骨料,酚醛树脂、环氧树脂等热固性树脂为黏结剂,通过混砂、成型和高温固化制备而成。其中,SiC 砂含量占比通常为

70%～90%,提供高硬度和耐磨性;树脂黏结剂在 180～250℃固化过程中形成连续相,将 SiC 颗粒牢固黏结。近年来,部分工艺通过添加纳米二氧化硅(SiO_2)或碳纤维短切毡,进一步增强界面结合力,提升材料的整体强度和韧性。

9.4.3.2 性能特点与应用场景

该材料兼具良好的耐磨性和工艺灵活性,其莫氏硬度可达 8.5～9.0,在磨损较轻的中低浓度渣浆输送中表现优异。此外,其成型工艺简单,可通过模具快速制备复杂形状部件,成本仅为反应烧结碳化硅的 30%～40%,适合对成本敏感的中小型企业。但该材料的耐高温性能较差,且在强酸、强碱环境中树脂相易发生化学降解,限制了其在高温、强腐蚀工况下的应用。

9.5 陶瓷材料成本效益及工况适配性

在陶瓷渣浆泵的实际应用中,合理选择陶瓷材料不仅需要考量其性能表现,成本效益以及与工况的适配性更是关键因素。不同类型的陶瓷材料在成本构成和性能优势上存在显著差异,只有将材料特性与具体工况需求精准匹配,才能实现经济效益与设备性能的最大化。

9.5.1 陶瓷材料成本构成分析

9.5.1.1 原料成本

陶瓷材料的原料成本差异显著。氮化硅结合碳化硅陶瓷主原料 α-SiC 和 Si_3N_4 价格高,还需添加烧结助剂,成本进一步增加。反应烧结碳化硅陶瓷虽硅粉便宜,但对碳化硅粉纯度、粒度要求高,原料成本也不低。氧化物结合碳化硅陶瓷因氧化物结合相价格低廉,综合原料成本仅为氮化硅结合碳化硅陶瓷的 40%～50%。碳陶复合材料因使用高价碳纤维,原料成本远超其他材料。

9.5.1.2 制备成本

制备成本受工艺影响大。氮化硅结合碳化硅陶瓷的等静压成型设备贵、维护难、周期长,气压烧结能耗高,提高制备成本;反应烧结碳化硅陶瓷虽工艺简单,但烧结时间长、设备耐高温要求高,也产生一定成本。增材制造反应烧结碳化硅陶瓷设备投资超百万,能耗与人力成本高。相比之下,氧化物结合碳化硅陶瓷成型和烧结温度低、工艺简单,制备成本较低。

9.5.1.3 加工成本

陶瓷材料加工成本与其硬度相关。氮化硅结合碳化硅、反应烧结碳化硅硬度高,需使用数控金刚石研磨设备加工,刀具磨损快,成本增加;碳陶复合材料结构特殊,加工难度更大,成本更高。氧化物结合碳化硅陶瓷硬度低、加工易,成本较低。

9.5.2 成本效益综合评估

(1)氮化硅结合碳化硅陶瓷和碳陶复合材料

初始采购成本高,但在高磨损、强腐蚀等恶劣工况下性能优异,使用寿命长、维护成本低,综合成本效益高。

(2)反应烧结碳化硅陶瓷

成本与性能较平衡,价格低于氮化硅结合碳化硅陶瓷,适用于常规工况,性价比高。

(3)氧化物结合碳化硅陶瓷

初始成本低,但性能较弱,在高耐磨、耐腐蚀要求工况下使用寿命短、更换频繁,综合效益低,适合低成本、低要求场景。

(4)增材制造反应烧结碳化硅陶瓷材料

当前成本高,多用于高端定制;未来技术进步、设备成本降低后,在复杂结构与高性能需求领域,成本效益有望提升。

9.5.3 工况适配性原则

9.5.3.1 磨损工况适配

(1)高磨损场景

在矿山、采石场等高磨损工况中,反应烧结碳化硅与氮化硅结合碳化硅陶瓷因具有高硬度、高耐磨性,成为首选材料;当渣浆颗粒粒径大于 3mm 时,碳陶复合材料的优异韧性与耐磨性更具适用性。

(2)低磨损场景

在小型矿山、砂石厂等磨损较轻的工况中,氧化物结合碳化硅陶瓷可满足使用需求,且成本较低。

9.5.3.2 腐蚀工况适配

(1)一般腐蚀环境

在 pH 值为 1～14 的酸碱环境中,氮化硅结合碳化硅与反应烧结碳化硅陶瓷均具良好耐腐蚀性。

(2)强腐蚀环境

面对浓硫酸、浓硝酸等强氧化性酸或强碱,氮化硅结合碳化硅陶瓷耐腐蚀性更佳;处理含氟等特殊介质,需用特殊陶瓷材料或进行表面处理。

9.5.3.3 高温工况适配

(1)高温环境

氮化硅结合碳化硅陶瓷可在 1000℃稳定运行,碳陶复合材料可在 1200℃以上长期使用。

(2)中低温环境

反应烧结碳化硅陶瓷超 1000℃时强度和硬度显著下降,不适用于高温工况;氧化物结合碳化硅陶瓷超 900℃时玻璃相软化,仅适用于低温工况。

9.5.3.4 综合工况适配

在矿山尾矿输送等兼具高磨损、腐蚀与高温的复杂工况下,氮化硅结合碳化硅陶瓷综合性能优异;若需控成本,可采用局部强化或复合结构,关键部位用高性能材料,其余部位用低成本材料,平衡性能与成本。

综合来看,企业在选择碳化硅陶瓷材料时,需依据具体工况条件、预算成本以及性能要求等多方面因素,权衡不同材料的成本效益与适配性,以实现渣浆泵性能与经济效益的最大化。同时,随着技术的不断进步,碳化硅陶瓷材料在成本控制与性能优化方面将不断取得突破,为工业应用提供更优质的解决方案。

第 10 章　泡沫型碳化硅陶瓷渣浆泵选型与应用

10.1　泡沫渣浆泵简介

泡沫渣浆泵是一种专门用于输送含气泡的浆液的泵类设备,广泛应用于矿业、化工、冶金及环保等行业。

目前,国内外应用的泡沫输送泵均为离心式渣浆泵,在泵型结构上,主要分为以下几种泵结构。

10.1.1　普通卧式离心式渣浆泵

普通卧式离心式渣浆泵一般采用 AH 系列及 ZJ 系列,其中 AH 系列渣浆泵是 20 世纪 80 年代中期引进的国外技术;ZJ 系列为 20 世纪 80 年代末期,由煤炭科学技术研究院有限公司研发的渣浆泵系列。

采用普通离心式渣浆泵作为泡沫泵使用时,存在以下缺点:

①为输送较大空气体积分数的浆体,必须使用更大尺寸的渣浆泵,在部分空气体积分数大的工况中,即使加大泵型也难以输送。

②必须在高效点左边的区域运行,渣浆泵偏小流量运行严重。

③输送含泡沫浆体时效率明显降低,效率的降低意味着能耗的增加。

虽然普通卧式离心式渣浆泵存在诸多不适合浮选泡沫矿浆输送的缺点,但由于其具有结构简单、技术成熟、价格便宜以及可选择的厂家众多等优点,目前各大矿山仍在使用。多家渣浆泵企业在了解到陶瓷材料可以做成渣浆泵过流部件,能延长渣浆泵使用寿命后,将上述常用渣浆泵均进行引入,也不断尝试应用于含泡沫的工位。

10.1.2　立式泡沫渣浆泵

20 世纪 90 年代,国内开始引进 AF 系列/SalaVF 系列立式泡沫渣浆泵,用于浮选泡沫的输送,如图 10.1-1 所示。立式泡沫渣浆泵具有以下优点:使用具有切向入料口的锥形给料箱,泡沫矿浆通过切向入料口进入锥形给料箱,螺旋进入锥形给料箱底部,在螺旋进入的同时,相当于加大了泡沫矿浆与空气的接触时间,有益于矿浆中气体的析出;使用半开式叶轮,加大了气泡的输送能力。

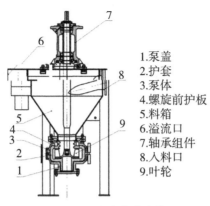

1.泵盖
2.护套
3.泵体
4.螺旋前护板
5.料箱
6.溢流口
7.轴承组件
8.入料口
9.叶轮

图 10.1-1　立式泡沫渣浆泵

立式泡沫渣浆泵由于其结构上的限制,具有以下明显缺点:

①主轴悬臂长,输送扬程受临界转速的限制。

②使用了锥形给料桶,导致占地面积大。

③设备稳定性较卧式泵差,易产生振动。

④价格高于卧式泵。

⑤泵过流部分在锥形桶的下部,导致检修非常困难。

采用立式泡沫泵作为浮选泡沫的输送,输送效果要优于普通卧式离心式渣浆泵,但效果并不明显。相反,由于其缺点突出,在实际生产应用中问题凸显,因此目前立式泡沫泵在国内矿山已经逐步被淘汰,现已逐渐被普通卧式离心式渣浆泵替代。

10.1.3　特殊设计的卧式离心式泡沫泵

21 世纪初期,国内选矿厂开始引进沃曼专业的泡 AHF、LF、MF 等系列诱导式泡沫泵,其使用效果显著。这种泡沫泵采用的是特殊设计的卧式离心式泡沫泵,从流体力学水力模型上解决了普通离心式渣浆泵输送泡沫困难的问题,从根本上解决了泡沫矿浆的输送问题。

这种专门为泡沫输送设计的卧式离心式泡沫泵具有以下优点:

①超大吸入尺寸,按照含气浆体流量而设计的进口尺寸。

②半开式带螺旋压缩功能的金属叶轮保留了离心式叶轮的特点,具有较高的输送扬程,同时具有螺旋叶片的优点,适合输送高含气量矿浆。

③能够稳定输送,不会因断流而导致流量不稳。

④输送效率明显高于其他类型的渣浆泵,能耗相对较低。

目前,国外选矿厂已将这种诱导式泡沫泵作为浮选泡沫矿浆输送的首选。但因其特殊的诱导式叶轮结构,国内极少数厂家能生产常规耐磨金属材质的叶轮,引进国外沃曼泡沫泵价格比较昂贵,沃曼也只有金属材质,国内还未大面积推广应用。目前,成功将该特殊结构实现碳化硅陶瓷泵的厂家只有湖北汉江弘源,并在多个矿山可靠运行。这种特殊设计的泡沫渣浆泵在矿山被应用于浓密机底流的输送,螺旋叶片对高浓度浆体进行一定程度的剪切作用,降低了浆体的黏性,同时提高了浆体的可输送性。

10.2　泡沫型浆体及泡沫系数

10.2.1　泡沫型浆体

1900 年,澳大利亚的波特和荷兰的德尔普拉特同时发明了泡沫浮选,用于从矿石中分离和富集有价硫化矿物,如图 10.2-1 所示。之后,泡沫浮选逐渐发展应用于氧化矿物、部分非金属矿物和煤炭、石墨等的分选。其适应性和有效性使泡沫浮选成为处理复杂低品位矿石时应用最广泛的方法。目前,全世界 90% 以上的铜、铅、锌、钼、锑和镍都是通过泡沫浮选法回收的。

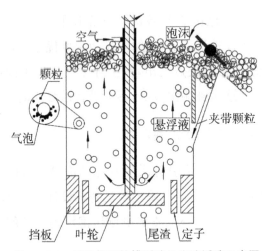

图 10.2-1　实验室型挂槽浮选机泡沫浮选示意图

选矿浮选泡沫型浆体是在泡沫浮选过程中形成的一种特殊浆体,其形成的过程是:待分选的物料经过碎磨形成解离的、粒度适合浮选的颗粒,颗粒以矿浆的形式进入调浆搅拌桶中,按顺序加入浮选药剂进行搅拌调浆,然后将矿浆引入浮选设备中,添加起泡剂并充气、搅拌,在矿浆中形成弥散的气泡,疏水性矿粒与气泡碰撞、黏附,与气泡形成集合体上浮进入液面,形成矿化泡沫层,这便是选矿浮选泡沫型浆体。

泡沫型浆体属于气、固、液三相体系,固相是被分选的矿物,液相为分选介质(主要是水),气相是形成的气泡,气泡携带矿粒在矿浆中上升。其泡沫状态具有多种表现,如虚实、大小、颜色、光泽、形状、厚度、软硬程度、流动性、声音等。这些现象由浮选泡沫表面所附着的矿物种类、数量、粒度、颜色,以及所使用的起泡剂的种类和用量共同决定。浆体泡沫层表层老气泡不断破灭,下部不断补充新鲜气泡,处于动态平衡状态;同时,泡沫层中存在二次富集作用,即目的矿物品位在泡沫层中会随高度增加而提高,脉石矿物则主要聚集在泡沫层下部。

泡沫型浆体具有以下影响因素。

(1)种类和性质

不同的矿石种类和性质会影响泡沫型浆体的特性。例如,矿石的品位、矿物组成、粒度分布等会决定泡沫的矿化程度、颜色、虚实等状态。

(2)浮选药剂

起泡剂的种类和用量决定了泡沫的大小、稳定性和流动性等。捕收剂影响矿物表面的疏水性,从而影响矿物与气泡的黏附效果。抑制剂则可调节矿物的可浮性,使某些矿物受到抑制而不浮,进而影响泡沫中矿物的组成和品位。

(3)矿浆性质

矿浆的浓度、pH 值等对泡沫型浆体有着重要影响。矿浆浓度过高或过低都会影响泡沫的稳定性和矿化效果;pH 值会改变矿物表面的电荷性质和药剂的作用效果,进而影响矿物的浮选行为和泡沫特性。

浮选泡沫型浆体是实现矿物分选的关键环节。通过观察泡沫的状态,工人可以判断浮选效果,进而调整浮选药剂的用量、精矿的刮出量以及中矿的循环量等工艺参数,以实现最佳的浮选效果,提高精矿品位和回收率。

10.2.2 泡沫系数

泡沫系数是含有泡沫的矿浆体积与不含泡沫的矿浆体积的比值。在选矿流程设计中,一般可计算出不含泡沫的矿浆体积,而渣浆泵设备选型时,需提供含泡沫的矿浆体积。因此,泡沫系数的正确选取对泡沫泵选型至关重要。

10.2.2.1 经验泡沫系数

目前,国内外对于泡沫系数还没有统一的标准,国内多依据过往应用经验,因此也叫经验泡沫系数 FF,其系数为 1.5～4.0。影响经验泡沫系数的因素包括液体的黏度、入选尺寸和化学药剂等。所选泵的类型也影响经验泡沫系数的取值。生产中经常使用的经验泡沫系数如表 10.2-1 所示。

表 10.2-1   泡沫经验系数

应用	经验泡沫系数
铜精矿粗选	1.5
铜精矿精选	3.0
钼精矿粗选	2.0
钼精矿精选	3.0
钾盐浮选	2.0
铁精矿浮选	4.0～6.0
精煤浮选	6.0

这些经验泡沫系数 FF 适用于普通卧式渣浆泵、立式泡沫泵的选型应用,而对于特殊设计的卧式离心式泡沫泵,则采用试验泡沫体积系数 FVF。

10.2.2.2 试验泡沫系数

试验泡沫系数是将一定体积的泡沫浆体静置于量器内,记录初始体积 V_0,放置 24h,待浆体中的气体析出后,记录剩余体积 V_{24},二者的比值则称为泡沫体积系数,其数学表达公式为

$$FVF = V_0/V_{24} \qquad\qquad (10.2-1)$$

这种方法被认为是一种概括性描述泡沫特征的简单方法,但由于它不能完整反映泡沫浆体的所有特性,因此其与泡沫系数 FF 的关系难以确定。然而,FVF 与 FF 之间的相关性客观存在,FVF 与 FF 的近似关系曲线如下图 10.2-2 所示。

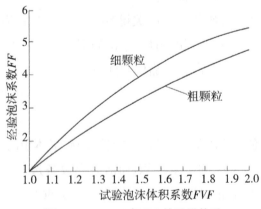

图 10.2-2　FVF 与 FF 的近似关系

从图 10.2-2 可以看出,根据经验泡沫系数 FF 及输送颗粒大小选取试验泡沫系数 FVF 值时,FVF 的取值远低于 FF 值(如在 FF 值为 3 且输送细颗粒矿浆时,FVF 值为 1.34),即在同样的浮选条件下采用 FVF 值选型计算的流量值要远低于 FF 值,这样在设备选型时选用的泵型一般小于采用 FF 值计算的泵型(即采用特殊设计的

卧式离心式泡沫泵可以选用更小的泵型)。

10.3 卧式泡沫泵输送系统设计要点

10.3.1 卧式泡沫泵设计要点

卧式泡沫泵作为处理含气浆体的关键设备,其设计需兼顾高效运行、抗汽蚀性能及稳定性。设计及选型应用时需涵盖以下技术要点。

①泡沫泵运行区间设置在性能曲线高效点左侧,通常为最佳效率点流量的 80%～95%。如此,泵在流量波动变化较大的变工况下,依然能维持较高的效率,泡沫泵使用寿命会延长,能耗也比较低。

②采用半开式或后缩式叶轮,可减少对泡沫的剪切破坏,避免湍流加剧导致的气体逃逸;也可以改善流体预旋,减低进口的冲击损失。

③另在叶轮主流道前增加诱导轮,通过预增压作用提高吸入性能,尤其适用于含气量≥30%的浆体。诱导轮叶片数常少于主流道叶片数,以避免共振和流动分离。

④通过含气浆体模拟试验,可验证泵的汽蚀性能曲线与效率曲线;也可利用 CFD 辅助,针对流场分布进行数值模拟,重点优化叶轮进出口角度、叶片扭曲率及流道过渡区域。

⑤泡沫泵过流部件优先采用耐磨材料,金属有 Cd4MCu、高铬铸铁,陶瓷材料需使用高体密、高抗折抗冲击的氮化硅结合碳化硅特种陶瓷,兼顾抗汽蚀性能和强度。对于输送腐蚀性较强的泡沫介质,过流部件应选用耐腐蚀材料,但常用不锈钢或高分子材料耐磨性表现不足,特种陶瓷兼具耐磨、耐腐又耐高温的特性。

⑥泡沫泵常用填料密封和机械密封。填料密封仅限中性工况,存在易泄漏、轴套磨损大、功率损耗高的缺点。机械密封可适应有腐蚀工况,具零泄漏、磨损小、功率损耗小等优势,优先推荐双端面机械密封＋外冲洗系统,双重保障密封,冲洗液压力需高于泵出口压力 0.1～0.2MPa,防止气体进入密封腔。

10.3.2 卧式泡沫泵输送系统设计要点

卧式泡沫泵输送系统的设计需要综合考虑多个因素,以确保系统能够高效、稳定、安全地运行,需使空气尽可能地从浆体中释放出来,使进料容器、管路、水泵中的浆体空气含量减少。可通过以下设计措施改善。

10.3.2.1 进料系统或入口管路

(1)流槽优化

在浆体流入进料容器之前,尽可能增加流槽面积和通风、排气面积;在流入进料容器时,应该尽可能避免像小瀑布那样以很高的速度或高度流入。

(2)隔板优化

如图 10.3-1 所示,在泵入口前加一个倾斜向下的隔板;隔板后面的"死区"有利于空气析出。

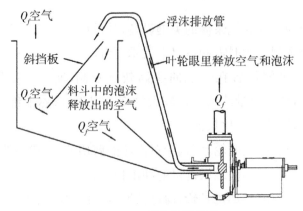

图 10.3-1　增加隔板优化

(3)泵吸入口没在水下

防止向下的进料流将空气带入泵进口管。

(4)进料井

如图 10.3-2 所示,在向下流入的浆体和泵吸入口之间增加一个保护罩;为空气析出增加时间,避免空气直接随浆体进入进口管。

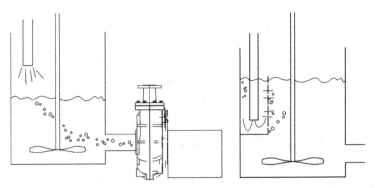

(a)液位低,流速快,磨损快　(b)液位高,增加保护罩、减低流速、磨损减少

图 10.3-2　入口增加保护罩前、后效果

(5)喷嘴和雾化

在流槽和料箱中帮助破坏泡沫和气团;没有加喷射雾化装置,溜槽中大量泡沫,如图 10.3-3(a)所示;加了喷射雾化后泡沫量减少,如图 10.3-3(b)所示。

（6）放气管

可在标准的吸入管上加一个细管；或者是特大的、异型的吸入口，能够让空气自由返回料箱，有助于吸入管和叶轮入口处的空气析出。

（7）采用超大的吸入口设计

吸入管按设计流量的 1.2～1.5 倍放大，以降低流速（常控制为≤2m/s），减少汽蚀风险；也常采用喇叭口吸入室设计，优化流场分布，避免旋涡与堵塞。

（8）入口优化设计

采用切向进料口，减少空气卷入；特大的锥形进料箱，降低流速，使空气析出，如图 10.3-4 和图 10.3-5 所示。

通常进口尺寸设计依照含气体浆体的流量，出口尺寸设计依照不含气体浆液的流量。出口流道采用扩散管设计，扩散角应不大于 8°，以降低功能的损失。

（a）加喷射雾化装置前　　　　　　　　　　（b）加喷射雾化装置后

图 10.3-3　加喷射雾化装置前后效果对比

图 10.3-4　入口流道采用扩散管设计，减少进气量

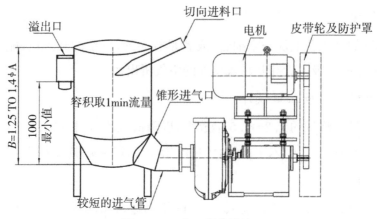

图 10.3-5　入口优化设计

10.3.2.2　旋转泵出口方向

旋转泵出口方向向上 45°出口,或上水平出口,有助于泵体内空气的排出,如图 10.3-6 所示。

此外,尽量减小装置扬程,降低转速;避免并联输送。

10.4　泡沫泵选型计算

图 10.3-6　旋转泵出口方向设置

泡沫陶瓷泵与渣浆泵选型计算有部分共通之处,泡沫陶瓷泵输送的浆液里含外泡沫,所以在选型计算时还需考虑浆液的泡沫系数,选型时除需了解常规泵一样的参数外,还需要了解以下两个关键参数:①泡沫形态;②空气体积含量(或泡沫体积系数 FVF)。

泡沫形态主要分为矿石泡沫和沥青泡沫,泡沫渣浆泵均用于矿石泡沫,故此处仅对矿石泡沫进行详细计算说明。

空气体积含量与泡沫体积系数 FVF 可相互换算。

举例:已知空气体积含量为 20%,则 $FVF=1/(1-0.2)=1.25$。

其他参数术语有

流量:Q_s=浆体流量=设计流量=不含气体流量,

Q_f=泡沫浆体流量=含气体流量,则 $Q_f=FVF\times Q_s$。

扬程:H_w=清水扬程=H_f/HR_f,H_f=泡沫浆体扬程,HR_f=扬程修正系数;

效率:E_w=清水效率=E_f/ER_f,E_f=泡沫浆体效率,ER_f=效率修正系数。

转速:参见泡沫泵选型曲线上 Q_f、H_w 对应的转速。

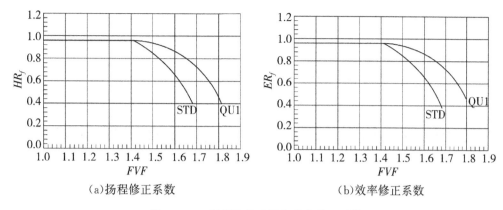

（a）扬程修正系数　　　　　　　　　（b）效率修正系数

图 10.4-1　扬程修正系数和效率修正系数

以上述案例 $FVF=1.25$，则从图 10.4-1 中可得 $HR_f=0.95, ER_f=0.95$。

计算泡沫陶瓷泵所需的轴功率为

$$HP = Q_f \times H_f \times \rho_w / FVF / 3600 / E_f \qquad (10.4\text{-}1)$$

选择电机功率时，还应加上 20% 的余量。

综述所述，浮选泡沫输送采用泡沫泵将成为行业趋势，选型建议遵循以下原则。

①优先选用诱导式卧式离心式泡沫陶瓷泵；计算时，可使用试验泡沫系数 FVF 来修正流量。

②采用普通卧式离心式渣浆泵及立式泡沫泵时，建议采用经验泡沫系数 FF 修正流量。

③先使用泡沫系数修正流量，再选择合适的规格，尽可能选择大直径的叶轮保证尽可能低的转速。

④在含气流量下，泵的 $NPSHr$ 小于 4.3m。

⑤避免并联输送；不超过泵的许用转速。

第 11 章　碳化硅陶瓷渣浆泵的社会经济效益

11.1　经济效益分析

11.1.1　全生命周期成本模型

11.1.1.1　材料采购成本对比

（1）基础参数对比

在工业生产中，材料的选择对于设备的性能和成本有着至关重要的影响。以下是 SiC 陶瓷泵、高铬铸铁泵和聚氨酯橡胶泵的基础参数对比如表 11.1-1 所示。

表 11.1-1　　　　　　　　　　泵基础参数对比

参数类型	SiC 陶瓷泵	高铬铸铁泵	聚氨酯橡胶泵
材料采购单价/(万元/台)	15.0	10.0	8.0
维氏硬度/HV	2800	850	85
断裂韧性/(MPa·m$^{1/2}$)	4.5	15.0	0.3
耐温上限/℃	1650	550	80
耐酸碱范围(pH 值)	0～14	4～10	2～12
典型使用寿命/年	5～8	2～3	1～1.5

注：范围取值包含上下限。

1）材料采购单价

SiC 陶瓷泵的材料采购单价最高，达到 15.0 万元/台，高铬铸铁泵为 10.0 万元/台，聚氨酯橡胶泵最低，为 8.0 万元/台。这主要是由于 SiC 材料的制备工艺复杂，技术含量高。

2）维氏硬度

SiC 陶瓷泵的维氏硬度高达 2800HV，远高于高铬铸铁泵的 850HV 和聚氨酯橡胶泵的 85HV。高硬度意味着更好的耐磨性，能在恶劣的工作条件下保持较长的使用寿命。

3)断裂韧性

SiC 陶瓷泵的断裂韧性为 $4.5MPa \cdot m^{1/2}$，虽然低于高铬铸铁泵的 $15.0MPa \cdot m^{1/2}$，但远高于聚氨酯橡胶泵的 $0.3MPa \cdot m^{1/2}$。这表明 SiC 陶瓷泵在承受应力时具有较好的抗裂性能。

4)耐温上限

SiC 陶瓷泵的耐温上限达到 1650℃，远高于高铬铸铁的 550℃ 和聚氨酯橡胶泵的 80℃。这使得 SiC 陶瓷泵能够应用于高温环境，如冶金、化工等行业。

5)耐酸碱范围(pH 值)

SiC 陶瓷泵的耐酸碱范围最广，pH 值为 0~14，能够抵抗各种强酸、强碱的腐蚀。高铬铸铁泵的耐酸碱 pH 值为 4~10，聚氨酯橡胶泵的耐酸碱范围最窄，为 2~12。

6)典型使用寿命

SiC 陶瓷泵的典型使用寿命最长，为 5~8 年，高铬铸铁泵为 2~3 年，聚氨酯橡胶泵最短，为 1~1.5 年。这意味着 SiC 陶瓷泵在长期使用中能够减少更换频率，降低维护成本。

(2)全周期成本测算

为了更全面地评估不同材料泵的成本效益，研究人员对这 3 种泵进行了 10 年期的全周期成本测算，如表 11.1-2 所示。

表 11.1-2　泵 10 年期全周期成本测算

成本 构成项	SiC 陶瓷泵 /万元	高铬铸铁泵 /万元	聚氨酯橡胶泵 /万元	计算公式说明
初始采购成本	15×2=30	10.0×4=40	8.0×7=56	采购次数=10/寿命年限
定期维护费用	1.2×10=12	3.5×10=35	5.0×10=50	年均维护费×10 年
非计划 停机损失	0.5×5=2.5	2.0×20=40	3.0×30=90	单次停机损失×故障次数
能源消耗成本	0.7×10000=7	1.0×10000=10	1.2×10000=12	单位电费 0.7 元/(kW·h)× 年耗电
残值回收	−3.0×2=−6	−0.5×4=−2	0	残值率 20%×采购成本
总成本	45.5	123	208	——

1)初始采购成本

SiC 陶瓷泵的初始采购成本为 30.0 万元，高铬铸铁泵为 40.0 万元，聚氨酯橡胶泵为 56.0 万元。尽管 SiC 陶瓷泵的单价较高，但由于其较长的使用寿命，10 年内的采购次数较少。

2)定期维护费用

SiC 陶瓷泵的定期维护费用为 12.0 万元，高铬铸铁泵为 35.0 万元，聚氨酯橡胶泵为 50.0 万元。SiC 陶瓷泵的低维护费用主要得益于其优异的耐磨性和耐腐蚀性。

3)非计划停机损失

SiC 陶瓷泵的非计划停机损失为 2.5 万元,高铬铸铁泵为 40.0 万元,聚氨酯橡胶泵为 90.0 万元。SiC 陶瓷泵的高可靠性和长寿命显著降低了停机损失。

4)能源消耗成本

SiC 陶瓷泵的能源消耗成本为 7.0 万元,高铬铸铁泵为 10.0 万元,聚氨酯橡胶泵为 12.0 万元。SiC 陶瓷泵的高效节能设计降低了运行成本。

5)残值回收

SiC 陶瓷泵的残值回收为 −6.0 万元,高铬铸铁泵为 −2.0 万元,聚氨酯橡胶泵为 0。残值回收主要取决于材料的可回收性和市场价值。

6)总成本

SiC 陶瓷泵的总成本为 45.5 万元,高铬铸铁泵为 123.0 万元,聚氨酯橡胶泵为 208.0 万元。从全周期成本来看,SiC 陶瓷泵具有显著的经济优势。

11.1.1.2 维护周期延长带来的年均维护费用降低

(1)矿山场景实证

在矿山场景中,设备的维护成本是一个重要的考量因素。以下是某铁矿 2020—2023 年 SiC 泵与传统金属泵的维护成本对比,如表 11.1-3 所示。

表 11.1-3　　　　　2020—2023 年 SiC 泵与传统金属泵维护成本对比

维护项目	原金属泵维护成本 /(万元/a)	SiC 泵维护成本 /(万元/a)	成本降幅/%	技术原理说明
叶轮更换	8.4	1.2	85.7	耐磨性提升 10 倍
轴套维修	3.6	0.5	86.1	表面粗糙度 $Ra \leqslant 0.8\mu m$
密封系统维护	2.8	0.3	89.3	采用激光熔覆密封技术
管路清洗	1.2	0.2	83.3	防结垢涂层技术应用
年度总维护成本	16.0	2.2	86.3	—

1)叶轮更换

原金属泵的叶轮更换成本为 8.4 万元/a,SiC 泵仅为 1.2 万元/a,成本降幅达 85.7%。这主要得益于 SiC 材料的高耐磨性,其耐磨性提升了 10 倍。

2)轴套维修

原金属泵的轴套维修成本为 3.6 万元/a,SiC 泵为 0.5 万元/a,成本降幅为 86.1%。SiC 泵的表面粗糙度 $Ra \leqslant 0.8\mu m$,显著降低了磨损。

3)密封系统维护

原金属泵的密封系统维护成本为 2.8 万元/a,SiC 泵为 0.3 万元/a,成本降幅为

89.3%。SiC 泵采用激光熔覆密封技术,提高了密封性能。

4)管路清洗

原金属泵的管路清洗成本为 1.2 万元/a,SiC 泵为 0.2 万元/a,成本降幅为83.3%。SiC 泵表面应用了防结垢涂层技术,减少了结垢现象。

5)年度总维护成本

原金属泵的年度总维护成本为 16.0 万元,SiC 泵仅为 2.2 万元,总成本降幅达 86.3%。

(2)化工场景对比

在化工场景中,设备的耐腐蚀性和维护成本同样重要。以下是某氯碱企业2019—2022 年 SiC 泵与传统橡胶泵的维护成本对比,如表 11.1-4 所示。

表 11.1-4 2019—2022 年 SiC 泵与传统橡胶泵维护成本对比

维护指标	原橡胶泵数据	SiC 泵数据	改善幅度/%	关键影响因素分析
计划停机次数	18 次/a	2 次/a	88.9	耐腐蚀性提升 8 倍
备件消耗金额	65 万元/a	9 万元/a	86.2	材料抗晶间腐蚀能力增强
应急维修工时	480h/a	60h/a	87.5	表面钝化处理技术应用
环保处理费用	8 万元/a	0.5 万元/a	93.8	减少危废产生量 92%

1)计划停机次数

原橡胶泵的计划停机次数为 18 次/a,SiC 泵仅为 2 次/a,改善幅度达 88.9%。这主要得益于 SiC 泵的耐腐蚀性提升了 8 倍。

2)备件消耗金额

原橡胶泵的备件消耗金额为 65 万元/a,SiC 泵为 9 万元/a,改善幅度为 86.2%。SiC 泵的材料抗晶间腐蚀能力显著增强。

3)应急维修工时

原橡胶泵的应急维修工时为 480h/a,SiC 泵为 60h/a,改善幅度为 87.5%。SiC泵表面应用了钝化处理技术,降低了故障率。

4)环保处理费用

原橡胶泵的环保处理费用为 8 万元/a,SiC 泵仅为 0.5 万元/a,改善幅度为93.8%。SiC 泵减少了危废产生量 92%。

11.1.1.3 能耗效率提升对运行成本的贡献

在某铜矿选厂的节能改造项目中,SiC 泵的应用能效显著提升,降低了运行成本。以下是具体的节能效果,如表 11.1-5 所示。

表 11.1-5　　　　　　　　　　　SiC 泵与金属泵节能效果对比

能效指标	改造前系统（金属泵）	改造后系统（SiC 泵）	节能效果	技术实现路径
单吨矿石电耗	5.2(kW·h)/t	3.8(kW·h)/t	26.9%	流道优化设计
系统运行效率	67%	82%	+15%	表面光洁度提升 $Ra0.4$
功率因数	0.83	0.92	+10.8%	电机匹配优化
年耗电量	12600000kW·h	9200000kW·h	27.0%	变频控制技术应用
折合电费 /[0.65 元/(kW·h)]	819 万元	598 万元	221 万元	—

1）单吨矿石电耗

改造前系统的单吨矿石电耗为 5.2(kW·h)/t，改造后系统降至 3.8(kW·h)/t，节能效果为 26.9%。这主要得益于流道优化设计，减少了流体阻力。

2）系统运行效率

改造前系统的系统运行效率为 67%，改造后系统提升至 82%，提高了 15%。表面光洁度提升至 $Ra0.4$，降低了能量损失。

3）功率因数

改造前系统的功率因数为 0.83，改造后系统提升至 0.92，提高了 10.8%。电机匹配优化提高了电能利用效率。

4）年耗电量

改造前系统的年耗电量为 12600000kW·h，改造后系统降至 9200000kW·h，节能效果为 27.0%。变频控制技术的应用使得泵的运行更加高效。

5）折合电费

改造前系统的折合电费为 819 万元，改造后系统降至 598 万元，节约电费 221 万元。

11.1.2　投资回报周期测算

11.1.2.1　高耐磨性带来的设备更新频率下降

（1）设备更新经济性对比

在设备更新的经济性方面，SiC 泵相较于传统金属泵具有显著优势。以下是 5 年周期内的设备更新经济性对比，如表 11.1-6 所示。

表 11.1-6   5 年周期设备更新经济性对比

参数类型	SiC 陶瓷泵	传统金属泵	差值分析
采购次数	1 次	2.5 次	减少 60% 采购频率
安装调试成本	8 万元/次	8 万元/次	累计节省 12 万元
停产损失	5d/次	5d/次	减少 7.5d 停产时间
旧件处置收益	3 万元/台	0.5 万元/台	增加残值回收 2.5 万元
总成本节约	—	—	38.5 万元

1)采购次数

SiC 陶瓷泵 5 年周期内的采购次数为 1 次,传统金属泵为 2.5 次,减少了 60% 的采购频率。这主要得益于 SiC 陶瓷泵的使用寿命长。

2)安装调试成本

SiC 陶瓷泵和传统金属泵的安装调试成本均为 8 万元/次,但由于采购次数减少,SiC 陶瓷泵累计节省了 12 万元的安装调试成本。

3)停产损失

SiC 陶瓷泵和传统金属泵的停产损失均为 5 天/次,但由于采购次数减少,SiC 陶瓷泵减少了 7.5d 的停产时间。

4)旧件处置收益

SiC 陶瓷泵的旧件处置收益为 3 万元/台,传统金属泵为 0.5 万元/台,增加了残值回收 2.5 万元。

5)总成本节约

综合以上因素,SiC 陶瓷泵在 5 年周期内的总成本节约了 38.5 万元。

(2)全行业投资回报率统计

为了更全面地评估 SiC 泵的投资回报率,研究人员对全行业的投资回报率进行了统计分析。以下是不同类型企业的投资回报率数据,如表 11.1-7 所示。

表 11.1-7   不同类型企业投资回报率统计

企业类型	样本数量	平均投资额/万元	ROI(5 年期)/%	关键成功因素
大型矿山	23 家	450±80	41.2	连续作业时长提升
中型选厂	17 家	280±50	38.7	维护人员缩减
化工企业	12 家	680±120	44.5	环保合规成本下降

1)大型矿山

样本数量为 23 家,平均投资额为 450±80 万元,ROI(5 年期)为 41.2%。关键成功因素在于连续作业时长的提升,显著提高了生产效率。

2）中型选厂

样本数量为 17 家,平均投资额为 280±50 万元,ROI(5 年期)为 38.7%。关键成功因素在于维护人员的缩减,降低了人力成本。

3）化工企业

样本数量为 12 家,平均投资额为 680±120 万元,ROI(5 年期)为 44.5%。关键成功因素在于环保合规成本的下降,减少了运营风险。

11.1.2.2　典型案例——德兴铜矿技改项目

德兴铜矿技改项目是一个典型的成功案例,展示了 SiC 泵在实际应用中的经济效益。以下是该项目 2020—2022 年 3 年期的成本节约明细,如表 11.1-8 所示。

表 11.1-8　　　　　　　　　　2020—2022 年 3 年期成本节约明细

节约项目	2020 年 /万元	2021 年 /万元	2022 年 /万元	累计节约 /万元	节约构成分析
直接能耗节约	320	380	420	1120	流道优化+变频控制
维护成本降低	85	92	105	282	备件寿命延长
停产损失减少	60	75	80	215	故障率下降82%
环保处罚减少	25	18	12	55	危废减排达标
总节约额	490	565	617	1672	—

1）直接能耗节约

2020 年的直接能耗节约为 320 万元,2021 年为 380 万元,2022 年为 420 万元,累计节约 1120 万元。这主要得益于流道优化和变频控制技术的应用。

2）维护成本降低

2020 年的维护成本降低为 85 万元,2021 年为 92 万元,2022 年为 105 万元,累计节约 282 万元。备件寿命的延长显著降低了维护成本。

3）停产损失减少

2020 年的停产损失减少为 60 万元,2021 年为 75 万元,2022 年为 80 万元,累计节约 215 万元。故障率下降 82% 是主要原因。

4）环保处罚减少

2020 年的环保处罚减少为 25 万元,2021 年为 18 万元,2022 年为 12 万元,累计节约 55 万元。危废减排达标减少了环保处罚。

5）总节约额

3 年累计总节约额为 1672 万元。

11.1.3 产业链带动效应

11.1.3.1 SiC 材料国产化产业拉动

（1）产业链价值分布

SiC 材料的国产化对产业链的拉动作用显著。以下是 2023 年 SiC 材料产业链的价值分布，如表 11.1-9 所示。

表 11.1-9 　　　　　　　　　 2023 年 SiC 材料产业链的价值分布

产业环节	市场规模/亿元	国产化率/%	典型企业	技术突破重点
高纯碳化硅粉体	28.5	75	天岳先进/山东金蒙	6N 级粉体制备
精密成型设备	16.8	60	科达制造/新劲刚	等静压成型技术
超精密加工	9.2	68	沃尔德/国机精工	纳米级表面处理
检测认证服务	4.5	85	中国建材检验认证集团	ASTMF 1468 标准认证

1）高纯碳化硅粉体

市场规模为 28.5 亿元，国产化率为 75%。典型企业包括天岳先进和山东金蒙，技术突破重点为 6N 级粉体制备。

2）精密成型设备

市场规模为 16.8 亿元，国产化率为 60%。典型企业包括科达制造和新劲刚，技术突破重点为等静压成型技术。

3）超精密加工

市场规模为 9.2 亿元，国产化率为 68%。典型企业包括沃尔德和国机精工，技术突破重点为纳米级表面处理。

4）检测认证服务

市场规模为 4.5 亿元，国产化率为 85%。典型企业为中国建材检验认证集团，技术突破重点为 ASTMF 1468 标准认证。

11.1.3.2 市场规模预测

SiC 材料的市场规模在未来几年将持续增长。以下是权威机构的预测数据，如表 11.1-10 所示。

1）弗若斯特沙利文

2025 年预测值为 86±5 亿元，2030 年预测值为 225±15 亿元，CAGR 为 21.2%。核心增长驱动因素为矿山智能化改造需求。

2）高工产业研究院

2025 年预测值为 95±8 亿元，2030 年预测值为 260±20 亿元，CAGR 为 22.4%。

核心增长驱动因素为光伏多晶硅产能扩张。

3)中国机械工业联合会

2025年预测值为 78±6 亿元,2030年预测值为 190±12 亿元,CAGR 为 19.6%。核心增长驱动因素为环保政策趋严。

4)行业复合预测值

2025年预测值为 85.3 亿元,2030年预测值为 223.8 亿元,CAGR 为 21.1%。

通过对 SiC 陶瓷泵的全生命周期成本模型、投资回报周期测算和产业链带动效应的详细分析,可以看出 SiC 陶瓷泵在经济效益方面具有显著优势。其高耐磨性、高效节能和低维护频率,不仅降低了设备的总体拥有成本,还显著提升了企业的经济效益。此外,SiC 材料的国产化和市场需求的增长,也为相关产业链的发展带来了巨大的推动作用。未来,随着技术的不断进步和市场需求的持续增长,SiC 陶瓷泵产业将迎来更加广阔的发展前景。

表 11.1-10　　　　　　　　2025—2030 年 SiC 材料的市场规模预测

预测机构	2025 年预测值/亿元	2030 年预测值/亿元	CAGR/%	核心增长驱动因素
弗若斯特沙利文	86±5	225±15	21.2	矿山智能化改造需求
高工产业研究院	95±8	260±20	22.4	光伏多晶硅产能扩张
中国机械工业联合会	78±6	190±12	19.6	环保政策趋严
行业复合预测值	85.3	223.8	21.1	—

11.2　社会效益剖析

11.2.1　安全生产提升

11.2.1.1　防爆性能在易燃易爆场景的应用价值

在煤化工行业中,生产过程中涉及高温、高压及易燃易爆介质,传统的金属泵因机械摩擦引发火花的风险极高。而陶瓷渣浆泵凭借其防爆性能,有效解决了这一安全隐患。以某西北煤制烯烃项目为例,其年产 60 万 t 烯烃装置中,涉氢单元曾连续两年发生 3 起因金属叶轮摩擦引发的爆燃事故。2021 年替换为陶瓷渣浆泵后,关键参数表现如表 11.2-1 所示。

表 11.2-1　　　　陶瓷渣浆泵替换传统金属泵改进效果对比

性能指标	传统金属泵	陶瓷渣浆泵	改进效果	数据来源
火源触发概率	0.02 次/kt 产量	0 次（至今）	100% 风险消除	国家安监总局 事故统计(2023)
运行温度	≤150℃	耐高温达 800℃	适应性提升 433%	《爆炸性环境 第 1 部分：设备通用要求》 (GB 3836.1—2021) 防爆标准
维护周期	45d	180d	延长 300%	国家煤化工 行业协会报告

陶瓷渣浆泵采用高纯度碳化硅(SiC)材料,本征静电耗散率≥$10^8 \Omega \cdot cm$,有效消除静电积聚;其维氏硬度 2800HV 超过金属材质 14 倍,实现零机械磨损火花生成。该技术使得煤化工企业年均安全投入降低 23.6%,保险费用下降 16.2%。

11.2.1.2　降低工人接触有害介质风险的统计数据

在化工、冶金等行业中,陶瓷泵的全密封设计显著降低了职业暴露风险。根据国家职业病防治中心 2023 年发布的《高危行业职业健康白皮书》,相关内容如表 11.2-2 所示。

表 11.2-2　　　　《高危行业职业健康白皮书》相关内容

风险类型	金属泵场景	陶瓷泵场景	降幅/%	样本范围
苯系物吸入	8.7μg/m³（平均）	0.3μg/m³	96.5	38 家炼化企业监测数据
重金属暴露事故	年均 2.1 次/万人工时	0 次（连续 3 年监测）	100	有色金属冶炼行业统计
噪声超标工时	7.2h/周	1.5h/周	79.2	2000 名工人健康档案

典型案例:陕西某钼矿酸性浆体输送系统改造项目中,采用陶瓷泵替代铸铁泵的优势如下。

①作业区硫化氢浓度从 35ppm 降至 0.2ppm。

②因腐蚀泄漏导致的应急响应次数由月均 3 次降为 0 次。

③相关职业病(如化学性肺炎)发病率下降 89%。

11.2.2　就业结构优化

11.2.2.1　高附加值产品带来的高技能岗位需求增长

陶瓷渣浆泵产业链升级催生 4 类新型岗位群,如表 11.2-3 所示。

表 11.2-3 陶瓷渣浆泵产业链升级催生岗位表

岗位 类别	技能 要求	薪资水平/ （万元/a）	2020—2025 年 需求增长率/%	典型 案例企业
增材制造 工程师	陶瓷 3D 打印 工艺开发	25～40	320	山东工业陶瓷研究院
数值 仿真专家	CFD 流场分析/ 有限元建模	30～50	280	中车时代新材
智能运维工程师	PHM 系统开发 与数据分析	20～35	410	三一重工智能服务事业部
环保合规顾问	全生命周期 碳足迹管理	18～30	260	TÜV 南德认证机构

行业薪资结构变化显示：

①传统车工/装配工占比从 2018 年的 67% 降至 2023 年的 32%。

②数字技术岗占比由 5% 飙升至 41%。

③景德镇陶瓷大学毕业生起薪 5 年间增长 184%。

11.2.2.2 陶瓷材料研发人才培养体系构建路径

（1）多层次教育体系

我国已形成"本科—硕士—工匠"三维培养体系，如表 11.2-4 所示。

表 11.2-4 培养体系表

培养层级	代表机构	核心课程模块	年培养规模
职业教育	淄博理工学校	陶瓷精密加工/无损检测技术	2500 人
应用本科	湖南工业大学	陶瓷—金属复合结构设计/智能运维系统开发	1800 人
学术硕士	中国科学院上海 硅酸盐研究所	纳米陶瓷合成/极端工况服役性能预测	300 人
工匠大师	全国示范性 劳模工作室	特种陶瓷表面工程/失效分析	120 人/a

（2）产教融合新模式

1）校企联合实验室

宜春学院与紫金矿业共建"先进陶瓷矿山装备研究院"，近 3 年累计获得 11 项国家专利。

2）现代学徒制

广东奔朗新材与顺德职业技术学院合作，实行"1.5＋1.5"分段培养，毕业生留存率达 93%。

3)国际认证体系

16 所高校引入德国 IHK 陶瓷技师认证标准,培养具备全球竞争力的人才。

11.2.3 区域经济发展

11.2.3.1 重工业基地技术升级对 GDP 的拉动作用

(1)江西宜春"亚洲锂都"建设

宜春市通过引入陶瓷渣浆泵技术升级锂云母开采体系,形成完整产业链,具体如表 11.2-5 所示。

表 11.2-5　　　　　　　　　锂云母开采体系经济指标表

经济指标	2018 年	2023 年	增长率/%	贡献因素分析
锂电产业 GDP 占比	12.3%	47.6%	287	采选效率提升带来的产能释放
亩均工业税收	8.7 万元	35.2 万元	305	陶瓷泵使用降低 15%综合成本
高新技术企业数量	23 家	178 家	674	吸引宁德时代、国轩高科等头部企业入驻

注:高纯碳酸锂年产突破 20 万 t,占全球供给量 31%(中国有色金属工业协会数据)。

(2)山东淄博先进陶瓷产业集群

淄博市构建"材料—设备—服务"三圈层产业生态。

1)第一圈层(核心产业)

①中材高新:年产氮化硅陶瓷轴承球 3000 万粒,全球市场占有率 22%。

②金城医药:药用陶瓷泵装机量突破 5000 台,占国内生物制药领域的 73%。

2)第二圈层(配套产业)

①功力机器:陶瓷泵专用电机年产值达 18 亿元。

②联创工控:开发陶瓷泵智能运维系统,服务费收入年增 65%。

3)第三圈层(衍生经济)

①建立全国首个陶瓷泵交易中心,2023 年线上交易额突破 50 亿元。

②发展工业旅游项目,年接待专业考察团组 1200 批次。

4)经济效益测算

集群 GDP 贡献从 2018 年的 120 亿元增至 2023 年的 620 亿元,土地产出强度达 432 万元/亩,是传统化工园区的 5.8 倍,每万元 GDP 能耗 0.21t 标煤,低于全省工业平均值 64%。

主要参考文献

[1] 李要锋,刘传绍,赵波,等 . 工程陶瓷叶轮的研究现状和发展趋势[J]. 水利电力机械,2006(6):44-46.

[2] 陶艺 . 陶瓷离心式渣浆泵的设计及磨损研究[D]. 镇江:江苏大学,2017.

[3] 彭光杰,王正伟,付硕硕 . 离心式泥泵过流部件的磨损特性[J]. 排灌机械工程学报,2015,33(12):1013-1018.

[4] 陈强 . 小叶片式离心渣浆泵的固液两相流数值模拟与磨损试验研究[D]. 镇江:江苏大学,2021.

[5] 黄鑫 . 渣浆泵叶轮设计与磨损试验研究[D]. 镇江:江苏大学,2020.

[6] 江海燕,黄汝清,吕振林,等 . 渣浆泵过流部件的磨损及材质选择[J]. 水利电力机械,2002(3):10-14.

[7] 彭光杰,王正伟,付硕硕 . 离心式泥泵过流部件的磨损特性[J]. 排灌机械工程学报,2015,33(12):1013-1018.

[8] 窦以松,何希杰,王壮利,等 . 渣浆泵理论与设计[M]. 北京:中国水利水电出版社,2010.

[9] 成大先 . 机械设计手册:第 3 卷[M]. 北京:化学工业出版社 . 2016(3)804-898.

[10] 全国化工设备设计技术中心站机泵技术委员会 . 工业泵选用手册[M]. 北京:化学工业出版社 . 2010(9):5-229.